机器之心
法律文本的主题学习

JIQI ZHIXIN FALÜ WENBEN
DE ZHUTI XUEXI

张扬武◎著

中国政法大学出版社

2021 · 北京

图书在版编目（CIP）数据

机器之心：法律文本的主题学习/张扬武著. —北京：中国政法大学出版社，2021.7
ISBN 978-7-5764-0017-5

Ⅰ.①机…　Ⅱ.①张…　Ⅲ.①人工智能 ②机器学习　Ⅳ.①TP18

中国版本图书馆CIP数据核字(2021)第169203号

出版者　中国政法大学出版社
地　址　北京市海淀区西土城路 25 号
邮　箱　fadapress@163.com
网　址　http://www.cuplpress.com (网络实名：中国政法大学出版社)
电　话　010-58908435(第一编辑部) 58908334(邮购部)
承　印　保定市中画美凯印刷有限公司
开　本　720mm×960mm　1/16
印　张　17
字　数　295 千字
版　次　2021 年 7 月第 1 版
印　次　2021 年 7 月第 1 次印刷
印　数　1～1500 册
定　价　56.00 元

本书系中国政法大学科研创新项目资助（19ZFQ52001）研究成果

中央高校基本科研业务费专项资金资助
（supported by“the Fundamental Research Funds for the Central Universities”）

前 言

本书的书名给读者带来无限的遐想，作为知名美剧，机器之心为人类未来描绘出人与机器和谐发展的蓝图，同时也引发了对于人与机器关系纠葛的深入思考和普遍讨论。借喻机器之心，表达机器学习和人类之间的关系。作为未来人工智能炙手可热的研究领域之一，法律人工智能研究将发挥重要作用。将机器学习方法和主题模型应用到法律文本自然语言处理中，这是未来法学与人工智能学科交叉研究领域中值得深耕的方向。

机器学习能够像人类一样去思考问题，从大数据中训练程序，其目的是让程序能够对数据中隐含的模式进行解释，从而实现自主学习。而主题学习是将机器学习技术和统计方法应用到自然语言当中，尤其是文本数据。主题模型通过语义分析技术，将意义关联的词定义为一个主题。主题也是对上下文理解之后，词语背后存在或隐含的抽象概念。法律文本又不同于一般文本数据，具有专业性和权威性。因此，基于法律术语的主题建模就具有了一定的适应性和必要性。

全书共8章。第1章绪论综述了法律人工智能研究方法论。第2章赋能机器学习阐述了机器学习各阶段路线图。第3章理解法律文本分析了法律文本语法和句法。第4章法律文本的主题建模研究了法律文本语义上的主题建模。第5章法律文本预处理讨论了法律文本的特征工程方法。第6章特征选择和维度约简探索了基于法律术语的混合特征选择方法。第7章法律文本无监督主题学习研究了基于法律术语的LDA无监督主题学习模型。第8章法律文本监督主题学习研究了基于法律术语的SLDA监督主题学习模型。

机器学习在法律人工智能应用领域的发展非常令人期待，已经成为一个自然语言处理的分支领域。随着新模型新方法不断涌现，技术迭代将成为一种常态。作者才疏学浅，难以做到对机器学习和法律文本自然语言处理的各个方面的深入精髓理解，书中错漏和不当之处在所难免，还望读者批评指正，将不胜感激。

本书系中国政法大学科研创新项目资助（19ZFQ52001）研究成果，同时受到中央高校基本科研业务费专项资金资助（supported by“the Fundamental Research Funds for the Central Universities”）。

张扬武

2021 年 1 月

目 录

第 1 章　绪论

计算机科学家和数据工程师在自然语言处理（Natural Language Processing，NLP）和机器学习（Machine Learning，ML）等相关领域已经开展了二十多年的研究工作。现今，自然语言处理和机器学习工具在应用中随处可见，例如，帮助用户更好理解自己需求的搜索引擎，能够精准定位用户问题的客服机器人，可以实现安全驾驶的导航语音助手。当用户在智能搜索引擎的搜索框中输入一个问题时，这个问题就会被自然语言处理工具解析，将它从一个人类语言可理解的句子转变为机器可理解的查询，以便搜索引擎对其进行解释和响应。机器对语言的学习与人类在小时候学习语言并无不同，首先是对简单的句子和短语进行学习，然后是复杂的句子和段落学习。数据工程师不断向系统输入数据，根据对结果的评估，进行反复的实验和尝试。在苹果手机中的一个典型应用是 Siri，它被编写为能够正确理解用户的询问并做出相应的回答，这需要对大量的日常语音材料进行学习。机器学习工具能够像人类一样去思考问题，从大数据中训练程序，其目的是让程序能够对数据中隐含的模式进行解释，从而实现自主学习。

算法工程师和程序开发人员在社交媒体、信息检索、自动驾驶和智慧医疗等领域开发了很多机器学习应用，但是法律领域的自然语言工具和机器学习工具却不多见。法律是社会重要组成部分，每个人都可能与法律发生关联。法律领域有着自己独特的一面，例如，具有复杂而专业的词汇。在语言学中，语篇具有特定的上下文，法律从某种意义上说是一种语篇。用户常见的法律形式包括法院的判决、立法机构颁发的法律、行政机构公布的法规条例以及民事主体之间签订的合同等等。因此，法律的表现总是和文本有关。

1.1 法律人工智能

1.1.1　法律人工智能简介

为了理解、生成和处理法律文本，通过自然语言处理和机器学习方法，法律人工智能技术研究和开发法律文本的各种应用和工具，包括句子段落的分割、词性以及文本标记、命名实体识别和法律法域分类等方面。对法律文本细节的研究是法律人工智能软件最基本的要求。例如，在法律文本中，涉及金额的数字通常是大写的，通过机器学习方法和规则，法律人工智能软件可以将“壹亿贰仟叁佰肆拾伍万陆仟柒佰捌拾玖”显示为“123456789”。自然语言处理技术和机器学习方法在传统文本上的应用可以说非常成功，但是在传统文本上的成功模式未必能够直接应用在法律文本中，因为法律文本与诸如报纸和新闻报道等传统文本在很多方面是不一样的。

现今的法律实务部门和律师的日常活动都与法律人工智能有关。例如，除青少年犯罪和涉及个人隐私的案件之外，其余的案件判决都公开上网提供给用户查询，这种查询技术可能涉及法律人工智能技术。第三方存证的电子合同和通信记录，在协助司法部门推进司法程序时可能涉及相关的机器学习技术。在行业调查和行业决策调研时，法律法规出台的意见征求可能用到机器统计分析技术。在政府公共事业资源分配时，可以运用大数据技术分析地区的资源提供和配给，例如，对公共医疗中的疫苗配给方面，可以根据地区流行病调查，对某种疾病高发的地区进行该种疫苗较高的投放，以节省医疗资源。因此，法律人工智能也可以利用计算机相关技术解决一切法律实务领域的问题，能够帮助法律专业人员提高工作效率，优化法律服务的各个方面，提供快速存储、检索和推荐法律数据的服务。

1.1.2　法律人工智能应用

人工智能技术经过几十年的发展，涉及数学、生物和计算科学等多学科交叉研究，在大数据和超强算力的支持下，成为当前的创新原动力之一。法律不仅要实体公正，更需要程序公正，有时效率也是程序公正的必然要求。如果一个案件的裁决迟迟不能到来，当事人的利益就会受到极大的损害，尤其在知识产权纠纷中。司法部门、律师事务所和法律工作人员每天工作的对象和内容比其他行业的从业人员都要繁杂，存在很多重复性和事务性的内容，其中包括研读法律法规、检索大量历史判决和分析相关案例，从大量数据中寻找能够支持当前裁判的依据，并通过逻辑推理和严格论证作出裁判。这些工作量无疑是巨大的，在人力资源非常宝贵的时代，依靠人力完成全部的司法工作是不现实的。刑事审判工作从收集证据到书写判决书都需要消耗法官大量的精力，这在一定程度上也会影响案件判决的公正性。因此，法律人工智能不仅可以提高司法工作效率，还可以维护法律的公正。不同地区存在着文化、教育、经济和传统风俗上的差异，这些因素对司法可能会造成一定的影响，有些法官会滥用权力采用有违公平的法律适用。因此，对于类似的案情和案由，不同发展水平的地区的法官可能作出完全不同的判决，针对类似的案情和案由的前后案件的不同当事人，同一个法官自由裁量的空间也会出现较大的波动。法律制度的健康运行需要人们时刻保持对法律的信任，要尽量避免一切不公正现象的发生。法律人工智能可以比较客观地看待案件，减少人的主观因素对案件的干扰，纠正法律系统出现的偏差，对司法工作者的枉法进行监督，对历史判决数据的内在逻辑一致性审核可以让法官保持高度的审慎和敬畏，从而努力实现不同案件类案类判，促进法律制度的公正和客观。

法律人工智能需要像人那样用法律思维思考问题、理解问题和解决问题，要成为法律实务中的软件和方法。传统的方法根据法律规范来理解法律文本的结构和要素。例如，民事借款合同需要包括借款人、出借人、借款日期、利息、还款日期、借款事由等要素，通过对借款文本进行分析，建立相应的法律行为、法律事实和法律后果。法律人工智能通过命名实体识别方法来理解法律文本，从而建立法律推理方法，如果存在不同法律渊源，在消歧的基础上寻求明确的法律依据。在解决问题方面，通过模仿人类思维过程和逆向思维工程，法律人工智能具有与人类一致的内在逻辑和方法。法律人工智能利用计算机的大容量存储和高速计算能力，在处理速度和记忆容量方面具有更大的优势。中国裁判文书网上线了百万以上的案例，从海量的历史判例中检索某些元素类似的案例，传统人工方法可能花费半年之久，而法律人工智能只需要几秒时间就能完成。不仅如此，根据案由和事实，法律人工智能可以更加准确地查询适用法律，排除经验丰富的法官的思维定式、主观情感，防止网络传播的社会舆论的干预，减少误判和偏见，让司法系统发挥独立性作用，让法律比阳光更加公平和正义。

法律人工智能要确保计算机技术在法律框架内运行和使用，法律要为计算机技术创新保驾护航，计算机技术要为法律提供高效的社会治理。几年前美国研发的法律人工智能软件 COMPAS 根据机器学习模型的算法对假释申请人再次犯罪行为发生的概率进行评估，这种风险评估可以辅助法官进行决策，例如，当再次犯罪的概率评估值达到某个设定的值，法官可以做出不准假释的决定。银行的信用部门可以根据风险评估模型对信用卡申请者的信用进行分析，当低于一个设定的值，银行可以给出拒绝发放信用卡的决定。虽然两者都是对将来行为进行预测的评估，但是对结果的运用却截然不同。银行的风险控制是商业行为，是否批准信用卡纯粹是民事主体之间的商业行为，不涉及司法和公权力。法院的量刑风险评估将影响法律的公开和透明，如果决策过程保持暗箱，不能向公众作出合理解释，这将导致人们对法律人工智能在司法实务中的正当性和必要性产生怀疑，从而阻碍法律人工智能未来的发展。大数据使得法律人工智能不断优化，机器学习让法律人工智能焕发新的光彩。然而，在法律原则和正当性要求下，机器学习模型的完美假设缺少科学上的解释，很难做到百分之百的满意。你不能保证一个说谎一百次的人下次一定会说谎，同样地，你也不能保证一个从不说谎的人下次一定不会说谎。现实的情况是人们需要法律人工智能获取效率和公正，与此同时，法律人工智能的不当运用可能违背初衷。法律人工智能开发者也面对这样的困境，一方面需要维护自己对数据和算法的垄断地位以保持盈利，另一面需要对公众作出对于算法的决策过程的解释，以便监管部门进行审查。解决这样的困境需要司法工作者的高超智慧和客观公正的良心，一个可以借鉴的思路就是民事和刑事的证据规则。民事诉讼的证据原则是优势证据，一方当事人提出证据，如果另一方当事人无法提供相反证据，提出证据的一方被认定优势证据一方，将获得法院支持。刑事诉讼的证据原则是排除一切合理怀疑，刑事诉讼控辩双方的一方是普通人，另一方是公诉机关，普通人无法忍受证据瑕疵带来的人身权利剥夺，而民事诉讼主体都是普通人，提供证据的一方无法提供一切证据，只要提供有限的证据就已经足够了，即使证据瑕疵带来的另一方的损失也是可以救济的。因此，在民事司法领域，一些法院采用法律人工智能方法协助办理案件，一些律师运用法律人工智能工具检索历史判例，将查询结果向委托人显示并预判判决结果。引用法律人工智能进行决策，在学界也存在争议，部分原因可能是法律人工智能的普适会降低律师、法官的行业准入门槛，另一部分原因可能是法律人工智能方法在正当性和准确性上有待验证。针对法律人工智能系统的正当性和准确性的质疑，部分国家考虑从职业伦理和监管规范上进行管理。技术伦理要求法律人工智能系统的开发人员遵守程序开发规范及职业道德，开发的各个阶段形成可作解释的文档。监管规范要求法律人工智能开发组织和机构在软件公测、上线部署和法庭听证等必要时候对决策结果进行解释并且是可追溯的，对法律人工智能的决策结果的使用作出规定。

1.1.3 法律人工智能意义

现今，人们逐渐意识到法律人工智能的重要性，在信息化和互联网+应用模式的推动下，人工智能的思考方式给传统法律领域带来了很大的变革，在法律信息检索、法律文本生成、在线纠纷解决、法律文本一致性审查以及案件预测量刑等方面都引起了社会普遍关注。普通法法系的法官在作出判决时，需要援引曾经的判例，以此进行法律推理，形成依据来支撑判决。即使在成文法制度下，法官也需要从经典判例中学习法律思维和法律推理规则，或者根据指导案例进行判决。

1.2　机器学习

1.2.1　认识机器学习

简单来说，机器学习是计算机从数据中自主地发现、学习隐含在数据中的内在规律。曾经盛行一种观点认为人工智能皇冠上最璀璨的明珠是机器学习。从近几十年的人工智能发展的历史来看，机器学习和大数据引领了未来人工智能的前进方向，从一定程度上可以说是赋能经济和社会发展。

高速移动互联网为人们生产、传输和存储数据提供了极大的便利，在学习、工作和生活的各个方面都累积了大量用户数据。例如，教育机构通过网络开展在线课程和培训，将传统的教学内容和方法搬到线上，网络在线教育平台收集了教学课件、课程录屏、教学互动和虚拟实验操作等。各个行业的从业者通过网络信息化技术集成业务模式，能够及时了解客户需求，精心提供定制专业化的服务。每个人都可以通过社交软件分享自己的快乐，发布自己的话题，评论别人的观点。事实上，在新经济时代数据已经是一种财富和核心竞争力，并且数据从线下向线上的迁移是不可避免的时代浪潮。传统购物的用户群体和需求都是零碎的且不易把握的，作为新的购物模式，网络购物能够提供完整的解决方法，并且更加了解消费者。例如，电子商务网站从商品展示、生成订单、支付订单到商品配送都可以在几分钟之内完成，不但使用非常方便高效，而且价格也很便宜。由于直接面向消费者，商品生产者可以真实地了解市场需求，根据市场情况调节自己的生产活动。由于减少了流通等中间环节，商家可以以相对低廉的价格提供大量商品。通过消费者反馈，生产企业和商家可以改进生产和服务，并努力从各个方面改善用户体验。

了解用户真实需求，为消费者推荐满意的商品和服务，帮助用户发现潜在需要，这一切都需要数据而且是大数据的支持。用户既是数据的使用者，更加是数据的生产者。各种移动端的应用无时无刻不在广泛地收集用户数据，以便对有价值的数据进行分析和挖掘。机器学习是最为有效的数据分析和挖掘的工具，在计算机各个应用领域，机器学习都将大显身手。现今，很多用户个人信息都存储在云端，并且格式多样，其中包括语音、拍照和视频等。机器学习可以帮助存储机构从多媒体数据中识别敏感信息，为存储合规提供支撑。在图像领域，机器学习可以实现人脸识别，在移动支付应用中，可以帮助用户刷脸自动进行支付。在计算机视觉领域，可以实现人体步态识别，从而帮助执法部门从不清晰的视频中识别出嫌疑人员。在自然语言处理领域，机器学习可以自动生成法律判决文书的摘要，帮助从业人员迅速阅读文献。

1.2.2 机器学习与学科发展

机器学习为其他学科发展提供了坚实的支撑和解决问题的路径。在化学领域，通过化合物的感官体验和功能团结构特征，机器学习可以从分子结构中识别出气味。在生物信息学领域，通过将基因转化为图像和图像识别模型，机器学习可以找出基因差异，从而研究生物生命规律。在中医诊疗领域，通过建立多模态数据，机器学习可以根据隐结构分析和辩证分型帮助医生进行辅助诊疗。在物理学领域，利用机器学习寻找超对称粒子信号，通过识别新物理造成的喷注，提升超对称方案的敏感度。在材料工程领域，通过机器学习发现新材料的疲劳和缺陷，可以改善材料性能。在社会关系领域，利用机器学习计算社会感知和认同度，为完善社会服务网格体系提供决策依据。

随着以数据和机器学习为基础的数据科学被广泛提及，人们开始关注科学研究思路、方法和手段，传统的科学研究路线是从提出科学假设理论开始，用实验去证实假设理论。用于准备实证的材料越来越多，对数据进行分析，从数据中发现规律，成为各个学科发展的必要工具之一。在人类基因组计划的宏伟蓝图中，从数据采集、数据分析到实验建模，各国科学家展开全面合作，其中机器学习起到了重大支撑作用，对人类健康甚至科学文明的发展具有深远的意义。

1.2.3 机器学习广泛应用

如今机器学习不仅在学科发展方面发挥举足轻重的作用，而且也与人们日常生活息息相关。现在的天气预报比过去任何时刻都要准确，大量的气象数据通过观测获得，机器学习从历史数据中训练学习模型，对未来的天气给出预测，方便人们安排自己的出行。文学新闻娱乐等内容五花八门，嘈杂的信息使阅读用户难以选择，机器学习模型通过用户特征和数据分析，筛选出特定的主题推送给用户，不但可以节省用户时间，而且还可以提高主题内容和用户需求之间的匹配度，为读者和作者架起良好互动的桥梁。

交通管理检测利用机器学习技术，将道路监控设备采集的视频图像转换为道路交通拥堵指数，控制交通信号灯从而改善交通状况。旅游管理部门可以有效使用机器学习模型，对天气、车票酒店预订、公共活动和假期安排等数据进行统计分析，合理预测出旅游出行热门地区。公共卫生管理部门根据地区流行病历史和趋势，结合人口统计数据和基因特征，利用机器学习技术对公共卫生资源使用进行评估，合理投放疫苗等公共卫生产品，从而节省公共医疗资源。法律相关部门对大量法律文书进行整理、存储和管理，通过机器学习技术，实现立法的时间线一致、司法上的类案类判和行政上的法规同源。

1.2.4　机器学习应用场景

一个机器学习的典型应用发生在网络搜索引擎的搜索过程中，用户在搜索框中输入关键词，然后单击鼠标，搜索引擎就给出搜索结果。在用户的输入和搜索引擎的输出之间必然存在一定的联系，从用户输入的查询和搜索引擎返回的结果类型来看，这种联系也必然不简单。例如，用户输入的查询可以是一个关键词，也可以是一段语音，还可以是一张图片。搜索引擎返回的结果可以是一段文本网页，也可能是一张照片，还可能是一段视频。如果用户输入的是一个关键词，比如“中国政法大学”，搜索引擎返回的结果是一张中国政法大学校园图景。从文字的输入到图片的输出，需要建立文字的语义和图像的主题之间的关系，这必然要利用机器学习技术对大量主题为中国政法大学的图像建模，并准备大量与“中国政法大学”有关的文本关键词输入和图像主题结果输出作为模型训练和学习的样本。如果从来没有用户使用过类似的查询，也没有用户在网络上发布过与中国政法大学有关的图片格式文件，比如文件名称、图片标题、发布者名称、发布者 IP 地址或者发布者访问历史等，机器学习模型将无法进行学习，也就无法分析用户输入的关键词含义，并且能够理解其含义。

一个机器学习的创新应用就是在自动驾驶汽车上，机器学习可以持续感应周边路况和环境，并对可能的变化作出精准的预测，从而做出正确的驾驶操作。车联网、地图应用和汽车传感器为自动驾驶积累了大量可用于分析的数据，各种机器学习算法提供了数据分析能力，控制单元根据机器学习给出的预测自主驾驶汽车。自动驾驶技术体现了智能体在认知、思考和行动方面的综合运用实践，例如，对雷达、摄像头或物联网等不同的外部和内部的传感器数据进行融合，对驾驶用户的语音和行为进行翻译和理解，能够正确定位、检测和识别出对象，对不同的物体和障碍能够及时分类，对移动的物体能够提前作出其运动轨迹预测。如果驾驶用户身体不舒服，通过评估驾驶用户状况和对驾驶场景分类，自动驾驶将会指导汽车开往附近的医疗机构。自动驾驶存在发生误差的最小概率或者置信度，这种情况下的法律责任归属仍然不清晰。虽然自动驾驶目前处于探索阶段，但是随着数据和经验的积累，市场化的自动驾驶汽车在普通道路上行驶未来可期。

机器学习泛化应用的一个例子是为帮助奥巴马赢得2012年美国大选，其竞选团队利用机器学习技术分析美国选民在社交网络上的留言。为使自己的支持者变得更多，反对者变得更少，找出那些可能转向的支持人倒戈的原因，开展具有针对性的宣传活动，尽最大努力让动摇者留在自己的阵营，也用同样的方法使竞争对手阵营里的不坚定人群发生动摇，转向己方。竞选团队根据选情和机器学习的输出结果，调整宣传和竞选策略，比如减少稳赢州或稳输州投入，将大量的竞选经费花在摇摆州的投入上，收到非常好的效果。获胜后的奥巴马还成立了“人工智能和机器学习委员会”，研究机器学习的开发和利用。

机器学习的持续快速发展将影响到国际关系，国家之间的竞争力不仅体现在传统的硬实力和软实力，以机器学习为代表的新技术还将推动各个国家在重要领域进行转型。机器学习作为一项顶尖的技术，被政府在制定政策时加以考虑，从而会影响到社会的各个方面。一方面，各国要重视数据安全，将数据安全上升到国家安全层面，尽量避免国际合作和收购。另一方面，机器学习需要依赖大数据，缩短模型到数据的通路时间，这需要加强国际合作和企业全球化。从机器学习技术本身出发，提供全球公共产品服务是技术进步的内在动力。机器翻译加强了各国之间的联系，降低了沟通成本，提高了交流意愿。人类基因组关乎人类命运共同体的生命健康进程，机器学习技术无疑会极大地加速这一进程。机器学习的商业化应用将创造很多新的就业岗位，也摧毁了旧的业务模式，减少了更多就业岗位。生产要素在全世界范围内流动，投资密集型的国家在经济上收获最多，知识匮乏的国家将错失发展机遇。

1.2.5 机器学习的疑问

机器学习的发展并非一帆风顺，时至今日仍然不乏质疑的声音。过去的机器学习的内核是符号学习概念，20世纪90年代以后，统计机器学习取代了符号机器学习的地位，将来也会像符号学习一样逐渐退出历史舞台。也有观点认为统计机器学习得益于大数据，而对大数据的算法得益于计算算力的提升，将来有一天机器学习的钟摆会摆回到符号认知科学领域，即使可能需要很长一段时间。中间派认为统计机器学习将来会结合符号学习的知识，以螺旋式上升的形式发展。

统计机器学习从数据中学习规律，首先提出一个统计假设，然后用数据匹配假设，与数据最吻合的假设模型就是学习的结果。所有的统计机器学习假设都以数据独立同分布为前提，这也许太过牵强，因为自然界或许不存在如此多的独立同分布。机器学习应该考虑在不具备独立同分布条件下的解决方法，这虽然是一个难题，但并非是不可逾越的鸿沟。

近年来的深度学习在人工智能领域引起了一场前所未有的风暴，坦白说在理论创新方面，深度学习并没有突出的表现，只是过去复杂度很高的模型受限于计算性能和小数据，无法得到更精确的结果。这种说法可能稍微有点酸葡萄心理，但是确实给一些人工智能其他方面的专家很大的压力。无论如何，不可否认的是深度学习对人工智能在各个领域的实践应用具有史无前例的推动作用和重大意义。

机器学习应将视野扩大到数学的全部分支上，不仅仅是概率统计方法。例如，经典的微积分是以数为中心，并没有恰当地表现出本质特征，微分几何将微积分应用到欧式空间以及由曲线曲面拓展的流形，微分几何是一种解决流形学习问题的方法。两个空间的局部线性逼近的切空间是归纳学习的一种类型，可以通过微分方程求解来进行归纳学习。在高维空间中难以直接学习的对象知识，可以通过矩阵理论进行奇异值分解，发现隐藏的知识关联。为了寻求数据最大的差异，利用特征值理论将研究对象投影到主成分方向。微分方程求解、矩阵理论和特征值理论都可归结为代数方法，而在机器学习的应用中，代数方法是概率统计方法的陪衬，一直是在“陪太子读书”。

机器学习在某种程度上依赖于大数据，是大数据为机器学习提供驱动力，还是机器学习为大数据提供了用武之地，目前还没有达成共识。对数据的收集、管理、分析和使用，一直是计算机数据库技术要解决的问题，随着对数据的分析和利用的重要性提升，诞生了数据挖掘。可以说，数据库技术为数据挖掘提供数据的收集、存储和管理功能，机器学习技术为数据挖掘提供分析预测功能。同样的统计方法的应用，机器学习比以前的数据仓库中的统计方法有什么不一样的地方？各种现象表明，机器学习中用到的统计方法与传统的统计方法是一样的，对大数据用的统计方法也和过去对小数据用的统计方法一样。这种差异可能在于大数据和强大计算硬件性能对机器学习复杂模型的支持，而传统方法只能构造一个小数据和较弱计算硬件性能的简单模型。因此，有专家认为机器学习是工程应用，而不是理论科学。从严谨科学出发，不管是大数据还是小数据，只要能发现规律，建立理论模型，不管多大范围都可以适用。抛开这种门户之见，从解决问题的角度出发，机器学习证明了自己的价值。

机器学习的应用实践证明了有价值的方法才能被广泛关注和传播，虽然实现机器学习目标的过程需要数据和算法的积累，但是只要相信人的不断学习的思想是创造价值的源泉，机器学习在各个领域、部门和方向的发展将是无可动摇的。

1.3 自然语言处理

1.3.1 自然语言处理简介

随着人工智能在诸如自动翻译、智能问答和智能客服程序等方面中的应用，自然语言处理（Natural Language Processing，NLP）成为人工智能领域炙手可热的分支之一。自然语言是 NLP 技术研究的对象，人们通过汉语、英语和德语等各种语音来交流信息，也可以将自己对身边事物的认识和感受写下来。人们将说的内容通过声音传达给听的人，将所写的内容通过文本传递给看的人，听说读写的载体都属于自然语言范畴，例如，书本、报纸、录音、图片以及电影等。

自然语言处理的目的是构建一个能够自动理解、识别和生成相关自然语言形式的计算机系统。现在很多智能手机的语音助手可以将用户的语音输入的内容转化为文本输出，反过来也可以将用户文本输入的内容转换为语音输出。很多搜索引擎提供的自动翻译功能可以将英语翻译成汉语，也可以将汉语翻译成英语。法院的光学字符识别（Optical Character Recognition，OCR）系统可以将纸质卷宗自动化处理为电子文本卷宗。企业智能客服系统对用户提出的语音咨询，转换为文本内容，识别其中的语义含义，在以文本形式存在的知识中检索问题的相关答案，自动返回语音形式的回答。新闻机构的文本摘要自动生成系统可以从新闻文本中提取最重要的句子来概况文本要点，自动创建包含文本主要内容的摘要。

自然语言处理是计算机科学和计算语言学的交叉研究学科，可以简单理解为对人类自然语言的自动处理方法。自然语言处理是人工智能的一个成熟的分支领域，涉及基础数学、统计学、语言学、机器学习、编程能力和一些工具。在基础数学方面需要有矩阵、代数和微积分等知识，在统计学方面需要有概率模型、回归和各种统计数值等知识，在语言学方面需要有语言形态学、词法分析、句法分析和语义分析等知识，在机器学习方面需要有监督学习、半监督学习以及无监督学习等知识，在编程能力方面需要有数据结构、Linux 操作系统以及 Python 等知识，在使用一些工具方面需要熟悉 Python 自然语言处理和机器学习的标准库和第三方扩展包。因此，自然语言处理包括一系列众所周知的基于规则和机器学习的技术以及一些工具，这些技术和工具被设计用来分割句子、标记文本、识别命名实体和对文本进行分类等。

1.3.2　自然语言处理过程

自然语言处理技术能够让人类和计算机进行交互，构造自然语言处理系统过程包括问题描述和表示、收集语料和数据、分析语料集或数据集的数量和质量、语料集或数据集预处理、特征工程和特征选择、选择机器学习算法、评估机器学习模型和调参、输出模型。

解决自然语言处理问题的首要工作就是明确问题本身，如何陈述和理解问题。例如，使用自然语言处理技术为法律判决文本自动生成一个摘要，便于法官和律师快速查阅相关判例，从法律和律师的角度出发，在相关判例检索中匹配的关键信息是什么，自动摘要生成技术就要抽取文本中的关键要点。搜索引擎可以遍历整个网站，提取重要信息作为搜索结果中的网站简介，然后根据用户输入的查询关键词在网站简介中进行匹配，返回最精确的结果。

在确定了问题描述之后，调查和收集与问题描述有关的语料集或者数据集，语料库来源可以是相关部门的业务数据，也可以是网络爬取，但要注意是否牵涉道德和法律问题。例如，医疗机构和电子商务平台等部门的业务数据属于无形资产之一，一般很少提供给公众公开使用，通过合作研究或者商业行为解决语料数据来源的知识产权问题。也有很多公开语料库提供给用户学习使用，例如，路透社语料库包括自 1986 年以来路透社发布的大量的新闻报道文本，是一个应用简单和使用广泛的文本分类数据集和语料库。维基百科语料库是在去掉链接和不相关的内容后的未人工标记的原始百科文本。斯坦福自然语言推理语料库是人工标记的英语文本句子的数据集，每个文本句子标记为蕴含、矛盾和中性之一，可用于自然语言推理和分类任务。人民日报标注语料库收集了自 1998 年以来出版的人民日报的文本报道，并进行了中文分词和词性标注，可用于中文自然语言处理的学习。还有一些提供大量语料文本可供公开访问的网站，需要爬虫程序爬取，但是数据质量存在问题，数据格式不太完整，使用和授权可能不太规范。例如，中国裁判文书网提供很多法律判决文书，澳大利亚联邦法院在网站上提供多年以来的判例，社交媒体上提供关于美食和电影的评论，美国当代英语语料库网站提供当代美国英语的小说、口语、杂志、报纸和学术期刊五大类平衡语料。

语料分析是指以真实的语境为基础，研究和分析语料中的模式和规律。从语言学角度看，可以对语料进行词语切分和词性标注，统计词语的词频，语料中出现文字错误或者语音不清，需要去除这类噪声。从话语社会学角度看，问答或者对话系统中的提出问题一方一般语言较少，而回答问题的一方的语言较多。从语用的角度看，使用一些特殊词汇表达一种含蓄间接意义，地位差异较大的对话包含一些委婉的方式拒绝一些请求。语料分析的结果需要满足平衡性要求，这种平衡性要求并非直接以文本量大小来衡量，而是要综合考虑话语社会学和语用等因素的影响。如果语料集或者数据集的样本数量较少，需要补充更多的数据，如果样本质量不高，可能需要重新选择语料来源。

然后，对语料集或者数据集进行预处理。原始文本一般以段落形式呈现，获得句子为单位的结构看起来比较容易，但是也存在一些难以辨识的情况。例如，在英文中，点号是句子结束标志，但是有一些缩写词中的点号并不是分割标志。还有一些句子的首字母并不是大写，而是由拼写错误导致的小写字母，这些问题都会给分句带来困难。预处理操作还包括将英文的大写改成小写，提取具有相似含义但不同字形的单词词干，对原始单词进行词形还原，去除一些意义不大的虚词。

原始文本在经过语料预处理之后，输出结果为各个词条项，不包括一些虚词、同一词干的不同词形和标点符号。只有赋予词条计算机能够理解的数值，才能够做进一步处理。特征工程是将预处理后的语料文本中的词语表示为机器学习所需的特征或属性的过程，是自然语言处理中非常重要的环节。特征工程的优劣将直接影响自然语言处理的结果，随着特征选择的不同，机器学习算法的设计和性能都将会不同，特征工程可以通过词袋模型或词嵌入模型将词语表示为机器学习算法能够识别的向量表示。在经过特征工程的特征选择或者特征抽象之后，特征集被划分为训练集和测试集。

然后，选择合适的机器学习算法来训练特征，将训练样本的特征值或者属性值输入到机器学习模型中进行训练，用测试集的语料评估已经训练好的机器学习模型的运用效果，调节模型参数，重新训练机器学习模型并评估模型性能，直到获得满意结果。如果对最后的性能和效果仍不满意，可能是语料库选取和语料分析不是很合适，则将返回到语料数量和质量分析步骤，重新迭代上述过程。

1.3.3 自然语言处理应用

自然语言处理的应用非常广泛，包括光学字符识别、语音识别系统、问答系统、机器翻译、文本摘要、情感分析、文本分类和主题分割。

光学字符识别 OCR 是对图像中的文字进行分析和识别，可分为识别特定场景的文字检测和通用场景的文字检测，车牌识别属于专用 OCR，而将影印版教材图书转换为文字稿的电子书就属于通用 OCR。自然场景下的文字检测受到对比度、亮度和遮挡等因素影响，从图像中识别文字不仅依靠文字的形状特征，还可以利用文字的语义特征来识别不完整的文字。例如，场景中的广告牌有两个字下半部缺失了，上半部的字形与“考虑”一样，也与“老虎”一样，如果后面是一个“牌”字，结合语义信息和上下文环境，很容易判断检测出的文字为“老虎牌”。根据自然语言处理技术，可以训练出多模态场景文字识别模型，能够显著提升 OCR 的识别准确率。

语音识别系统将语音划分为不同的语音帧，帧之间有位移和一部分重叠，每个帧对应多个声音特征。几个帧构成一个声音状态，对应一个音素，多个音素组成一个单词。声音状态的组合空间非常大，但是人的语音却是状态空间中的一个很小子集。因此，将人们常用的语音和句子预先设置到一个路径网络中，依靠累积概率可以快速将语音分帧后的状态匹配到状态网络中的路径，累积概率的一部分从信号处理的声学模型中推算，另一部分是从自然语言处理的语言模型获得。如果没有自然语言处理的语言概率和规律模型，识别文字的准确率将大大降低。

问答系统是一种对于用户使用自然语言提出的问题给予准确简要的回答的信息检索方法。对问题进行分析，对问题进行特征抽象，获取问题主题词、问题中心动词和问题焦点。根据问题分析结果，使用命名实体识别方法来确定候选答案，并对候选答案进行排序。然后，将问题答案的向量表示输入到机器学习分类模型进行训练，问题蕴含答案的被标记为正类，否则为负类。

机器翻译可以在两个不同语言的平行语料库上实现语言转换功能，基于统计和规则的方法根据目标语言的语法规则和句子结构成分，根据词性标注和句法生成树情况，选择最合适的翻译词填充到句子中的适当的位置上。将翻译的词语范围缩小到短语，可以减少翻译长句要考虑的复杂情况，在消除歧义方面表现出较好的性能。语言模型从概率上描述一段词语出现的可能性，将神经网络和语言模型结合起来，能够在两种不同语言之间实现语法、语境和语用相一致的平滑翻译。

文本摘要自动生成技术为在大量信息文本中捕获关键信息提供了行之有效的解决方法，为新闻报道提供自动标题生成，为网页搜索提供结果预览，等等。摘要是由从多个段落文本中选取出的几个重要的句子所组成的，自动摘要生成要求自然语言处理系统能够理解文本内容，对文本中的每一句进行打分，根据打分结果对文本内容进行适当取舍和拼接。如果采用原文原句直接生成摘要，称为抽取式摘要。如果在一定程度上对将要组成摘要的原文句子进行了改写和缩写，称为生成式摘要。抽取式摘要的效率要高于生成式摘要，但是生成式摘要更加准确凝练。

情感分析用于对主观性短文本的情感倾向分析，确定文本所表达出的积极或消极的态度。消费者对商品的评价，公众对舆论事件的评论，学生对于教学的讨论，这些都是情感分析应用的场景。决策相关部门根据情感分析结果制定改善计划和方案，提高服务和应用的水平。情感分析系统利用自然语言处理技术自动地对文本的情感作出判断，减少人工分析的巨大成本。一种情感分析的方法是依靠情感词典对一句话或者一段话进行评分，累积分值由各个正面情感词、负面情感词和相应的程度词综合决定。另一种情感分析方法是依靠机器学习模型进行情感分类，用特征工程方法提取情感词作为特征或者属性，将积极情感的文本标记为正类，将消极情感的文本标记为负类，然后将样本输入到机器学习模型进行训练。

文本分类是将一个文本划分为两个类别或者多个类别中的一个类别，情感分析也属于文本分类应用场景之一。垃圾邮件分类系统能够将广告邮件判定为垃圾邮件，从而避免用户受到骚扰。新闻主题分类将文章归为政治、财经、体育、娱乐和社会中的一个类别，在网络内容推荐中，可以将主题内容推送给有一定偏好的用户。企业合规审查使用分类系统，将与上位法律法规一致的合同标记为正类，反之标记为负类，训练分类系统，能够判断企业的运行是否在合规范围。网络舆情检测系统通过分类系统，将不符合法律政策的网站标记为负类，正常的网站标记为正类，经过特征提取，输入到分类系统，通过训练大量样本来检测某些网站是否违规。

主题分割将一个冗长的文本划分为多个不同的主题段落，每一个主题段落的组成句子所表达的内容都与该段落主题相关，不同主题段落的描述内容在主题上完全不同。在大型会议现场，有的参会者的发言涉及多个主题，如果按照时序整理会议发言材料，那么没有参会的人员将无法通过简单浏览会议记录获取自己关心的问题，因为这些问题可能散列在会议记录的各个段落中，使用主题分割可以导航浏览相关主题内容。在问答系统中，有的提问者在正式提出问题之前，花费了很多时间去讲一个故事，故事中有些内容与问题有关，也有很多内容与问题无关，这种与问题有关的内容主题存在于冗长的陈述的各个部分，对问题的回答造成了很大的干扰，使用主题分割方法可以排除干扰准确获取要回答的问题本身。主题分割帮助人们在冗长的文本中迅速定位到自己感兴趣的内容上，在信息检索、文本摘要和导航浏览等方面具有重要的作用。

1.4　运用 Python 语言

1.4.1　Python 简介

Python 是数据科学领域中最受欢迎的程序设计语言。作为通用解释型语言，Python 的设计思想非常重视代码的可读性和语法的简洁性。不管是小程序还是大的应用软件，开发者都努力用更少的代码表达清晰的程序结构。Python 不但完全支持面向对象设计，而且也支持过程式、函数式和命令式编程设计。与其他动态类型程序设计语言一样，Python 具有继承、重载和动态管理内存等特性。虽然在最初的时候，很多人称 Python 为脚本语言，但是今天的人们更愿意称之为高端动态程序设计语言。C 语言的编译器将源代码编译成计算机能够执行的二进制目标程序代码，也称为可执行程序，与具体计算机硬件体系结构相关，可执行程序的运行环境是编译时特定的硬件系统，不能跨平台运行。Python 语言解释器将需要运行的源程序代码解释为计算机能够执行的指令，Python 语言解释器和计算机硬件体系结构组成一个虚拟的运行环境，而源程序就是可以运行的程序，可以跨平台运行。Python 语言编写的源程序文件扩展名为 py，由开发者社区发起和推动的 CPython 是用 C 语言编写的 Python 正式解释器，目前由 Python 软件基金会对其进行授权许可管理。CPython 将 Python 源代码翻译为字节码程序文件，扩展名为 pyc 或 pyo。

作为可扩展的编程语言，Python 提供了大量的应用扩展 API（Application Programming Interface），以便开发者能够灵活地运用 C 语言或者 C++来快速编写扩展模块。在很多其他需要脚本解释的环境中，可以将 Python 编译器集成到新环境中以供调用。Python 本身拥有一个巨大而广泛的标准库，自 1991 年诞生以来，庞大的开发人员和开源社区为 Python 提供了很多有用的自定义添加库。在很多软件开发项目内部，使用 C 或 C++编写性能要求高或者硬件操作的功能模块，然后用 Python 去调用相应的功能模块。

Python 语言的语法非常简单，尽量使用简单的单词或者符号。作为动态类型语言，Python 在变量使用前也不需要提前书写声明语句。为了使代码容易阅读和查询，Python 强烈要求开发者养成重视程序书写的习惯，如果程序员不能很好地对齐和缩进程序块，将无法通过 Python 的编译或解释。通过增加缩进传达出功能语句块开始的含义，而通过减少缩进传达出功能语句块结束的含义，这样的程序结构看起来非常清晰明了。Python 使用单下划线或双下划线在开头或结尾来表示不导入模块、包、成员或私有成员，避免与重要关键词命令冲突。功能语句块通过语句和控制关键词来表示，包含条件语句块、循环语句块以及迭代语句块。Python 的表达式有算数运算和逻辑运算符号，包括算术运算的加减乘除和逻辑运算的与或非。Python 的函数支持可变参数、默认参数和递归调用，函数调用时的实参按照位置与形参匹配，参数的默认参数在定义时就被赋予初始化值。虽然 Python 支持动态类型，但是也不允许无明确意义的操作。在编译时，Python 不会检查数据类型是否具备调用的属性或方法，在运行时，如果数据类型没有调用所指定的方法或参数，函数可能会向系统抛出一个异常。

作为一种解释性语言，在计算密集的任务中，Python 的性能表现不如其他的低级编程语言，但是在多维数组快速矢量化操作的底层实现上使用了 C 语言编写的扩展库，其中包括一些数学计算的标准库。

1.4.2 Python 标准库

Python 编程语言的核心部分只包含基本的数据类型、语句控制流、表达式和内置函数等，基本的数据类型有字符串（String）、数字（Number）、字典（Dictionary）、元组（Tuple）、列表（List）、集合（Set）等。Python 语句控制有分支选择结构和循环结构，分支选择结构有 if 语句以及 else 语句，循环结构有 for 语句和 while 语句。表达式有算术运算符、比较运算符和逻辑运算符。算术运算符有+（加法）、-（减法）、*（乘法）、/（除法）、//（整除）、* *（幂运算）、~（取反）、%（取余）等。比较运算符有= =（等于）、! =（不等于）、>（大于）、<（小于）、<=（小于不等于）、>=（大于不等于）等。逻辑运算符有&（逻辑与）、|（逻辑或）、^（逻辑非）等。

除了基本的算术运算、比较操作和逻辑判断之外，编程语言的开发环境将一些功能确定的语句块写成函数以供开发者调用，不但实现代码重用而且还使程序结构变得清晰。将一些常用的函数放到外部文件中，称为标准库。在程序开发过程中，日积月累的代码越来越难以管理，为了维护代码和相关工作，将函数进行分组放到不同的文件中，一个 py 文件就是一个模块。

标准库是完成最基本功能的函数或者模块集合，包括基本输入输出处理、字符串处理、存储管理、CPU 管理、文件操作、数值计算、数据库管理、网络传输以及图形界面等。提供一个庞大且强大的标准库是 Python 语言的一个显著特点，也是当下 Python 备受欢迎的原因之一。强大的 Python 标准库（Python Standard Library）提供了文件处理、文本处理、操作系统支持、网络传输与安全通信管理以及数学和函数式编程支持等功能。

Python 用于文件处理的标准库有 os、file、glob、pathlib、tempfile、linecache、csv、configparser、pickle、sqlite3 和 shutil 等模块，包括文件读写操作、临时文件创建、文件路径处理、文件压缩与配置、csv 文件处理、数据持久化、文件读取优化缓存、文件名正则查询、数据库管理支持以及文件状态查看等相关函数。

用于文本处理的标准库有 re、string、textwrap、difflib、base64、codecs 等模块，包括字符串处理、格式化输出文本、正则表达式模糊匹配、文本序列差异计算、数据编码和解码、二进制数据转换、Unicode 编码支持等工具和函数。

用于操作系统交互管理的标准库有 os、time、io、logging、getpass、threading、multiprocessing、subprocess、queue、concurrent、platform、sys、builtins、inspect、contextlib 等模块，包括多线程与进程并发执行支持、内存读写 IO 和复用、日期时间和计时支持、日志生成与处理、同步队列支持、进程间通信与调用支持、运行时服务、系统环境交互、获取对象信息、管理上下文等函数。

用于网络传输和通信管理的标准库有 json、base64、webbrowser、wsgiref、uuid、ftplib、poplib、imaplib、smtplib、requests、scrapy、http、beautifulsoup、ssl、hashlib、secrets 、paramiko、pycrypto 等模块，包括浏览器管理与操纵、通用唯一标识码、http 请求、连接池支持、cookies 会话支持、http 代理、文件传输协议、pop 协议、简单邮件传输协议、html 解析、网络套接字支持、W3C 格式支持、网络安全通信、ssh 客户端管理、哈希摘要支持、加密解密处理等函数。

用于数学和函数式编程的标准库有 random、math、fractions、statistics、itertools、functools、operator 等模块，包括随机数产生、数学函数、分数函数、统计函数处理、迭代工具管理、函数工具和基本运算符等函数。

标准库中比较常用的有与操作系统交互的 os 模块，与 Python 解释器和运行环境交互的 sys 模块，与文件管理操作有关的 codecs 模块，与模糊正则表达式匹配的 re 模块，与网络传输和应用请求有关的 requests 模块，以及与数学函数和公式有关的 math 模块，等等。

Python 社区为用户提供了多达几十万个第三方扩展库，不同扩展库之间可以互相引用，使用方法与标准库一样。Python 第三方扩展库的功能非常强大，覆盖了科学计算、数据可视化、数据分析、文本处理、图像处理、Web 开发、数据库管理、GUI 图形界面、网络爬虫、虚拟现实、密码学、网络应用开发、机器学习和自然语言处理等诸多领域。Python 社区的项目 PyPI（Python Package Index）是维护 Python 全球生态的主站，其网址为：https：//pypi. org，可以使用 pip 下载安装 Python 库和模块。可以使用 Python 语言或者 C 语言来编写第三方扩展库。如果用 C 语言编写第三方扩展库，常用 Python 扩展工具 SIP 和 SWIG 将 C 语言程序模块转换为 Python 程序模块。Python 扩展工具 Boost：Python 支持 Python 程序和 C++程序互相调用。因此，Python 对第三方扩展库的支持非常友好，容易实现各种接口库之间的灵活转换。

1.4.3 Python 科学计算和机器学习

Python 常用于科学计算和数据分析的第三方扩展库有 Numpy、Scipy 和 Pandas。Numpy 扩展库提供最基本的数值计算功能，包括高维数组、矩阵运算、矢量计算、广播函数、傅里叶变换、随机数生成以及线性代数等。C 语言实现的 numpy 库计算速度快，性能优异，为 Scipy、Pandas 和 Sklearn 等其他库提供支持。Scipy 扩展库提供大量工程数值计算和数学算法，是比较高端的科学计算包，包括稀疏矩阵运算、线性代数计算、算法优化、快速傅里叶变换、信号处理、常微分方程求解、图像处理、稀疏图压缩、微积分、数值拟合、插值处理、数学物理常数、特殊函数等。Scipy 库在 Numpy 基础上增加了很多工程数学上的常用函数，依赖于 Numpy 库。Pandas 扩展库也是基于 Numpy 的数据分析工具，建立数据类型和索引关系，实现从对索引的操作转换到对数据的操作，为快速操作大型数据提供了便利。Matplotlib 扩展库提供数据分析的二维可视化视图操作，是 Python 最主要的数据可视化功能库，有数百种的可视化显示效果，与商业化程序设计语言 Matlab 较为相似。

Python 机器学习库有 scikit_learn、tensorflow 和 pytorch 等。在机器学习任务中，当前最为流行的是 scikit_learn，或者称为 sklearn，是最基本的 Python 第三方扩展库，广泛采用 Numpy、Scipy 以及 Pandas 进行高性能的数组处理、矩阵运算、线性代数和微积分运算，提供分类、逻辑回归、聚类、主成分分析、支持向量机、神经网络和强化学习等常用机器学习模型。scikit_learn 可以很容易与其他 Python 库集成在一起应用，例如，用 Numpy 进行数组矢量化操作，用 Scipy 进行稀疏矩阵处理，用 Pandas 进行数据帧多维度索引访问，用 Matplotlib 进行数据可视化操作。

Tensorflow 是谷歌大脑团队推出的基于 Python 的开源机器学习解决方案框架，是一种以数据图为基础、用图节点表示计算、用边代表张量的机器学习的应用方式。PyTorch 是由 Facebook 人工智能研究院推出的开源机器学习库，具有强大的张量计算能力，提供自动求导的深度神经网络功能，可以看作是一个加入了 GPU（Graphics Processing Unit）的 Numpy，可用于自然语言处理等应用。

1.4.4　Python 自然语言处理

Python 最著名的自然语言处理库是 NLTK（Natural Language Toolkit），提供了大量简单易用的自然语言文本处理功能，包括语料库获取、字符串处理、中文分词、词性标记、语义解析、文本分类、搭配发现、概率估计、情感分析、文本相似度计算、评测指标、WordNet 应用和统计机器学习等。

Python 自然语言处理库还包括 Jieba、Pattern、TextBlob、Polyglot、Spacy、Gensim、Snownlp 等。Jieba 是一个面向中文语言处理的 Python 库，可以进行中文分词、繁体分词、自定义词典、关键词抽取和词频统计等，支持精确模式、搜索引擎模式和全模式。Pattern 是一个网络数据分析和挖掘工具，支持词性标注、N 元搜索、文本分类、情感分析、可视化呈现和 WordNet，同时也支持用于机器学习的向量空间模型、支持向量机、潜在语义分析、聚类和主题模型。TextBlob 是一个用来进行自然语言处理和文本数据分析的 Python 库，主要包括词性标注、名词短语提取、社会情感分析、文本分类、文本翻译等功能。Polyglot 支持多语言环境下的词性标注、专业名词标记、语言嵌入、情感分析、形态分析和语言翻译。Spacy 是商业开源领域中的最为快速的自然语言处理软件，提供文本分词、词性标注、命名实体识别、名词短语抽取等功能。Gensim 是能够在大于内存的语料库上进行主题建模的自然语言处理工具，提供文件索引、相似度检索和语义建模等功能，可以说是在纯文本无监督的主题建模中的最为健壮的 Python 库。Snownlp 与 Jieba 类似，也是一个中文自然语言处理的 Python 扩展库，支持 unicode 编码的中文文本的分词、断句、词性标注、情绪判断、拼音、繁体转简体、关键词提取、概况总结文章、信息度量、文本相似度计算等功能。

1.4.5　Python 安装机器学习和自然语言处理类库

目前三大主流操作系统，即 Windows、macOS、Linux，都支持 Python 的安装。安装程序和相关文档都可以从官方网站（https：//www. python. org）下载。

推荐使用最新的 Python 版本，当前的版本为 Python 3. x. y，虽然大部分 Python 程序代码可以兼容 Python 2. x. y，但是 Python 2 和 Python 3 还是存在一些区别，两者的区别可以浏览 https：//wiki. python. org/moin/python2orpython3。

在 Windows 操作系统下安装 Python，需要通过 Windows Installer 来配置和管理软件和应用服务。先要确定 Windows 操作系统启用 Windows Installer 安装服务，然后在官方上的 Python Releases for Windows 下载安装包。Python 2 的安装包为 Windows XXX MSI Installer，Python 3 的安装包为 Windows XXX Executable Installer。XXX 为 x86 表明是 32 位计算机系统，XXX 为 x86-64 表明是 64 位计算机系统。根据具体计算机系统情况，选择合适的安装包，按照提示进行默认安装，安装成功后进入命令行窗口，输入 Python，能够返回 Python 的版本信息，这表明已经成功安装了 Python。

目前较为流行的 Linux 操作系统是 ubuntu，在 ubuntu 系统下安装 Python 有三种方法：

第一种方法是通过 ubuntu 操作系统官方提供的安装工具包，如果需要安装 Python 2 或者 Python 3，在终端执行：

```
sudo apt-get install python2. x
sudo apt-get install python3. x
```

Python 2 和 Python 3 中的 2 和 3 是主版本号，主版本号不同的软件说明进行了大量重写，无法实现向后兼容。x 是次版本号，两个软件主版本号相同而次版本号不同，说明对软件进行了部分修改，但保持了完全向后兼容。安装成功后在终端输入命令进行确认：

```
zyw@ cupl：~ $  python2. x -version
python2. x. y
zyw@ cupl：~ $  python3. x --version
python3. x. y
```

y 是内部版本号，主版本号和次版本号相同而内部版本号不同的软件表明来自同一个源代码，但是经过重新编译以适合更改处理器或平台情况。安装时必须提供主版本号和次版本号，内部版本号是可选的。

第二种方法是使用个人软件包存档 PPA（Personal Package Archive）来安装，先要设置将要安装应用的来源，然后按照第一种方法进行安装。但是受到安装源的限制，很多时候不能获得更新的安装包。

第三种方法是对源代码进行编译安装。首先从官网下载相应版本的源代码并解压文件，然后设置编译和链接选项，最后执行编译操作。正确安装后，可以在终端中输入 Python 命令进行验证。

```
zyw@ cupl: ~ $ wget -c https://www.python.org/ftp/python/3.7.9/Python-3.7.9.tgz
zyw@ cupl: ~ $  tar -xzvf   Python-3.7.9.tgz
zyw@ cupl: ~ $  cd Python-3.7.9.tgz
zyw@ cupl: ~ $ LDFLAGS="  -L/usr/lib/x86_ 64-linux-gnu" ./configure
zyw@ cupl: ~ $ make
zyw@ cupl: ~ $ sudo make install
zyw@ cupl: ~ $ python-version
python3.7.9
```

Python 第三方扩展库的安装一般通过 Pip（Python Install Package）进行管理，Pip 安装工具是一个应用广泛的 Python 包管理工具，提供 Python 第三方扩展库的搜索、下载、安装、配置和卸载等功能。Pip 的安装可以在终端中输入：

```
zyw@ cupl: ~ $ sudo apt-get install python-pip
zyw@ cupl: ~ $  pip --version
```

Python3.3 以后的版本都自动包含了 Pip，作为标准库提供给用户使用。Pip 安装和管理 Python 第三方扩展库非常方便，使用方法如下：

```
zyw@ cupl: ~ $  sudo pip <command> [options]
zyw@ cupl: ~ $  sudo pip install numpy
zyw@ cupl: ~ $  sudo pip install scipy
zyw@ cupl: ~ $  sudo pip install pandas
zyw@ cupl: ~ $  sudo pip install scikit-learn
zyw@ cupl: ~ $  sudo pip install nltk
zyw@ cupl: ~ $  sudo pip install matplotlib
```

上述命令分别安装一些数值运算和工程数据处理的包、机器学习的包、自然语言处理的包和数据可视化的包。如果需要确认是否安装成功，可以在终端中输入 Python，进入 Python 环境，通过能否导入包操作来确定包安装的成功。

```
zyw@ cupl：~ $ python
>>>import numpy
>>>import scipy
>>>import pandas
>>>import sklearn
>>>import nltk
>>>import matplotlib
```

已经安装的 Python 第三方扩展库可以列表显示出来，也可以显示指定包的安装情况和详细信息，查看可以升级的包已经进行包更新操作，对不再需要的 Python 包可以删除。在新的版本发布后，可以通过包管理工具 Pip 进行更新操作，如果需要更新 Python 包，操作如下：

```
zyw@ cupl：~ $ sudo pip list
zyw@ cupl：~ $ sudo pip show numpy
zyw@ cupl：~ $ sudo pip show -f scipy
zyw@ cupl：~ $ sudo pip list -o
zyw@ cupl：~ $ sudo pip install scikit-learn --upgrade
zyw@ cupl：~ $ sudo pip uninstall nltk
```

Polyglot 是能够支持 Pipeline 功能的自然语言处理的 Python 第三方类库，可以实现分句、分词、词性标注、命名实体识别、情感分析、词嵌入和翻译等功能。安装 Polyglot 之前需要先安装它的一些依赖项 libicu-dev、pycld2、morfessor、morph2. en 等。使用 Pip 安装经常会遇到镜像源无法下载的情况，解决办法就是重新指定下载镜像源。选项“-i”是输入镜像地址，国内几个镜像源都可以尝试安装。

```
zyw@ cupl：~ $ sudo pip install pyicu -i https：//pypi. tuna. tsinghua. edu. cn/simple/
zyw@ cupl：~ $ sudo pip install pycld2 -i https：//pypi. mirrors. ustc. edu. cn/simple/
zyw@ cupl：~ $ pip install morfessor -i https：// mirrors. aliyun. com/pypi/simple/
zyw@ cupl：~ $ pip install polyglot -i https：// pypi. douban. com/simple/
zyw@ cupl：~ $ polyglot download morph2. en
zyw@ cupl：~ $ sudo apt-get install libicu-dev
```

上述安装完成后，可能还无法导入 Polyglot 类库，原因在于一个与 libicui18n 有关的动态链接库无法查找到，此时需要设置系统环境变量 LD_LIBRARY_

PATH。程序在运行时可能调用一些系统提供的或者第三方提供的共享动态链接库，一般情况下会在系统默认路径下查找，如果找不到所需文件，再去 LD_LIBRARY_PATH 环境变量指定的位置去找。可以在终端的 Shell 中直接为系统环境变量添加路径，然后更新设置。找到该动态链接库的位置，进入到相应目录，修改文件访问权限。

```
zyw@ cupl: ~ $ LD_LIBRARY_PATH= $ LD_LIBRARY_PATH: ~/anaconda3/lib
zyw@ cupl: ~ $ export LD_LIBRARY_PATH
zyw@ cupl: ~ $ locate libicui18n. so. 58
zyw@ cupl: ~ $ cd ~/anaconda3/lib/
zyw@ cupl: ~ $ chmod u+xlibicui18n. so. 58
```

这种属于临时修改环境变量，重新启动系统或者打开另一个终端，又恢复到修改之前的状态。如果要永久地修改环境变量 LD_LIBRARY_PATH，可以在环境配置文件 ~/. bashrc 中修改。用文本编辑程序打开环境配置文件，在 LD_LIBRARY_PATH 部分的后面添加“：~/anaconda3/lib”，保存~/. bashrc 文件并退出，在终端 Shell 中使用 source 更新设置。

```
zyw@ cupl: ~ $ gedit ~/. bashrc
zyw@ cupl: ~ $ source ~/. bashrc
```

在很多 Python 应用环境中，尤其各种应用包的版本更新迭代非常快，在这种情况下包管理和环境管理变得非常困难。作为数据分析的环境管理和包管理器，Anaconda 被强烈推荐使用。Anaconda 是一个侧重于科学计算的开源免费的 Python 发行版本，将所有数据科学、数学和工程的 Python 包捆绑在一起，并提供 Python 的标准库、几百个数据科学包及其依赖项。Anaconda 通过 Conda 来管理包的安装、卸载以及更新操作，并且可以为每一个第三方包版本创建一个环境，将应用部署到相关的环境中。因此，Conda 可以很容易实现不同版本的 Python 包共存，为不同的应用创建各自的运行环境。Anaconda 的安装包或者安装程序可以浏览站点 http：//continuum. io/downloads，如果需要进一步了解 Anaconda 的使用方法，快速入门指南可以访问站点 https：//conda. io/docs/test-drive. html。在成功安装了 Anaconda 之后，安装任何 Python 第三方扩展库可以在终端中输入：

```
zyw@cupl: ~ $ sudo conda install numpy
zyw@cupl: ~ $ sudo conda install scipy
zyw@cupl: ~ $ sudo conda install pandas
zyw@cupl: ~ $ sudo conda install scikit-learn
zyw@cupl: ~ $ sudo conda install nltk
zyw@cupl: ~ $ sudo conda install matplotlib
```

Conda 的包管理功能和操作方法与 Pip 相似，可以查看已经安装的包，可以更新已经安装的包，也可以删除已经安装的包。

```
zyw@cupl: ~ $ sudo conda list
zyw@cupl: ~ $ sudo conda update numpy
zyw@cupl: ~ $ sudo conda remove nltk
```

1.5 爬虫获取语料

1.5.1 网络爬虫介绍

随着计算机网络尤其互联网的迅速发展，每天增长的数据量从过去以 TB（约一万亿字节）为计算单位发展到现在以 ZB（约一百亿亿字节）来计算，其中很多是文本数据，它们大部分嵌入在网页结构当中，需要经过处理才能使用。从网页中获取数据并进行分析的过程称为网络爬虫，是获得机器学习和自然语言处理的数据集的有效途径之一。

网络爬虫的使用在法律上还存在很多争议，在涉及知识产权、个人隐私、反垄断和不正当竞争方面都有合法性的质疑。目前，网络爬虫的哪些行为是合法的还处于探索阶段，在很多国家，允许使用网络爬虫技术进行科学研究和教育学习。如果将网络抓取的数据用于商业盈利，那么数据来源和类型对网络爬虫合法性使用的判断将产生决定性的影响。例如，用爬虫从各个公司或机构官网抓取公开的联系人电话清单可能是被允许的，这些电话清单是客观真实的，网络爬虫程序在获取网页数据时，就性质而言相当于比较高效的人工访问用户。在抓取一些明显带有知识产权标记的内容时，传播和转载这类数据将是不合法的。在抓取层次比较浅的数据时，可以适用公开高效访问规则，但是在抓取层次较高的深度链接时，通过交叉分析可能涉及侵犯商业机密或者个人隐私。无论出于什么目的，使用网络爬虫程序都应以合法合规为前提，合理使用抓取的数据。

1.5.2　网络爬取过程

用户访问网站返回的结果为网页，通过程序代码自动下载所需网页，称为爬取。在Python中的第三方扩展urllib库支持网络请求和访问相关操作的函数，定义网页下载的函数：

```
import urllib. request
import urllib. error
def download_webpage (url):
print ( "Download from the location:", url)
try:
get_html= return urllib. request. urlopen (url) . read ( )
excepturllib. error. URLError as ret_error:
    print ( "Downloading errors:", ret_error. reason)
    get_html=None
return get_html
```

url为统一资源定位符，即超链接，当传递参数给download_webpage函数时，请求该链接指向的网页并返回HTML标记语言结果。如果网页已经删除或者超链接指向错误，将返回错误提示。爬虫程序通过download_webpage函数下载一个网页内容后，需要传递下一个url给download_webpage函数，继续下载其他网页。如果网站存在导航地图，使用正则表达式提取标签，可以从该页面获取网站其他网页的链接地址。

```
import urllib. request
import urllib. error
import re
defwebsite_navigation (url):
website_map=download_webpage (url)
all_links=re. findall ( "<loc> ( *. * ) </loc>", website_map)
for alink in all_links:
    get_html= download_webpage (alink)
```

有些网站的数据更新来自数据库，这些不同网页的超链接url只是在后缀部分不同。网站应用服务器用后缀来作为ID匹配后台数据库记录，使用迭代器自动更新ID，对符合这种结构的网页进行遍历访问。

```
    import urllib. request
    import urllib. error
    import re
    import itertools
    for item in itertools. count （20201001，1）：
        iter_url=prefix+item
        get_html=download_webpage （iter_url）
    if get_html= =None：
        break
    else：
        pass
```

按照用户访问网站的习惯和方式，一般从主页开始选择感兴趣或者相关的内容进行浏览。如果网页出现超链接，只有部分超链接被用户跟踪访问，其他的超链接往往因为无关而被忽略了。爬虫程序需要正则表达式和 url 跟踪访问指定内容的超链接网页，函数 get_urls 使用正则表达式匹配网页中符合条件的 url，函数 trace_pages 从队列中获取超链接，调用函数 download_webpage 下载网页内容，通过调用函数 get_urls 提取网页中超链接，并将其放入队列中。

```
    import urllib. request
    import urllib. error
    import re
    def get_urls （get_html）：
    find_urls=re. findall （'https?：//（?：[-\ w. ] | （?:% [ \ da-fA-F] {2} ））+'，
get_html)
    return find_urls

    def trace_pages （start_url，find_urls）：
    urls_queue= [start_url]
    while urls_queue：
        cur_url= urls_queue. pop （ ）
        get_html=download_webpage （cur_url）
        for alink inget_urls （get_html）：
            urls_queue. append （alink）
```

1.5.3　网络数据抓取

在跟踪网页并下载了网页之后，需要分析网页的结构。在大多数客户端或者浏览器中可以显示网页源代码，例如澳大利亚联邦法院的判例都可以在网络上公开免费访问，在浏览器中输入：http：//www.austlii.edu.au/au/cases/cth/FCA/2006/1.html，然后鼠标右键选择查看源，HTML 部分代码：

```
<table rules=" none" border=" 0" frame=" void" >
<colgroup>
<col width=" 450.666554" >
<col width=" 163.999959" >
</colgroup>
<tr valign=" top" >
<td width=" 450.666554" colspan=" 1" rowspan=" 1" valign=" top" >
<div><a name=" Distribution" ></a><b>IN THE FEDERAL COURT OFAUSTRALIA</b>
</div>
</td>
<td width=" 163.999959" colspan=" 1" rowspan=" 1" valign=" top" >
<br><br>
</td>
</tr>
<tr valign=" top" >
<td width=" 450.666554" colspan=" 1" rowspan=" 1" valign=" top" >
<div><a name=" Order_State" ></a><b>NEW SOUTH WALES DISTRICT REGISTRY</
b>
</div>
</td>
<td width=" 163.999959" colspan=" 1" rowspan=" 1" valign=" top" >
<div align=" right" ><a name=" Order_Num" ><b>NSD 2312 OF 2005</b></a>
</div>
</td>
</tr>
</table>
```

在抓取判决州数据时，可以在<a name=" Order_State" >元素中找到。如果需要搜索判决编号，可以在<a name =" Order_Num" >元素中匹配。而<a>元素是<td>的子元素，< td >元素则是<tr>的子元素，< tr >元素又是< table >的子元素。可以使用正则表达式、BeautifulSoup 和 Lxml 的 Python 第三方扩展库模块进行数据抓取。

BeautifulSoup 是一个能够解析网页结构的 Python 模块，Lxml 是解析 XML 格式的 Python 封装模块，由于用 C 语言编写的模块，解析运行的性能要比 BeautifulSoup 更加高效。安装 BeautifulSoup 和 Lxml 模块需要使用：

```
pip install beautifulsoup4
pip install lxml
```

在终端中输入 python 进入脚本环境，正则表达式的 . 表示匹配除换行符，* 表示匹配重复 0 次或更多次，? 表示匹配重复 0 次或 1 次，用括弧表示要获取（ ）之间的数据。

```
>>>import urllib. request
>>>import re
>>>set_url= "http://www. austlii. edu. au/au/cases/cth/FCA/2006/1. html"
>>>get_html=download_webpage (set_url)
>>>re. findall ("<a name=" Order_State" ></a><b> (. *?) </b>", get_html)
```

BeautifulSoup 提供对网页内容进行定位的功能接口，首先开始的操作是将下载的内容即 HTML 网页解析为一个 soup 文档，然后使用函数 find 以及 find_all 匹配所需的对象和内容。由于一些 HTML 格式网页存在标记标签没有闭合和缺少引号等问题，例如：

```
<div><a name=Order_State><b>NEW SOUTH WALES DISTRICT REGISTRY
</div>
```

BeautifulSoup 需要对此格式问题进行检查，在格式完整之后开始解析 HTML 网页。事实上，HTML 网页是由很多尖括号表示的标记语言构成的，标记语言控制内容输出的格式，而且这些标记语言标签一般情况下是成对出现的，以便明确受标签控制的内容的输出。HTML 标签之间的关系如同文件系统中的文件之间的关系，整体上像一个倒置的树结构，上一级标签可以包含下一级标签。每个标签都有标签名和属性，用<tag>表示开始，</tag>表示结束，<tag>. attrs 为标签属性，属性是键值对组成的字典类型数据，<tag>. string 为标签所控制输出的非属性字符串，即<tag>和</tag>之间的内容。例如，标签<a>的作用是超链接或者锚点，<a name="Order_State">中的 name 是属性名,"Order_State" 是 name 属性的键值。BeautifulSoup 对标签树结构进行遍历和解析，可以上行遍历到父标签，也可以下行遍历到孩子标签，还可以平行遍历到兄弟标签。BeautifulSoup 能够正确关闭标签，并可以解析缺少引号的属性值。对缺少<html>和<body>的网页，自动添加这两个标签使其成为完整的 HTML 标签树。bs4 是 BeautifulSoup4 的简写形式，prettify 函数方法可以为 HTML 网页文本增加换行符。

```
>>>from bs4 importBeautifulSoup
>>>import requests
>>>import re
>>>set_url=" http://www.austlii.edu.au/au/cases/cth/FCA/2006/1.html"
>>>get_html= requests.get (set_url) .text
>>>demo=re.findall (" (<div><a name=Order_State><b>.*? </div>) ", get_html)
>>>soup= BeautifulSoup (demo," html.parser" )
>>>print (soup.prettify () )
<html>
    <body>
        <div>
            <aname=" Order_State" >
<b>NEW SOUTH WALES DISTRICT REGISTRY</b>
                </a>
            </div>
        </body>
    </html>
```

对于格式不完整的 HTML 网页，使用 lxml 解析模块也是先补充缺少的部分，然后再进行遍历解析。同样地，lxml 可以根据遍历 xml 方法来建立标签树，添加属性键值丢失的引号，补全缺少的标签以便标签闭合，解析成功后输出树结构。

```
>>>import lxml. html
>>>import requests
>>>import re
>>>set_url=" http：//www. austlii. edu. au/au/cases/cth/FCA/2006/1. html"
>>>get_html= requests. get（set_url）. text
>>>demo=re. findall（"（<div><a name=Order_State><b>. *？</div>）"，get_html）
>>>tag_tree=lxml. html. fromstring（demo）
>>>out_parse=lxml. html. tostring（tag_tree，pretty_print=True）
>>>print（out_parse）
<html>
    <body>
        <div>
            <aname=" Order_State" >
<b>NEW SOUTH WALES DISTRICT REGISTRY</b>
                </a>
            </div>
        </body>
    </html>
```

第 2 章　赋能机器学习

随着大数据时代的来临，发掘数据意义的机器学习成为计算机学科最为璀璨的新星，通过自我学习的算法可以将数据转变为知识。人类学习知识的过程表明过去的经验对将来依然有效，否则，文明就不会出现。通常人们在挑选水果时，会根据经验作出判断，倾向选择那些外形饱满、色泽鲜艳和声音清脆的产品。起初，人们并不知道好吃的水果与它们的外在的关系，随着经验的增长，逐渐意识到好吃的水果的外表具有一些典型特征，从所有的特征中发现好吃水果具有的特征，可以说从经验中学习了知识或者模型。而模型的建立依靠学习方法和经验，学习方法就是观察水果外形和口感，经验就是获得水果外形和口感的途径，需要人们不断地试吃水果。人类的经验以记忆的形式存储在大脑中，学习过程可以描述为在大脑中搜索记忆的知识，运用逻辑方法对新认知进行推理，从而获得新知识。

计算机可以模仿人类学习过程，将经验以数据的形式存储在计算机系统中，学习算法将从数据中产生模型，将经验数据提供给模型进行训练，在面对新的情况时，模型就会给出判断和决策。如果说计算机科学在某种意义上是算法的科学，那么机器学习就是关于算法的算法的科学，是研究如何从数据中进行学习。机器学习模型包括线性模型、决策树、神经网络、支持向量机、贝叶斯统计、集成学习、强化学习和主题学习等。经过多年的发展，机器学习算法和模型开发者发布了很多高效的开源库，以便程序员利用强大算法挖掘数据中的模式和知识，对未来作出预测。

2.1　发展历史

机器学习是人工智能三大应用领域之一，是人工智能发展水平较高的标志。人工智能早期的研究是关于推理能力，在 20 世纪中叶，人们认为智能系统应该具有逻辑计算和推理能力。在数学定理证明方面，通用问题求解和逻辑理论家等程序取得非常好的效果，它们的表现甚至比数学家做得要好。随着计算机硬件和软件技术的发展，数学定理证明远远不能满足人们对于人工智能发展的期望，智能系统不仅具有逻辑系统，更应该具备拥有知识的能力。从20世纪70年代开始，代表知识期阶段的人工智能产品的专家系统大量涌现，解决了很多基于规则的实际问题。但是专家系统面临知识工程的局限，专家的精力是有限的，无法将行业内所有知识归纳出来再输入到计算机系统中。这时，计算机系统自主地学习知识成为迫切需要。实际上，早在20世纪中叶的图灵测试中，就已经出现机器学习的初步思想。20世纪60年代~70年代，先后诞生了代表连接主义的感知机、符号主义的结构学习系统、强化学习的学习机器以及统计学习的贝叶斯等理论。这些都为机器学习的诞生奠定了坚实基础。

20世纪80年代，R. S. Michalski等人出版了第一本机器学习专著《机器学习：一种人工智能途径》，将机器学习定义为从样本中学习，从训练样本中总结学习结果，属于一种归纳方法。决策树以信息熵减少为判断条件，寻找对问题进行求解的树形结构。1986年，神经网络在求解NP难题方面取得成果，产生了BP算法，学习过程由信号的正向传播与误差的反向传播两个过程组成，对样本的学习蕴含在参数的调节过程中，尤其涉及大量参数，往往依靠手工去调节参数，参数上偏差一点，学习结果差异可能放大到千倍万倍。

20世纪90年代初，人们认为机器学习是统计学习的华丽转身，由此，统计学习方法中的支持向量机引起了广泛关注。支持向量机（Support Vector Machine，SVM）在样本空间中寻求具有最大边距的超平面用以分类或决策，当部分支持向量不在分类边界上，其损失函数可以对分类损失进行量化，复杂的分类器容易产生结构风险，可以通过最小化结构风险和经验风险的线性组合来确定模型参数。在样本空间中，一些线性不可分的问题可能是非线性可分的。核方法（Kernel Method）可以将低维度线性不可分的问题映射到高维度线性可分问题，映射函数称为核函数，包括多项式核函数、径向基核、高斯核等，构造一个核函数被运用到机器学习的很多方面。事实上，统计学习并非统计模型，统计模型是对数据建立模型，用于推断数据之间的关系，其主要目的并非预测将来。统计学习方法放弃解释性来获得较高的预测性能，其主要目的是较好地预测将来。两者最明显的区别就是在线性回归中的例子，线性回归统计模型寻找一条可以包含更多数据的直线，而线性回归学习模型是通过在一个子集上训练一个线性回归器，从而在另一个子集上测试线性回归器的性能，以期望获得更好的预测效果。

人们熟知的统计学习方法是将概率模型应用到机器学习领域中，朴素贝叶斯模型根据条件独立假设，计算特征和类别的联合概率分布，损失函数为对数似然函数，通过极大似然估计和极大后验概率估计的迭代方法求解模型参数，属于生成模型。EM 算法是对含隐变量概率模型求解的方法，似然函数含有对数和的形式，难以直接求解，构造一个近似分布，采用迭代方法，求出含有参数的似然函数下界并最大化，直到最后算法收敛，获得模型参数。主题模型是含有潜在变量的概率模型，由文档产生主题，再由主题产生词语，主题是潜在变量，似然函数的偏导数中有自变量的对数和，无法采用最大似然估计和贝叶斯估计。因此，主题模型需要采用 EM 算法估计参数。

21 世纪初，在计算性能和大数据得到发展之后，深度学习成为机器学习的热点内容，尤其在计算机视觉领域得到广泛的应用。实际上，深度学习是一个多层的神经网络，从输入层到隐藏层，从隐藏层到输出层，隐藏层的层数越多，代表两层之间连接的权重的参数就越多。因此，深度学习模型的参数达到成千上万以上，复杂的模型使得参数调优变得非常重要。虽然深度学习缺乏理论上的可解释性，但是却在工程应用上大放异彩，这主要得益于大数据和强算力。互联网应用的普及产生了前所未有的大数据样本，如果参数数量巨大，样本较少，容易产生过拟合，模型在训练样本上损失为零，但是在测试样本上产生较大的偏差。对于具有大量参数的复杂模型，需要大数据进行训练，同时反复迭代的训练消耗大量的计算资源。没有强大的计算能力，时间代价将会比较大。

2.2　基本概念和术语

数据是机器学习的前提，存在这样的一些数据（原告=张三，被告=李四，法院=北京市朝阳区人民法院，案由=借款纠纷，时间=2020 年 1 月 8 日）（原告=赵某甲，被告=钱某乙，法院=上海市松江区人民法院，案由=隐私权纠纷，时间=2019 年 3 月 5 日）（原告=张某丙，被告=王某丁，法院=天津市南开区人民法院，案由=土地承包经营权纠纷，时间=2018 年 8 月 5 日）（原告=刘某戊，被告=孙某己，法院=重庆市渝中区人民法院，案由=知识产权纠纷，时间=2016 年 8 月 25 日）（原告=黄某某，被告=杨某某，法院=广州市天河区人民法院，案由=房屋买卖合同纠纷，时间=2015 年 11 月 20 日）（原告=陈某五，被告=林某六，法院=杭州市西湖区人民法院，案由=定金合同纠纷，时间=2020 年 1 月 8 日）。

上述的一对括号中的数据是对一个案件进行描述的一条记录。多条记录组成一个集合，称之为数据集（Dataset），文本数据集也称语料库。一般情况下，数据集中的一条记录描述一个样本（Sample）或者实例（Instance）。样本由几个事项来描述，例如，原告、被告、法院、案由和时间，这些称为特征或属性，一个具体样本是特征（Feature）或属性（Attribute）在当前情况下的取值，称为特征值（Feature Value）或属性值（Attribute Value）。将特征对应到空间坐标，一个特征映射为一个维度的坐标，全部特征（原告、被告、法院、案由、时间）就是五维空间。一个案例就是五维空间中的一个点，空间中的一个点可以用坐标向量（Vector）来描述。因此，有时称一个样本为特征向量。

数据集用大括号表示：$D=\{d_1, d_2, \cdots, d_m, \cdots, d_M\}$，大写 M 表示样本总数，下标为小写的 d_m 表示第 m 个样本。每个样本包含 N 个属性或特征，用 $d_m=\{d_{m1}, d_{m2}, \cdots, d_{mn}, \cdots, d_{MN}\}$ 来表示，d_m 是 N 维样本空间中的一个向量，d_{mn} 表示第 m 个样本的第 n 个属性或特征的取值。例如，d_{32} 表示第 3 个案件的被告为王某丁，d_{24} 表示第 2 个案件的案由为隐私权纠纷，d_{13} 表示第 1 个案件的受理法院为北京市朝阳区人民法院，d_{41} 表示第 4 个案件的原告为刘某戊，d_{55} 表示第 5 个案件的判决日期为 2015 年 11 月 20 日。

学习算法通过在数据中学习获得模型，在训练或学习过程中需要使用一些数据，每一条记录称之为训练样本，所有的训练样本（Training Sample）构成训练集，将数据集的一部分划分为训练集（Training Set），剩余部分的数据称为测试集（Testing Set）。学习算法需要做一个关于数据符合某种规律的假设，例如，可以假设所有判决日期符合高斯正态分布，高斯正态分布模型有两个参数：均值和方差，学习算法通过在训练数据中学习模型，获得模型参数。在不同的训练集上学习模型，将会获得不同的模型参数。学习过程期望所获得参数的模型能够解释数据产生的现象，不仅在训练集上能够很好地符合数据产生规律，也要在测试集上符合数据分布。因此，模型可以视作为学习算法在具体数据上的参数和假设理论的实例化。因此，机器学习算法的优劣是与数据类型密切相关的，例如，深度学习适用于图像处理，主题模型适用于文本处理。

前述的案件数据中的样本包含原告、被告、法院、案由和时间 5 个属性或特征的取值，如果需要对案件进行预测，用户可能更加关心的是判决结果。例如（（原告=张三，被告=李四，法院=北京市朝阳区人民法院，案由=借款纠纷，时间=2020 年 1 月 8 日），胜诉）（（原告=赵某甲，被告=钱某乙，法院=上海市松江区人民法院，案由 = 隐私权纠纷，时间 = 2019 年 3 月 5 日），败诉），这样的记录包含了判决结果。胜诉或者败诉称之为标签（Label），通常用（d_m，y_m）表示打上标签的样本，y_m 是样本 d_m 的标记，所有标签的可能取值构成集合 Y，称之为输出空间。模型的输入是未标记的 d_m，输出的结果是 f（d_m），这里 f 指函数或者映射，可以将学习模型理解为广义的函数，学习算法的目的是使 f（d_m）逼近 y_m。如果预测结果 f（d_m）或者标签 y_m 取值只能为胜诉或败诉其中之一，输出结果为离散值的学习模型称为分类任务（Classification）。如果预测结果是赔偿金额，可以从一个范围连续取值，输出结果为连续值的学习模型称为回归任务（Regression）。如果分类任务只包含胜诉或败诉两个类别，称之为二分分类任务（Binary Classification），其中一个称为正类（Positive Class），另外一个称为负类（Negative Class）。如果分类任务包含两个以上类别，称之为多分类任务（Multi-class Classification）。

打上标签的样本空间被划分为训练集和测试集，训练集表示为｛（d_1，y_1），（d_2，y_2），…，（d_{tr}，y_{tr}），…，（d_{TR}，y_{TR}）｝，大写 TR 表示训练集样本数量，小写 tr 表示训练集任意一个样本。测试集表示为｛（d_1，y_1），（d_2，y_2），…，（d_{te}，y_{te}），…，（d_{TE}，y_{TE}）｝，大写 TE 表示测试集样本数量，小写 te 表示测试集任意一个样本。TR+TE 等于样本空间总数 M。学习模型期望通过对训练集｛（d_1，y_1），（d_2，y_2），…，（d_{tr}，y_{tr}），…，（d_{TR}，y_{TR}）｝的学习，建立一个输入空间｛d_1，d_2，…，d_{tr}，…，d_{TR}｝到输出空间｛y_1，y_2，…，y_{tr}，…，y_{TR}｝的映射 f：$D \rightarrow Y$，对于二分类任务，Y =｛1，0｝或者｛+1，-1｝，对于回归任务，Y 一般为实数。经过模型学习后，获得模型参数，建立输入到输出的映射 f，对测试集中的测试样本（Testing Sample）进行预测（Predict As），预测结果为 y_{te}=f（d_{te}），使用真实值 y_{te} 与预测值 $\overline{y}_{te}$ 进行比较来评估模型性能。

没有标签的样本空间可以做聚类任务（Clustering），将数据集中的案件分成若干组，每个组称为一个簇，这些聚类的簇有可能对应一些潜在主题或者概念。例如，按照管辖地区，可以将前述数据集聚类为华北地区案件、华东地区案件、华南地区案件、西南地区案件、东南地区案件、东北地区案件和西北地区案件等。按照日期聚类，可以划分为近 1 年案件、近 3 年案件和近 5 年案件等。按照案由聚类，可以形成人格权纠纷、物权纠纷、合同纠纷和知识产权纠纷等聚类结果。聚类学习任务中，华东地区案件等这样聚类在开始时是不知道的，通过学习发现这些样本中的法院的地理位置离上海较近，彼此之间也不远，但是离北京、广州、重庆等都较远。人格权纠纷案件等这样聚类在开始时也是不知道的，通过学习发现这些案件样本中出现人格、人身、名誉、姓名和肖像等词语频率较高，彼此之间词语共现较多，但是与物权纠纷、合同纠纷、知识产权纠纷等案件中词语共现现象较少。聚类学习能够发现数据的内在规律，有助于用户分析数据，而且通常也不需要标签信息。

学习任务可以分为监督学习和无监督学习，如图 2.1 所示。监督学习样本包含标签信息，学习算法可以根据模型输出和实际输出的差异调整模型参数，进行反馈学习，学习模型可以对没有标签的新样本预测输出。无监督学习的样本没有标签信息，因此学习过程没有反馈信息回馈模型，学习目的是数据中的隐藏结构。

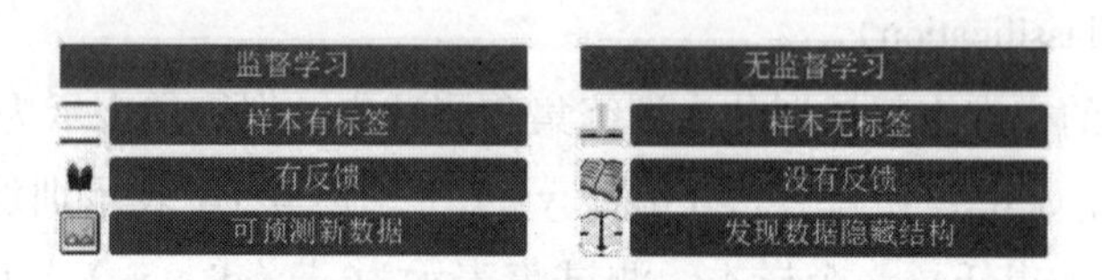

图 2.1　监督学习和无监督学习

监督学习的主要目标是在打上标签的训练数据中学习模型，以便对将来的数据作出预测，如图 2.2 所示。监督的意思是指样本输入到模型所期望的输出信号，即标签。例如，法律文本法域分类，在已经标记好法域的训练数据上，使用监督机器学习算法去学习模型，训练好的模型可以预测一个新的法律文本是否属于一个法域。监督学习的类别标签是离散的，这种分类任务属于一种监督学习方法，另一种监督学习任务是回归学习，回归模型的输出的信号是连续性的数值。

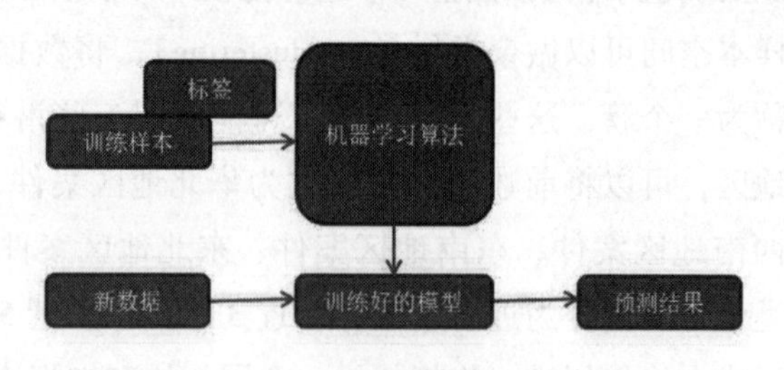

图 2.2　监督学习过程

2.3　分类和聚类

在监督学习的二分分类任务中，通过对历史案例的观察和学习，对新案件或新样本作出预测。例如，新样本（原告 = 韩某庚，被告 = 方某戌，法院 = 南京市玄武区人民法院，案由 = 不当得利，时间 = 2020 年 6 月 7 日），学习模型对新样本的输出结果即判决结果进行预测，胜诉或者败诉。机器学习的预测建立在假设前提和历史数据之上，假设判决结果与原告、被告、法院、案由和时间这些特征有关。如果数据空间特征越多，假设越趋向完美。相反地，特征越少，假设越缺乏合理性。因此，从判决结果的合理性考虑，案件特征中增加关于案件事实和证据描述的假设更加完美。

为了简化模型，从案例中取出法院和时间作为特征，横坐标 feature_1 为时间，纵坐标 feature_2 为法院，如下图所示。每个点表示一个样本，包含两个值，分别对应横坐标 feature_1 和纵坐标 feature_2 的取值。圆点代表正类样本，方框代表负类样本，斜线是根据图中样本学习得到的模型或者分类器。图 2.3 中学习算法的假设是线性分类器，学习策略是寻找训练集中所有样本到分类器的平方和最大的那个特定的分类斜线。如果学习模型的输出结果不再是胜诉或者败诉，而是多个类别之一。例如，模型的输出结果为法律领域，类别标签可能是民事、刑事、行政或者国家赔偿之一。在多类别分类任务中，如果训练集中没有行政法的样本数据，模型无法学习关于属于行政法的样本数据特征。对于一个将来需要预测的新样本，学习模型只能预测为民事、刑事和国家赔偿之一，而人工标记的结果可能为行政法。换言之，学习模型是在训练数据中学习潜在规律，通过对训练数据的观察来预测将来数据，因此，决定将来数据结果的特征需要在训练数据中有所体现。学习算法或者模型对未知数据或者将来样本的预测能力，称为模型的泛化能力。评估模型的性能需要考虑泛化能力和样本空间的适应性，样本空间容量与特征数量有关，一般呈现出指数关系。当特征数量比较大时，样本空间就变得非常巨大。实际上，采集的数据集是样本空间的一次抽样，泛化能力强的学习模型对数据集的要求是能够比较好地代表样本空间，不仅训练集需要反映样本在空间的分布，而且测试集也需要服从同样的分布，只有这样，学习模型的适应性才比较好。

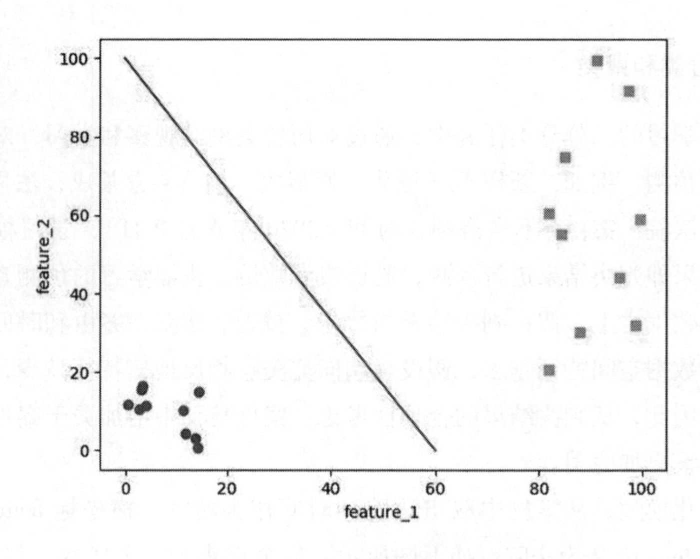

图 2. 3　二分类监督学习任务

在监督学习中的回归分析任务中，模型的输入即样本的特征称为解释变量（Explanatory Variable），学习模型的输出称为响应变量（Response Variable）。回归学习任务假定响应变量与解释变量之间存在某种拥有参数约束的关系，通过训练集的学习，使得响应变量符合该关系的输出。回归学习的输出目标是连续值，例如，学习模型的预测结果是案件涉诉金额，如图 2. 4 所示。横坐标 feature_1 是判决日期，纵坐标 y 是涉诉金额，学习模型的假设是涉诉金额与判决日期存在线性关系，学习策略是寻找训练集中所有样本在回归直线上的输出与真实输出的均方和最小的那个特定的回归直线。从图 2. 4 中可以看出，训练集的数据分布似乎比较符合线性关系。实际上，训练集数据分布可能出现另外一种情况，比如高斯分布或者多项式分布等。线性分布、多项式分布和高斯分布的参数不同。在线性分布的假设下，模型学习的参数符合线性假设。在多项式分布的假设下，模型学习的参数符合多项式分布假设。在高斯分布的假设下，模型学习的参数符合高斯分布假设。因此，机器学习算法是在数据上学习的模型，每种机器学习算法都有其优势，同时也有其局限性，不存在适用于所有数据集的普适学习算法。如果训练集数据在样本空间不具有代表性，采用数据集中在样本空间的某一角落，称之为数据偏斜。这种情况下，需要对数据进行清洗，重新采集训练数据，或者增加训练集的数量。

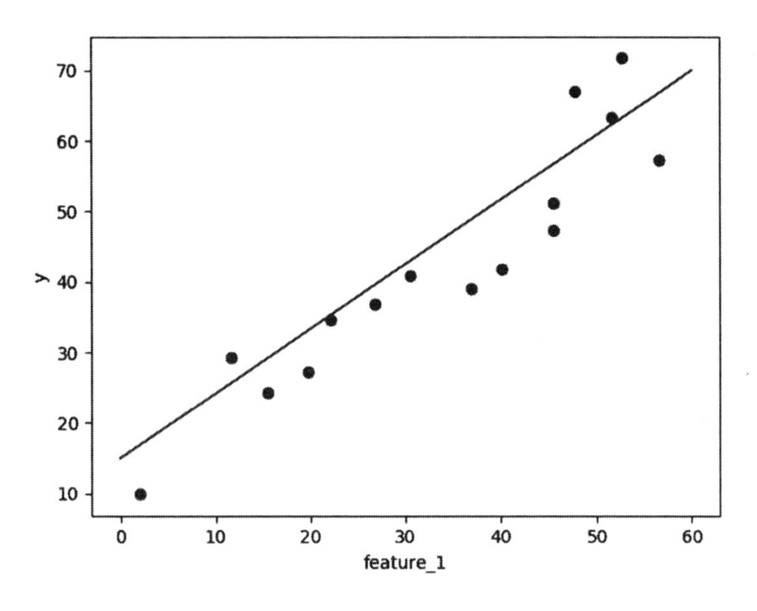

图 2.4　回归监督学习任务

在训练集上学习模型之后，将模型推广到整个样本空间适用，称之为拟合。泛化能力弱的模型容易出现欠拟合（Under-fitting）或者过拟合（Over-fitting）。当模型参数过少、复杂度过低、特征过少就会导致欠拟合现象，如图 2.5 所示。从图中可以看出，数据集的特征只有 feature_1，目标输出为 y，如果回归分析算法为线性模型，响应变量 y 与解释变量 feature_1 的关系可以描述为 y = a * feature_1+b。其中，a 和 b 为模型参数。总体来看，图 2.5 中的点到拟合直线的偏差的总和较大，模型泛化能力较差。对于欠拟合现象，如果将模型调整为多项式回归关系，可以将所有样本拟合到曲线上，多项式模型比线性模型更加复杂，参数也更多。在不改变模型的情况下，也可以增加特征数来改善欠拟合现象。例如，在案件数据集中增加法院信息作为特征 feature_2，样本空间从二维空间过渡到三维空间，在二维空间中无法拟合成直线的散列的点，可以映射到三维空间中的同一个平面。

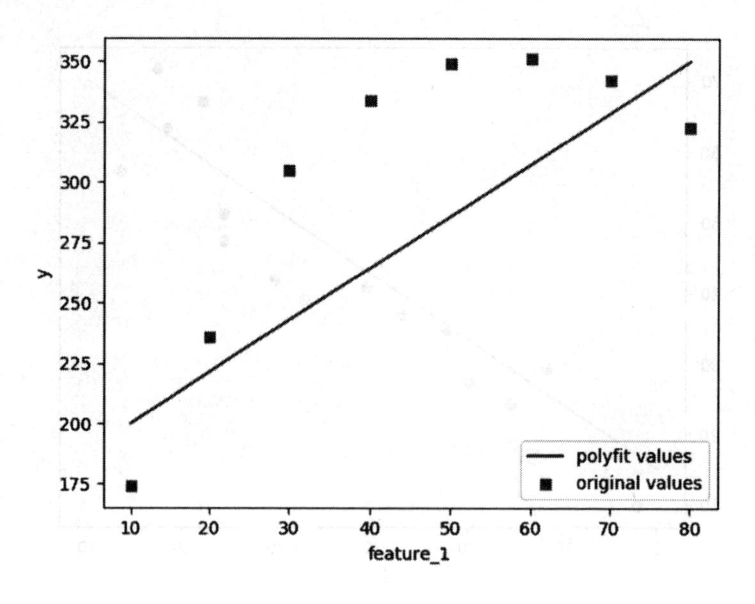

图 2.5 欠拟合现象

当模型参数过多、复杂度过高、训练数据过少就会导致过拟合现象，如图 2.6 所示。从图 2.6 中可以看出，如果回归分析算法为三次多项式模型，响应变量 y 与解释变量 feature_1 的关系可以描述为 y=a∗（feature_1）^{3}+b∗（feature_1）^{2}+c∗ feature_1+d。其中，a、b、c 和 d 为模型参数。总的来看，图中的点几乎都在拟合曲线上，总的偏差接近于零，模型泛化能力也较差，因为有些点可能是噪声或者错误的。对于过拟合现象，需要降低模型复杂度，减少模型参数，可以将三次多项式模型调整为二次多项式，即 y= b∗（feature_1）^{2}+c∗ feature_1+d。增加更多的训练数据，使得训练数据集的数量级超过模型复杂度，这些方法都可以改善模型过拟合现象。

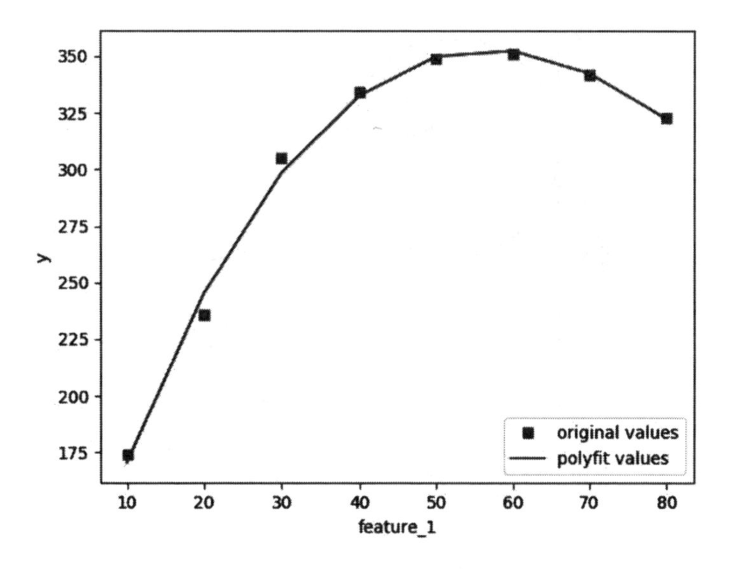

图 2.6　过拟合现象

监督学习的训练数据是有标签的，而无监督学习的样本是没有标签的。很多情况下，数据是没有标签的，因为标签是人按照性质对事件作出的认定。在图 2.7 中，将样本空间中的法院信息作为特征 feature_1，对应的横坐标值为该法院离北京的距离。将赔偿作为特征 feature_2，对应的纵坐标值为赔偿金额。很显然，存在两个簇群，一个位置在图的左上角，一个在图的右下角。样本的特征可以理解为一种观察值，例如，观察到一个案子在北京市朝阳区人民法院开庭，代表该样本的点出现在图的左侧，而左侧的点的位置靠近图的顶部。观察到另外一个案例在重庆市渝中区人民法院开庭，代表该样本的点出现在图的右侧，而右侧的点的位置靠近图的底部。左侧的点和顶部有关系，右侧的点和底部有关系，其背后的原因可能是深层次的，可以作这样的猜测，经济的发展水平导致样本点呈现出两个簇群的分布。因此，在没有响应变量或者目标输出的情况下，运用无监督的聚类学习算法，能够发现数据内部的一些关联，从而提取有用的信息。在没有领域知识和专家经验的情况下，聚类算法是一项非常重要的数据分析方法，帮助人们更好地理解数据。对中国经济地理熟悉的人来说，很容易知道北京是发达地区，重庆是相对不发达地区。然而，对中国经济地理不熟悉的人来说，可能就不知道这些数据所反映出的有用信息。通过聚类学习，可以帮助人们从簇群中发现内在结构，获知北京和重庆在经济发展水平上存在差异。

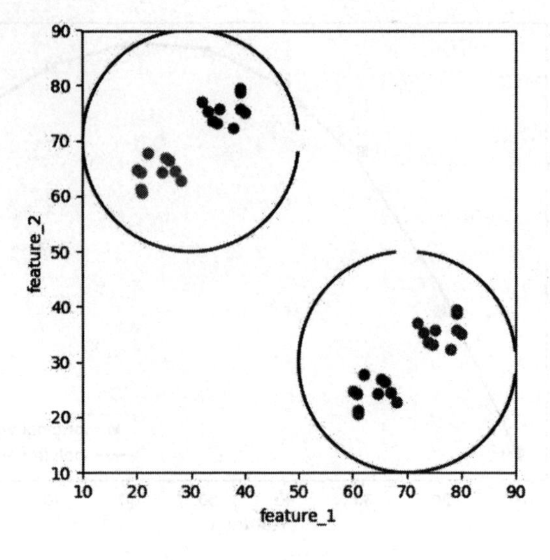

图 2.7　聚类任务

在聚类算法产生的簇群中，每一个簇代表了在某些特征上较为相似或者接近的一组样本点，而来自不同簇的样本点在这些特征上存在比较大的差异。在图 2.7 中，左上角的簇在特征 feature_1 上取值比较小，在 feature_2 特征上取值比较大。右下角的簇在特征 feature_1 上取值比较大，在 feature_2 特征上取值比较小。从聚类过程中可以发现，特征 feature_1 取值越大以及 feature_2 取值越大，即簇出现在图的右上角，造成案件动机当中，经济因素占比越高。特征 feature_1 取值越小以及 feature_2 取值越小，即簇出现在图的左下角，造成案件动机当中，经济因素占比越低。

2.4　强化学习

在监督学习中，样本的输出为分类或者回归结果。然而，有些学习策略并不存在明显分类或者回归结果，例如下棋行为。对弈双方根据棋盘状态，选择下一步行动，从而使得棋盘进入下一个状态。如果下一个状态能够使对方棋子减少一个或者让对方王后处于危险境地，驱使状态发生变化的行动将获得奖励。对弈行为的过程就是强化学习，如图 2.8 所示。智能体（Agent）能够和环境（Environment）进行交互，使得环境状态（State）发生迁移，环境的迁移将奖励（Reward）回馈给智能体。强化学习的目标是训练一个机器或者智能体，通过有效的学习策略，在与环境的交互中，逐步改善系统性能。一般认为强化学习是一种监督学习方法，但是不同于真实的分类标签或者响应变量。机器学习的监督信息是一种奖励策略，通过奖励引导智能体向善发展。

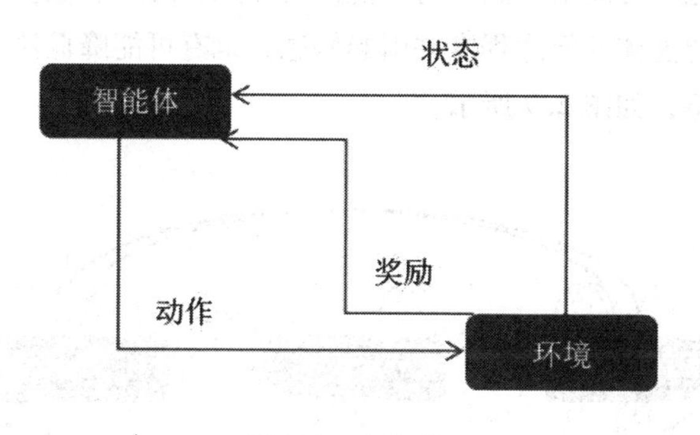

图 2.8　强化学习

通常情况下，通过奖励函数来评价一个动作获得奖励的数值，正数数值越大，获得正面激励就强，负数数值越大，获得负面抑制就越强。智能体在强化学习之后，通过探索性的试错，使环境状态不断迁移，从而实现所获得的奖励最大化。每一步动作都将产生积极或者消极的奖励，积极的奖励被认为更加接近最终目标，而消极的奖励则被认为更加远离目标。

在案件样本空间中，如果样本被当作一个环境状态，在案件判决之前，这个案子的状态处于不断迁移状态，智能体是能够推动案件状态发生变化的抽象主体。对于原告方的智能体，强化学习的目标是对案件状态施加有利于原告方的一系列动作，这些动作产生的最大的奖励就是使得原告方胜诉。对于被告方的智能体，强化学习的目标是对案件状态施加有利于被告方的一系列动作，这些动作产生的最大的奖励就是使得原告方败诉。例如，当前环境状态为案件样本（原告=刘某戊，被告=孙某己，法院=重庆市渝中区人民法院，案由=知识产权纠纷，时间=2016 年 8 月 25 日），假设原告公司是北京注册公司，被告方是重庆注册公司，原告方智能体施加的动作导致案件状态发生迁移，下一个状态涉及北京法院审理案件，根据原告方智能体的奖励函数，获得的回馈为积极奖励。

在强化学习的决策过程中，智能体对环境的每个状态 s 都了解，状态空间为 S。在当前状态下，智能体执行的动作 a 引起环境 E 向下一个状态的迁移，而迁移函数 P 计算当前状态向下一个状态迁移的概率，动作空间为 A。在状态发生迁移的同时，奖励函数 R 回馈给智能体一个奖励。因此，强化学习是一个四元组 E：<S，A，P，R>。假设在案件样本空间中，增加一个脸熟特征，智能体每天在去法院和不去法院两者之间作决定。去法院有可能增强法官对智能体的熟悉程度并引起好感，也有可能增强法官对智能体的熟悉程度并引起反感。不去法院有可能降低法官对智能体的熟悉程度并引起好感，也有可能降低法官对智能体的熟悉程度并引起反感，如图 2.9 所示。

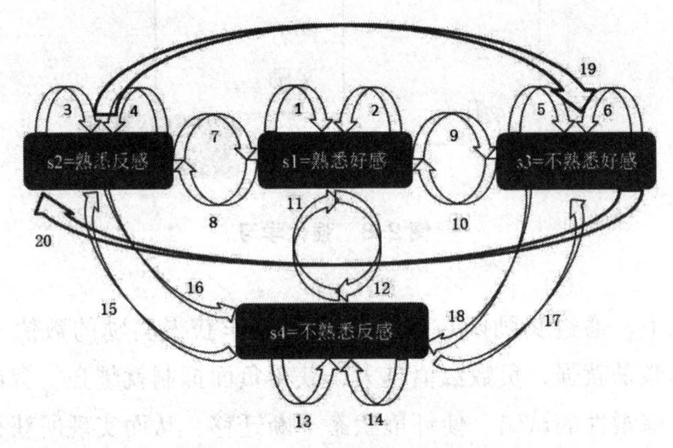

图 2.9　去法院的决策过程

在去法院的决策过程中，存在四个状态：熟悉好感、熟悉反感、不熟悉好感和不熟悉反感。有两个动作：去法院和不去法院。在每一个状态发生迁移后，如果能够使法官熟悉智能体，智能体将获得 10 个数值的奖励。法官对智能体产生陌生感，智能体将获得-5 个数值的奖励。如果能够使法官增加对智能体的好感，智能体将获得 20 个数值的奖励。法官对智能体产生反感，智能体将获得-30 个数值的奖励。在图 2.9 中，状态迁移 1 可以描述为：a=去法院，p=0.7，r=10；状态迁移 2 可以描述为：a=不去法院，p=0.3，r=10。状态迁移 3 可以描述为：a=去法院，p=0.6，r=5；状态迁移 4 可以描述为：a=不去法院，p=0.4，r=5。状态迁移 5 可以描述为：a=去法院，p=0.5，r=5；状态迁移 6 可以描述为：a=不去法院，p=0.5，r=5。状态迁移 7 可以描述为：a=去法院，p=0.8，r=20；状态迁移 8 可以描述为：a=不去法院，p=0.2，r=-20。状态迁移 9 可以描述为：a=不去法院，p=0.5，r=-10；状态迁移 10 可以描述为：a=去法院，p=0.5，r=10。状态迁移 11 可以描述为：a=去法院，p=0.8，r=30；状态迁移 12

可以描述为：a=不去法院，p=0.2，r=−30。状态迁移 13 可以描述为：a=去法院，p=0.7，r=−15；状态迁移 14 可以描述为：a=不去法院，p=0.3，r=−15。状态迁移 15 可以描述为：a=去法院，p=0.3，r=5；状态迁移 16 可以描述为：a=不去法院，p=0.7，r=−5。状态迁移 17 可以描述为：a=去法院，p=0.4，r=20；状态迁移 18 可以描述为：a=不去法院，p=0.6，r=−20。状态迁移 19 可以描述为：a=不去法院，p=0.7，r=15；状态迁移 20 可以描述为：a=去法院，p=0.3，r=−15。

强化学习的监督信息是智能体从环境获得奖励，环境状态的迁移和回馈的奖励不是完全受智能体控制，智能体通过执行动作和观察动作执行后的状态迁移来感知和理解环境，从而在动作的选择上影响环境。强化学习的监督机制和分类与回归任务不同，机器或者训练集并没有直接指导智能体下一步该执行哪一个操作，而是不断尝试各种可能的动作，实现总的奖励值的最大化。总的奖励值是每个动作所产生的奖励的总和，智能体无法前瞻性地预测总的奖励值，只能从当前环境状态考虑，选择期望能够最大化奖励值的动作或操作。实际上，单步动作产生的奖励值并非是确定值，而是服从某种概率分布，少数的尝试并不能帮助智能体确定期望的动作。因此，强化学习是不断与环境交互和试错的监督学习方法。

2.5　假设空间

机器学习从样本中进行学习，每一个样本是一个具体的实例。在案例数据集中，一个样本包含在原告、被告、法院、案由和日期等特征上的取值，也是抽象概念“案件”的具体实例和描述。在逻辑学中，归纳和演绎是最基本的逻辑方法。归纳方法是从具体现象中总结出一般性规律，例如观察冬夏季的气温。

从 7 月 1 日开始观察，连续观察 9 天，最高气温分别是 35.5、36.0、35.0、37.5、36.5、35.0、38.0、37.5 和 38.0（单位均为摄氏度），样本标签都为夏季。从 12 月 1 日开始观察，连续观察 9 天，最高气温分别是 11.5、12.0、9.0、8.5、9.5、11.0、10.0、10.5 和 10.0（单位均为摄氏度），样本标签都为冬季。将上述的气温观察数值作为训练数据集进行学习，分类器提出一些假设，最高气温超过一个阈值 a 就为夏天，最高气温低于一个阈值 b 即为冬季。关于夏季的最高气温假设可能是一个集合，a = {36.0，35.5，35.0，34.5，34.0，33.5，33.0，32.5，32，31.5，31.0，30.5，30.0，…}。关于冬季的最高气温假设可能是一个集合，b = {11.0，11.5，12.0，12.5，13.0，13.5，14.0，14.5，

15.0，15.5，16.0，16.5，17.0，…}。这些假设构成一个假设空间，分类器从这些假设空间搜索，寻找那些与训练集数据匹配或者吻合的假设。

显然，在假设空间 a 中，最高气温为 36.0 摄氏度和 35.5 摄氏度并不能匹配从 7 月 1 日连续观察的 9 天数值，排除不符合训练集的假设以后，假设空间为{35.0，34.5，34.0，33.5，33.0，32.5，32，31.5，31.0，30.5，30.0，…}。在假设空间 b 中，最高气温为 11.0 摄氏度和 11.5 摄氏度并不能匹配从 7 月 1 日连续观察的 9 天数值，排除不符合训练集的假设以后，假设空间为{12.0，12.5，13.0，13.5，14.0，14.5，15.0，15.5，16.0，16.5，17.0，…}。训练集数据规模越大，排除的假设就越多，分类器习得的模型就越准确。

在回归学习任务中，输入的特征为 feature_1，输出为响应变量 y，如图 2.10 所示。例如，学习目标是寻找经济赔偿案件中的赔付数额与地区发展水平的关系，特征 feature_1 为地区的量化值，输出 y 为赔偿金额。对于学习模型的假设，可以提出线性关系的假设，也可以提出一元二次关系的假设。图中的两个点代表训练样本有两个，假设输出与输入的关系符合线性关系，y=a * feature_1+b，a 和 b 是参数，求解含有两个参数的方程需要两个样本点。因此，线性关系假设可以完全拟合两个样本点。假设输出与输入的关系符合一元二次关系，$y=a*(feature\_1)^2+b*feature\_1+c$，参数包括 a、b 和 c，用两个样本点求解含有三个参数的方程，将产生两个约束变量和一个自由变量。因此，存在很多一元二次多项式假设也能完全拟合这两个样本点。

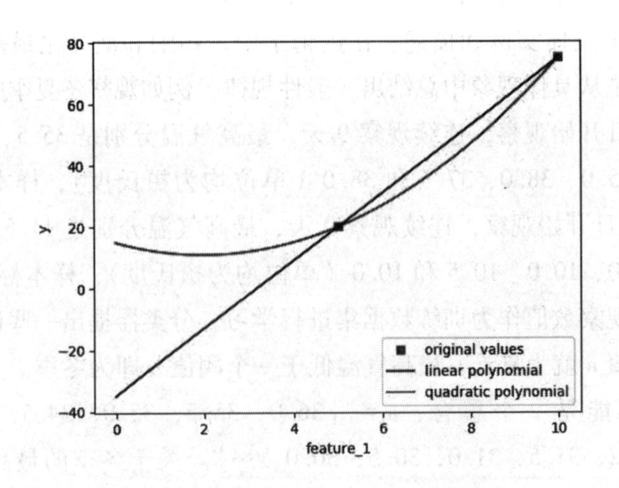

图 2.10　线性和二次回归假设的完全拟合

当增加训练样本数量时，在模型完全拟合的要求下，可以排除一些假设。例如再增加一个样本，三个样本不在一条直线上，如图 2. 11 所示。线性关系假设只能拟合两个样本点，另外一个样本点存在偏差。然而，一元二次关系假设可以完全拟合在线上的三个样本点。实际上，对于线性关系和一元二次关系两种假设，难以评价何种假设更合理。在训练数据的符合程度上，一元二次假设比线性假设更加具有优势，可以达到零偏差，线性假设在第三个样本点上存在偏差。如果训练集数据可靠性高，降低训练偏差是正确的学习方法。但是训练样本本身存在噪声误差，降低训练偏差并不是合适的做法。例如，增加的第三个样本点是错误的数据，线性假设可能更加合理。在数据集服从独立同分布的情况下，样本数量规模小于假设模型复杂度，假设模型可以完全拟合数据，样本数量规模超过假设模型复杂度，假设模型不能够完全拟合数据。事实上，数据集的来源并非完全准确可靠，也不是完全独立同分布，为了防范结构化风险和拟合错误的数据，应该避免拟合全部数据现象。

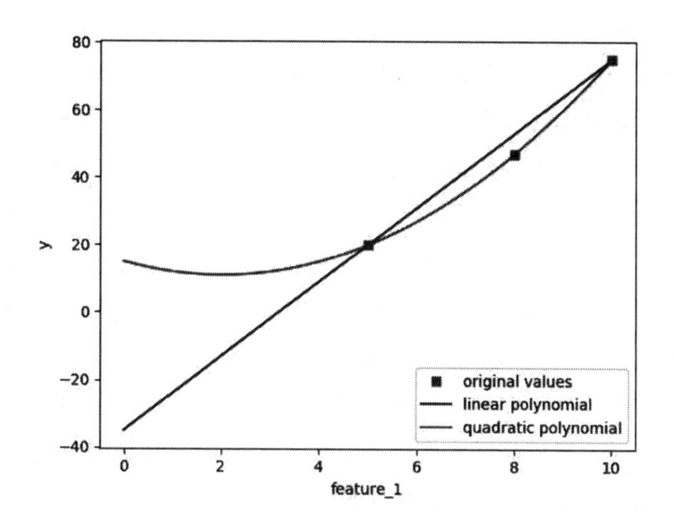

图 2. 11　线性假设的偏差

从样本中学习一个案件是否为胜诉，假设是否胜诉可以由诉讼请求、案由和证据材料三个因素决定。在案件的上述三个特征或属性确定之后，经过大量样本训练的学习模型可以对案件的判决结果给出判断。归纳学习从历史数据中获得经验，形成关于“胜诉的案件是什么样”或者“败诉的案件是什么样”的概念，如表2.1所示。

表2.1 从样本中学习的数据集

案件编号	诉讼请求	案由	证据材料	判决结果
1	返还欠款	借款纠纷	转账记录和合同	胜诉
2	返还欠款和利息	不当得利	转账记录	败诉
3	双倍赔偿	侵权纠纷	转账记录和合同	胜诉
4	返还欠款	借款纠纷	合同	败诉
5	返还欠款和利息	借款纠纷	转账记录和合同	胜诉
6	双倍赔偿	借款纠纷	转账记录和合同	败诉
7	返还欠款	不当得利	转账记录	胜诉

从表格记录中可以看出，胜诉的案件是根据掌握的证据材料，以某种案由进行起诉并达成某种诉讼请求的概念。以逻辑表达式描述胜诉的案件：（证据材料=待确定）∧（案由=待确定）∧（诉讼请求=待确定），∧表示逻辑与的关系，用∧连接的前后两个条件需要同时成立，才能满足逻辑表达式整体成立。从训练样本集中学习的过程就是确定待确定的部分。从案件编号为1的样本中，（证据材料=转账记录和合同）∧（案由=借款纠纷）∧（诉讼请求=返回欠款）为胜诉案件。除了编号为1的样本之外，编号3、5和7也都为胜诉案件，这些案件都是已经被观察到的判决结果。对于未在训练集中出现的样本，学习模型需要对未知数据进行预测，称为模型的泛化。归纳学习将分析和总结训练样本的特征规律，例如，所有胜诉案件的样本在哪些特征上取值相同或相似。同时，也比较类别不同案件在哪些属性或特征上取值不同。

当对一个案件一无所知时，可以预测案件胜诉的概率为二分之一。随着训练数据的加入，可以观察到案件更多的特征和细节，预测案件的胜诉概率将大大增加。假设特征空间的某些取值决定案件的胜诉或败诉，所有的假设构成空间：（证据材料=待确定）∧（案由=待确定）∧（诉讼请求=待确定），假设空间规模由各个特征的取值数相乘得出。学习过程是从案件判决假设空间搜寻能够符合

表 2. 1 训练集的假设，排除不符合训练集的假设，例如，假设：胜诉=（证据材料=任意）∧（案由=任意）∧（诉讼请求=任意）不符合案件编号 2 样本。

证据材料记为 a，取值来自集合 evidence：{转账记录和合同、转账记录、合同、*}，*表示任意的。案由记为 b，取值来自集合 cause：{借款纠纷、不当得利、侵权纠纷、*}，诉讼请求记为 c，取值来自集合 claim：{返还欠款、返还欠款和利息、双倍赔偿、*}。每个特征可以取 4 个值，因此，假设空间共有 64 个，如图 2. 12 所示。

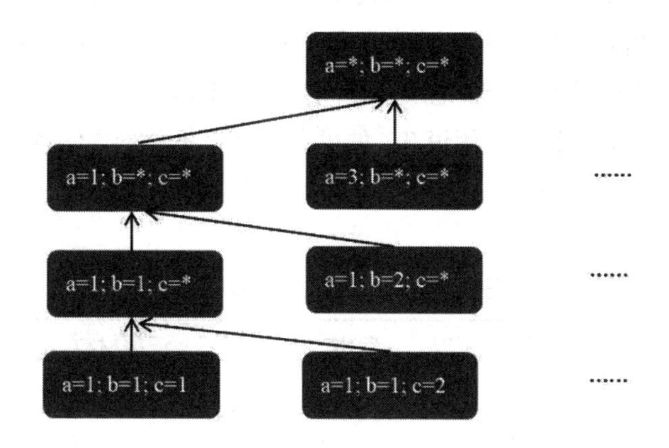

图 2. 12　案件学习的假设空间

图中 a=*表示证据材料的取值为任意，b=*表示案由的取值为任意，c=*表示诉讼请求的取值为任意。a=1 表示证据材料的取值为“转账记录和合同”，b=1 表示案由的取值为“借款纠纷”。c=1 表示诉讼请求的取值为“返还欠款”，c=2 表示诉讼请求的取值为“返还欠款和利息”，c=3 表示诉讼请求的取值为“双倍赔偿”。图 2. 12 的结构与文件系统的目录层次相似，像一颗倒置的树，最顶层的是根节点，最底层的是叶节点。最左边的叶子节点（a=1；b=1；c=1）代表假设 h1：根据转账记录和合同，以借款纠纷进行起诉并要求返还欠款的案件判决结果为胜诉。假设 h1 与训练集中的案件编号为 1 的样本吻合或者匹配，但是不能泛化到别的样本上进行预测。最右边的叶子节点（a=1；b=1；c=2）代表假设 h2：根据转账记录和合同，以借款纠纷进行起诉并要求返还欠款和利息的案件判决结果为胜诉。假设 h2 与训练集中的案件编号为 5 的样本吻合或者匹配，但是同样地不能泛化到别的样本上进行预测。如果将这两个叶节点的父节点（a=1；b=1；c=*）作为假设h3：根据转账记录和合同，以借款纠纷进行起诉的案件判决结果为胜诉。假设h3可以泛化（a=1；b=1；c=*）下的未在训练集中出现的子节点，可能在未标记的数据上的预测结果是错误的，也就是模型具有一定的准确率。从假设空间搜寻能够匹配训练集的假设，可以采用自顶向下的演绎方法，也可以采用自底向上的归纳方法，存储与训练集所有正类样本相一致的假设，删除与训练集中所有负类样本相一致的假设。

从表2.1中选择案件编号1、2、5、7组成训练集，如表2.2所示。假设空间存在3个假设可以匹配训练集。假设1：如果存在（证据材料=转账记录和合同）∧（案由=借款纠纷）∧（诉讼请求=任意），那么判决结果为胜诉；假设2：如果存在（证据材料=转账记录和合同）∧（案由=任意）∧（诉讼请求=任意），那么判决结果为胜诉；假设3：如果存在（证据材料=任意）∧（案由=借款纠纷）∧（诉讼请求=任意），那么判决结果为胜诉。如图2.13所示。

表2.2 从案件中学习的训练集

案件编号	诉讼请求	案由	证据材料	判决结果
1	返还欠款	借款纠纷	转账记录和合同	胜诉
2	返还欠款和利息	不当得利	转账记录	败诉
5	返还欠款和利息	借款纠纷	转账记录和合同	胜诉
7	返还欠款	不当得利	转账记录	胜诉

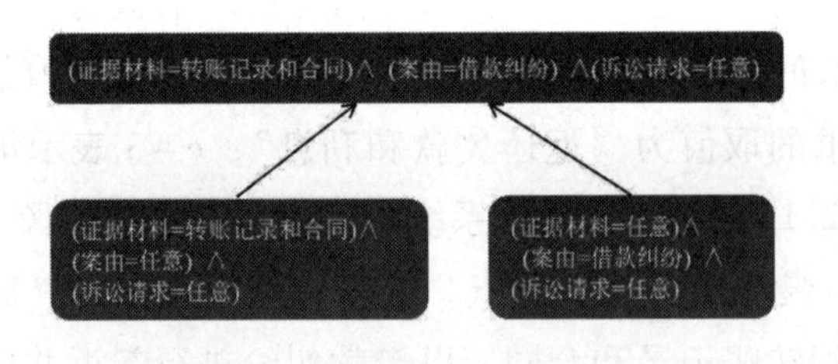

图2.13 一个训练集上的假设空间

学习模型选择哪个假设取决于归纳偏好，是偏向更为一般化的选择，还是偏好更为具体化的解释。假设1是从证据材料和案由两个特征中学习了结果，假设2是从证据材料特征中学习了结果，假设3是从案由特征中学习了结果。假设1

要比假设 2 和 3 更加具体，哪种假设更好将由模型的泛化性能来衡量，即该假设在测试集上的匹配情况。

从表 2.1 中选择案件编号 3、4、6 组成测试集，如表 2.3 所示。可以看出，案件 3、4、6 都不符合假设 1，案件 4、6 不符合假设 2，案件 3、4、6 都不符合假设 3。因此，从测试样本的匹配数量考虑，假设 1 的得分为 0，假设 2 的得分为 1，假设 3 的得分为 0。这说明在当前的问题上，学习模型偏好选择更为一般化的假设，可以推测的部分原因在于胜诉结果与较少的特征有关，例如证据材料。假设 1 的条件太过具体，包含两个特征的取值，可能有一个特征与是否胜诉关系不大，但是模型却从训练集中学习了太多的细节，将与判决结果关系不大的特征引入到模型中。

表 2.3　从案件中学习的测试集

案件编号	诉讼请求	案由	证据材料	判决结果
3	双倍赔偿	侵权纠纷	转账记录和合同	胜诉
4	返还欠款	借款纠纷	合同	败诉
6	双倍赔偿	借款纠纷	转账记录和合同	败诉

机器学习算法是从历史数据中发现内在规律，假设内在规律存在，那么不同的数据就存在不同的内在规律。不存在通用的机器学习算法能够“一招鲜吃遍天”。在一些数据上表现好的机器学习算法，可能在另外一些数据上表现恰好相反。因此，评价机器学习算法的好坏要结合具体的问题和数据做有针对性的分析。

2.6　数据预处理

在建立机器学习系统的路线中，开始阶段就是数据的预处理。原始数据的规格和尺寸不利于提升机器学习系统的性能，因此，很多机器学习应用将数据预处理作为重要的操作步骤之一。例如，在人脸识别中，原始数据是一系列的图像，机器学习系统希望从图像中提取有用的特征，其中包括眼鼻口耳等。在植物花卉识别中，从图像中提取的特征有花瓣颜色、萼片长度、萼片宽度、花瓣长度和花瓣宽度等。在案件预测中，从文字中识别的特征有法院、日期、案由、原告、被告、法条和证据等。数据预处理的质量可以直接影响学习模型的泛化性能和效果。

在现实当中，采集的数据往往不完整，在某些特征上可能存在缺失值。例如，在录入数据时因涉及个人隐私而造成收入特征或婚姻属性的缺失值，法律关系中的配偶在未婚人中就是缺失值，有的缺失值是人为疏忽产生的，有的缺失值是因获取代价较大而导致的。对学习模型训练和评估不利的不仅仅有缺失值，还有噪声和异常点数据。很多机器学习算法要求进行特征选择，使得特征数值处于一个标准的、连续的空间，例如将特征值映射到［0，1］区间或者服从一个均值为0方差为1的正态分布。

在采集数据的过程中，特征或属性的赋值存在各种各样的缺失值。根据特征值的分布特性和对预测的重要性的不同，可以采用特征删除方法或者特征值填充方法。如果很多样本在该特征上取值缺少，达到很高比例，且在学习模型训练过程中不是特别重要，可以将这类特征删除。例如，个人基本信息中的家庭座机号码，很多人已经不使用固定电话了，当90%的样本缺少座机号码，就可以删除座机号码特征。如果特征取值符合均匀分布，且缺失的样本较少，可以用该特征或属性的均值来填充缺失。例如，个人基本信息中的月薪的缺失值可以用社会平均工资来代替缺失值。对于数据倾斜的缺失值采用中位数填充，例如，北京的高收入较多，平均工资显得较高，可能超出大多数工薪阶层的收入，此时用收入的中位数更具有代表性。如果缺失值不是连续型数据，而是离散型的数据，可以采用哑变量方法处理。例如，个人基本信息中性别的缺失值归为其他或者未知。

离群点是指一些远离正常数据分布的范围的数据，分为真离群点和伪离群点。伪离群点是数据采集获取过程中的错误造成的，不是客观真实的反映。例如，在个人基本信息中，录入年龄60时不小心多输入一个0，变成600。真离群点是数据来源本身产生的，属于客观现象的真实反映。例如，在个人基本信息中，正常年龄分布在均值为70和方差为5的范围，但是不排除有个别少数的110的离群点。

对于简单的数值，可以采用箱线图（Boxplot）判断是否存在离群点。例如，将数据进行排序，分别计算下四分位数Q1、中位数Q2、下四分位数Q3、上限和下限，数值比上限还要大的为离群点，数值比下限还小的也为离群点。如果数据服从正态分布，标准差方法可以将偏离均值距离在3倍标准差之外的数据认定为离群点：

$$P(|x_i - \mu| > 3\sigma) < 0.001 \tag{2.1}$$

标准差方法（Standard Deviation，SD）不是稳健的检测离群点方法，因为离群点的出现反过来会影响均值和标准差。基于绝对离差中位数（Median Absolute Deviation，MAD）先是计算样本的中位数，再求出每个样本和中位数的偏差绝对值，接着计算偏差绝对值的中位数，最后用每个样本的偏差绝对值除以偏差绝对值的中位数。基于绝对离差中位数放大了离群点的影响，是一种相对可靠的离群点计算方法。基于距离的离群点检测方法通过定义数据之间临近值来判断离群点是否在临近值之外，基于密度的方法定义离群点周围数据密度明显低于大部分正常数据点的邻近密度，适用于离群数据分布不均的数据集。基于聚类的方法根据聚类算法将远离正常中心簇的小簇作为离群点。

离群点对学习模型训练和评估都会产生一定的影响，根据离群点数量、影响和学习模型分别采用不同的处理方法。如果离群点数量不多，可以考虑将其删除，这样做可能会损失一部分信息。如果离群点较多，不能删除这些数据，可以通过对数变换将尺度缩小到一个数量级上，这种方法不损失信息，但是对学习模型有一定的要求。如果离群点距离正常数据数量级差别不大，可以用数据的均值和中位数置换离群点，信息损失较少。

噪声是数据采集和获取过程中，在样本观察值和真实值之间产生的误差，常用的处理办法有分箱法和回归法。分箱法有等距和等频法，等距法从最小值到最大值之间划分为若干等份，而等频法的每个箱包含相同的样本数量。根据等距或者等频法，用每个箱的平均值、中位数或者边界值来置换箱中的各个样本。回归法是在根据特征变量和输出的关系，建立回归模型，利用输出反向求解特征变量近似值。

数据集成一般是指将多个来源的数据合并到一个一致性的数据集中，需要解决特征识别、数据冗余和冲突问题。特征识别是指从两个不同数据来源中识别出相同意义的属性或字段。例如，法院数据、检察院和公安部门数据集成可能都涉及一些共同特征，在嫌疑人描述中，法院用的特征名称可能是 suspect_description，公安部门用的特征名称可能是 suspect_miaoshu，而检察院用的特征名称可能是 suspect_desc。数据冗余是一个来源中的特征可由另外一个数据来源的特征推导出来，例如，在法院数据来源中有出生日期属性或特征，在检察院数据中有年龄属性或特征，而年龄特征可以由出生日期推导出来。数据冲突是指从两个不同数据来源中具有相同意义的特征取值不一致的情况，例如，在法院数据中某嫌疑人身高 1.75 米，而在检察院数据中的身高为 1.85 米，这种数据冲突可以用缺失值方法来处理，也可以根据更接近数据生产场所的方法来消除冲突。

数据规约是在保留原始数据的完整性和获得相同的学习模型训练效果的前提下简化数据集，能够快速提升学习效率，包括维度规约和维度变换。在分类任务中，可能存在成千上万的特征，其中大部分特征与分类结果无关，通过特征子集的选择删除不必要的无关特征，在确保信息损失较小的情况下，尽可能减少数据量。特征子集的选择目标是寻找概率分布最接近原始特征空间的最小子集，逐步向前选择方法是从空集开始逐步迭代添加原有特征空间中最好的特征，逐步向后删除方法是从原始特征全集开始逐步迭代减少原有特征空间中最好的特征。原始特征空间的最好特征可以通过单变量和目标变量统计分析方法来确定，常用方法有卡方检验和回归系数。卡方检验根据观察值和理论假设之间的偏差计算特征值和目标输出的相关性，然后根据相关性的排序，将相关性较低的特征从特征空间中删除。

一些不同的特征之间存在高度相关性和一定程度的数据冗余，通过降维方法可以将数据从高维冗余空间压缩到低维的子空间。降维可以节省存储容量，提高学习算法训练速度。更加重要的是，在有大量噪声的数据集上，降维可以提高模型的预测性能。维度变换在确保原始数据的信息损失最小的情况下，将高维稀疏空间映射到维度更小的空间，常用的方法有主成分分析、奇异值分解和聚类等方法。主成分分析方法通过空间映射，将数据投影到主成分空间，使得主成分方向上数据方差最大。奇异值分解通过正交矩阵变换，将数据映射到向不同维度上的空间，计算复杂度较高，适用于稀疏矩阵。聚类将样本划分为一些簇，用簇代表单个特征变量，簇的个数就是新的特征数量。

训练数据的不同特征取值的量纲对学习模型训练有一定的影响，尤其对于一些与距离有关的学习算法。例如，水果质量识别系统将不合格的水果筛选出来，输入到学习模型的特征有水果的重量、生长期、长度、宽度和高度等，这些特征量化后不在一个量纲范围，重量在 0~10000 克，生长期在 0~100 天，长度在 0~1000 毫米，等等。一个样本的几个特征取值的数据差异比较大，需要进行一定程度的缩放操作，使之对应到一个特定范围，常用的方法有最大最小规范化、Z 标准化和对数变换等。最大最小规范化是将最大值减去最小值作为分母，以数据到最小值的距离为分子的比例。Z 标准化是将数据减去均值后除以方差，变换后的数据分布发生了变化。有一些时间序列数据，横坐标是时间，纵坐标是 GDP

数值，而GDP数值在过去20年呈现指数增长，在绘图时就无法表现增长关系。对数变换是在量级相差非常大的序列数据中，使用log函数进行变换，使得不同量纲的数据能够在同样比例的坐标系中出现。

根据学习算法的特点，有的模型要求输入数据类型为离散数据，例如决策树和朴素贝叶斯等算法。连续性输入数据的学习算法在时间和空间上的开销非常大，离散化的数据不但可以节省开销，还可以提高特征理解能力和抗噪能力。例如，嫌疑人身高的数值是连续的，如果离散化成身高较高、中等和较低，更加符合人们对身高的普遍理解，并且可以将超过正常数值的噪声归为一种离散数值，在一定程度上可以容纳数据录入的错误，克服数据中的结构性缺陷，使模型训练和评估更加稳定可靠。离散化操作根据断点将取值连续的数据进行分箱分段，常用方法包括等频法、等宽法和聚类法。等频法使得每个分箱中样本数量相等，例如样本数值包括间距为1的从1到10、间距为10的从10到100、间距为100的从100到1000，每个分箱中含有10个样本。等宽法使得每个分箱的宽度即边界长度相等，例如班级学生人数在100以内，可以划分为［0，25］、［25，50］、［50，75］和［75，100］四个等宽的箱。聚类法根据聚类学习的结果，将一个簇中的样本视为一个离散值。

在多分类特征中，用多个离散值描述特征不利于学习模型的快速迭代。例如，嫌疑人职业是多分类特征，分为工人、农民、教师、公务员、学生、其他。通常离散化操作的结果是1、2、3、4、5，从职业本身来看，并没有大小排序的差异因素，如果按照赋值输入到学习模型，很显然是不合理的。因此，需要通过引入哑变量将多分类特征拆成多个二分特征，称为稀疏化处理。例如，原先的职业特征名称为employment，引入五个哑变量is_worker，is_farmer，is_teacher，is_civilservant，is_student，当职业为工人时，哑变量is_worker取值为1，其他哑变量为0。

2.7 模型评估

在二分类分类器中，按照分类标准将所有样本输出为正类或者负类。分类器的预测输出与样本的实际输出并不完全一致，存在一定的误差。样本总数为m，错误划分的样本数量为e，错误率为e/m。错误率与错分的样本数量成正比，与总样本总数成反比。与错误率对应的是学习精度，定义为1-错误率。在训练集上发生的误差定义为经验误差或者训练误差，在测试集上发生的误差定义为泛化误差。一般情况下，分类器在训练集上可以实现较低的分类错误率，但是在测试集上的错误率却很高。例如，样本空间总数是1000个样本，划分为800个样本的训练集和200个样本的测试集。分类器在训练集上的输出与样本标签不一致的有8个样本，在测试集上的输出与样本标签不一致的有40个样本。这种情况下的分类器并不是一个好的分类器，训练精度虽然达到99%，但是泛化精度却下降到80%。

如果分类器对训练集数据拟合得非常好，分类错误率或者经验误差可以达到或者接近于零，模型的假设涵盖了训练样本中非常具体的特征。换言之，学习模型学到训练样本所有信息，学习能力较为强大。很明显，在测试集上的样本是不同于训练集的，两者在某些特征上相同或者差异较小，而在另外一些特征上不同或者差异较大。因此，训练误差较好的学习器的泛化误差并不好，不能用训练误差来评估学习算法的优劣。不同的学习算法在相同的数据集上的学习效果是不一样的，即使同一学习算法在采用不同的参数设置时，产生的学习效果也截然不同。现实任务的目标是根据模型评估和模型选择使得泛化误差最小，模型选择是指在众多的学习算法中选择一种学习算法，在众多的参数配置中选择其中一种参数配置。

分类器从训练集中学得分类假设或者模型，对模型的评估需要在测试集上判断其泛化能力，通过计算在测试集上的分类精度来衡量模型的适用性。训练集样本服从样本空间的独立同分布，测试集样本需要不同于训练集的新样本，测试集样本同样需要服从样本空间的独立同分布。例如，假设学生成绩服从正态分布，作为训练集班级的学生分数样本需要从一个均值和方差的正态分布中去采样，作为测试集班级的学生分数样本也要从同样的均值和方差的正态分布中采样而得到。训练过程只能使用训练集数据，测试样本不能用在训练过程，例如表2.2的案件学习的测试集中样本就不能出现在表2.1的案件学习的训练集中。否则，训练使用过的测试样本将降低测试误差，使得模型的泛化能力得到过高的估计。

一般情况下，训练集和测试集并不是两次采样获得的，而是来自一次采样的数据集中的划分。从样本空间采集的包含M个样本的数据集 $D=\{(d_1, y_1), (d_2, y_2), \cdots, (d_m, y_m), \cdots, (d_M, y_M)\}$，从中进行划分，选择一部分作为训练集P，余下的部分作为测试集T。

如果训练集P和测试集T是互斥的两个集合，并构成整个数据集D，这种划分称为留出法。前述的样本空间 $|D|=1000$，$|D|$ 表示集合中元素数量，训

练集大小 | P | =800，测试集数量 | T | =200。根据定义，P∪T=D，P ∩T=∅，| P | +| T | =| D | 。模型使用 P 进行训练，然后在 T 上进行测试，发现分类错误的样本有 40 个，其中包括将实际为正类的样本被判断为负类，也包括实际为负类的样本被输出为正类。根据错误率的计算方法，分类错误率为（40/200）×100%=20%，分类精度为（（200-40）/200）×100%=80%。

测试集中的数据分布情况要与训练集相一致，否则就会因为数据偏斜导致更多的测试误差。一个极端的例子是训练集中没有正类样本，即使最好的分类器也无法从这样的训练集中学得什么样的特征对应正类输出，分类器将不会在测试集上产生正类输出。即使不是极端情况，如果训练集和测试集中的各个类别比例不平衡，也将对结果产生较大的偏差。例如，数据集 D 中正类样本数量为 500 个，负类样本数量为 500 个，训练集 P 中正类样本数量为 490 个，负类样本数量为 310 个，测试集 T 中正类样本数量为 10 个，负类样本数量为 190 个。数据集 D 中的正类和负类的比例为 1：1，训练集 P 中的正类和负类的比例为 49：31，测试集 T 中的正类和负类的比例为 1：19。分类器从训练集 P 上学习较多的正类特征，分类函数或者假设倾向于正类，测试集上的样本有较大的概率被划分为正类，然而测试集中的实际输出的正类只有 1 个，这种分布差异必将引起较大的测试误差。合理的做法是分层采样，在数据集划分训练集和测试集的过程中，保留类别比例不变。根据分层采样，数据集中的类别比例为 1：1，训练集 P 中正类样本数量为 400 个，负类样本数量为 400 个，测试集 T 中正类样本数量为 100 个，负类样本数量为 100 个。即使采用分层采样，划分数据集的方法也有很多种。例如，将正类样本按照 feature_1 进行排序，取前 400 个样本放到集合 P 中，后 100 个样本放到集合 T 中。也可以反过来，将前 100 个样本放到集合 T 中，将后 400 个样本放到集合 P 中。还可以按照 feature_2、feature_3 以及 feature_n 进行排序，这样的排序组合就有可能成千上万。

数据集的不同划分对于模型的泛化误差具有较大的影响，往往会产生较大的波动。因此，通常的做法是进行很多次随机划分，然后对每一对训练集和测试集进行训练测试并获得评估结果，最后取他们的平均值作为模型的近似泛化能力。例如，将数据集 D 中的所有正类样本随机排列，第一次划分是将位置前 1～400 样本作为训练集中的正类样本，将余下的样本作为测试集中的正类样本，对负类样本的选取与正类样本的操作一样。第二次划分与第一次划分的区别仅仅是选取的位置，2～401 样本作为训练集中的正类样本，将余下的样本作为测试集中的正类样本。依此类推，第100次划分是将100~500样本作为训练集中的正类样本，将余下的样本作为测试集中的正类样本。每次划分是将前次划分的位置向后滑动一个步长，如果步长是1，将得到100次划分。相比较一次划分的模型评估结果，用100次结果的平均值来评估模型，这将更加稳定可靠。

事实上，预期模型要尽量使用数据集D进行训练，从而可以在更多的数据中进行学习。然而留出法将数据集留出一部分作为测试集，过小的训练集P使训练出的模型偏离预期模型。过大的训练集P使测试集T过小，模型评估结果不可靠。例如，只有两个样本的测试集出现一个分类误差，模型的精度是50%，但是100个样本的测试集出现一个分类错误，模型的精度将达到99%。因此，训练集和测试集的占比没有完美的解决方法，通常的做法是依靠经验来确定。

为了提高模型评估的稳定性和真实性，5折交叉验证法经常被用来划分数据集。首先，通过分层采样，将数据集D均匀地划分为5个子集，即$D=D_1\cup D_2\cup D_3\cup D_4\cup D_5$，$|D_1|=|D_2|=|D_3|=|D_4|=|D_5|$，如图2.14所示。其中任意两个子集互斥，即$D_1\cap D_2=\emptyset$，$D_2\cap D_3=\emptyset$，$D_3\cap D_4=\emptyset$，$D_4\cap D_5=\emptyset$，$D_1\cap D_3=\emptyset$，…，等等。

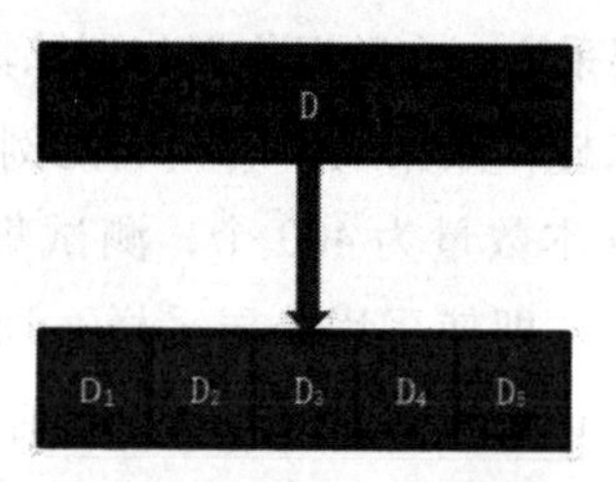

图2.14　划分为互斥的5个子集

然后，每次从5个子集中选择一个子集作为测试集，其余部分作为训练集。第一次实验选择D_5作为测试集，D_1、D_2、D_3和D_4作为训练集。第二次实验选择D_4作为测试集，D_1、D_2、D_3和D_5作为训练集。依此类推，直到第五次实验选择D_1作为测试集，D_2、D_3、D_4和D_5作为训练集，如图2.15所示：

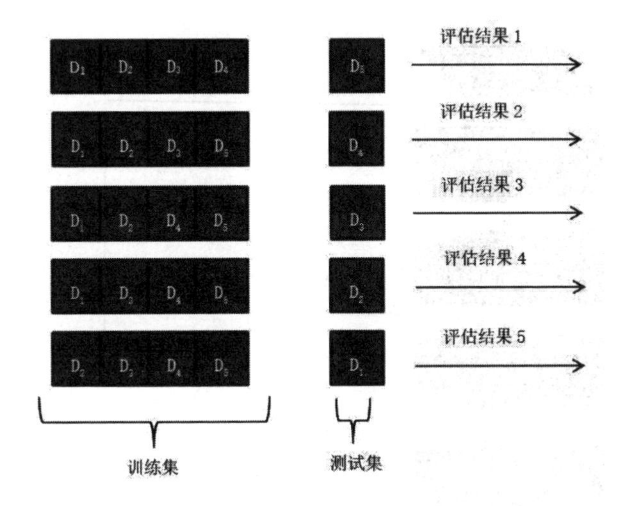

图 2.15　5 折交叉验证

将 5 个评估结果的平均值作为模型的性能评估返回值，该返回值与 5 个子集划分方式有关。数据集 D 中的正类样本集 DP 被随机划分为 5 等份，即 $DP=DP_1\cup DP_2\cup DP_3\cup DP_4\cup DP_5$，$|DP_1|=|DP_2|=|DP_3|=|DP_4|=|DP_5|$。数据集 D 中的负类样本集 DN 同样被随机划分为 5 等份，即 $DN=DN_1\cup DN_2\cup DN_3\cup DN_4\cup DN_5$，$|DN_1|=|DN_2|=|DN_3|=|DN_4|=|DN_5|$。从 DP 集合中随机选择一个 DP_i，将 DP_i 从 DP 集合中删除。然后，从 DN 集合中随机选择 DN_j，将 DN_j 从 DN 集合中删除。最后，DP_i 和 DN_j 两者构成 5 折交叉验证法的子集 D_t。上述过程称为一次划分，为了减少样本划分的差异而带来的偏差，重复进行多次划分，对每次划分采用 5 折交叉验证。如图 2.16 所示：

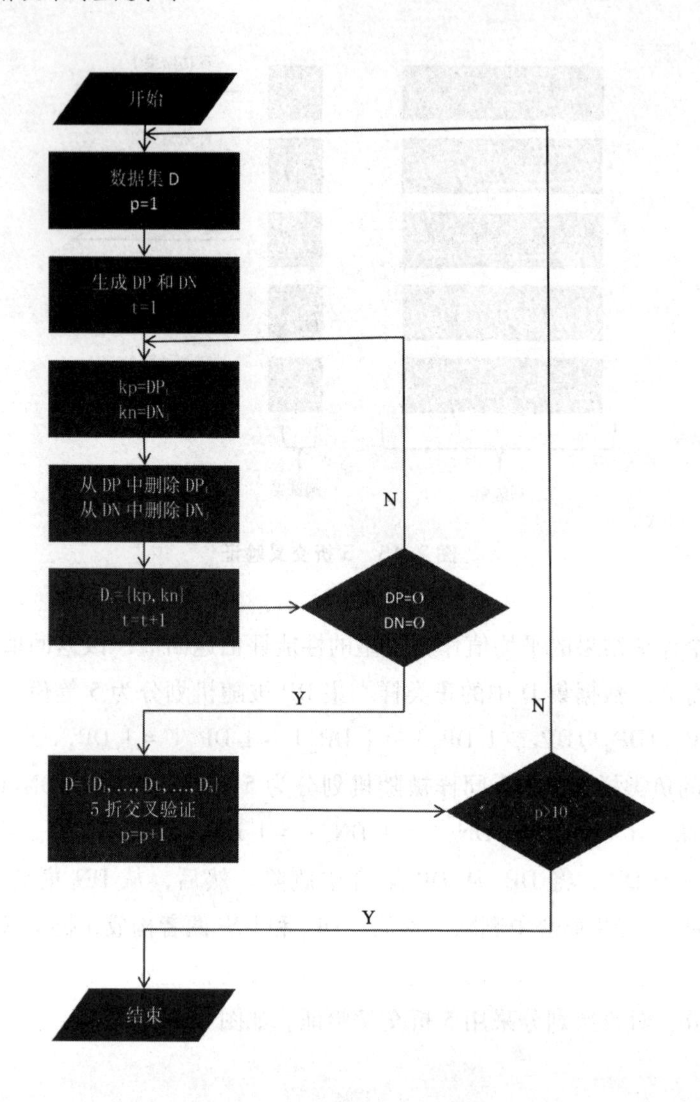

图 2.16　10 次 5 折交叉验证

图中流程图进行了 10 次的 5 折交叉验证，10 次结果的均值具有一定的稳定性，从而在一定程度上避免了因数据划分不同而引入的偏差。5 折交叉验证可以扩展到 10 折交叉验证法，更加广泛的交叉验证称为 k 折交叉验证法。k 越大，训练集越接近数据集，训练模型越接近预期模型，与此同时，子集的划分方式也越多，运行时间开销相对越大。

机器学习任务涉及两个方面，选择学习算法和调节算法的参数。常见的学习算法有线性模型、支持向量机、决策树、神经网络、朴素贝叶斯分类器、主成分分析以及主题模型等。每个学习算法都有相应参数设置和调整，称为参数调节或者调参。参数配置的组合空间非常大，调参的目标是找到能够训练出最好性能的模型参数。虽然可以尝试训练每个参数配置的模型，但是时间开销代价太大。即使参数取值是离散的，随着参数数量的增加，训练出所有的参数配置模型也是不可能的，更何况很多参数取值是连续型的。事实上，经验的做法是为参数选择设置一个范围和步长。例如，LDA 主题模型与主题数有关的先验超参数 alpha 的默认值为 1，而与词数量有关的先验超参数 beta 的默认值是 0.01。对超参数 alpha 设置范围为 [0, 10]，步长为 1，等待选择的候选值为 {1, 2, 3, 4, 5, 6, 7, 8, 9, 10}，有 10 个值备选。对超参数 beta 设置范围为 [0, 0.1]，步长为 0.01，等待选择的候选值为 {0.01, 0.02, 0.03, 0.04, 0.05, 0.06, 0.07, 0.08, 0.09, 0.1}，也有 10 个值备选。在不考虑学习步长的情况下，仅在比较小范围内调节参数 alpha 和 beta，需要考虑的模型就达到 10×10 = 100 个。支持向量机调节的超参数有惩罚系数和核函数系数，超参数的数量将超过 3 个，每一组参数配置对应一个模型，从而需要训练集和测试集上训练评估很多个模型，使得调参和学习工作量变得很大。另外，参数调节步长过大，模型可能会错过最佳性能的参数。

参数调节需要一部分数据验证设定每种参数配置的模型的性能，因此数据集 D 要划分为三个部分：训练集 P（Practicing）、验证集 V（Validating）和测试集 T（Testing）。例如主成分分析的参数 n_components 为主成分数量，候选值为 | N_comps | = {1, 2, 3, 4, 5, 6, 7, 8, 9, 10, 15, 20, 25, 30, 35, 40, 45, 50, 60, 70, 80, 90, 100, …}。每个参数设置 n_components_i 对应一个模型 model_i，n_components_i 为集合 N_comps 的第 i 个元素，i 取值从 1 到 | N_comps |，| N_comps | 为集合 N_comps 中的元素数量。模型 model_i 在训练集 P 上学习，然后在验证集 V 上评估其性能 performance_i。比较 | N_comps | 个模型性能，返回最大值的 performance_MAX = max（performance_i）。根据返回的集合元素序号 MAX，最佳参数配置为 n_components_MAX，对应的模型为 model_MAX。新的训练集 P′由训练集 P 和验证集 V 组成，重新在 P′上训练模型 model_MAX，期望在具有最大样本数量的数据集上训练模型以接近真实模型。为了调节参数，将原先的训练集中的一部分用来评估模型选择的参数，称为验证集。因此，训练集用来训练模型，验证集上的性能用来调节参数，而原先的测试集以近

似和模拟实际用户使用环境的方式评估模型的泛化能力。

学习算法在应用中的适用性以及学习器的性能度量都与学习模型的泛化能力有关，如何评估学习器的性能不仅要有一定的测量方法，而且要有相应的客观评价标准。不同的评价标准评估的结果往往会有天壤之别，因此难以简单地以某个指标直接评判不同的模型泛化能力的优劣。在回归任务中，常用均方误差、均方根误差以及平均绝对误差来度量学习器的性能。样本 x_i 的预测输出为 $h(x_i)$，实际真实值为 y_i，验证集共有 m 个样本。均方误差称为 MSE（Mean Squared Error），是一种衡量学习模型的预测值和实际真实值之间的偏差的评价标准，先是对每个样本的预测值与真实值的差值的平方求和，然后再求平均值：

$$MSE = \frac{1}{m}\sum_{i=1}^{m}(h(x_i) - y_i)^2 \tag{2.2}$$

验证集上的均方误差与回归学习任务中的损失函数具有相同的形式，在训练集上通过随机梯度下降方法最小化损失函数，学到模型的假设函数或者映射函数 $h(x_i)$。由于均方误差是学习模型输出的平方关系，不便直观描述学习模型的效果，尤其横向比较模型输出数据大小。例如，上一年度某地区家庭可支配年收入为 10 万元，回归模型需要预测明年家庭可支配年收入，如果评估该模型的效果采用均方误差，家庭可支配收入的误差数值可达到千万数量级，显然与人们的直观认识不符。为了使学习模型效果与实际观察值数量级相一致，可以采用均方根误差评估模型。均方根误差称为 RMSE（Root Mean Squared Error），先是对每个样本的预测值与真实值的差值的平方求和，然后再求平均值的平方根：

$$RMSE = \sqrt{\frac{1}{m}\sum_{i=1}^{m}(h(x_i) - y_i)^2} \tag{2.3}$$

均方根误差要比均方误差小，但是数据集中的异常值将对均方根误差有较大影响，在上述的例子中，如果家庭可支配年收入数据集存在远离平均值的异常点，RMSE 值将达到几十万甚至上百万。为了进一步降低评估模型效果的数值，以便与实际观察值处于相同水平，可以采用平均绝对误差评估模型。平均绝对误差称为 MAE（Mean Absolute Error），先是对每个样本的预测值与真实值的差值的绝对值求和，然后再求平均值：

$$MAE = \frac{1}{m}\sum_{i=1}^{m} | h(x_i) - y_i | \tag{2.4}$$

预测某地区家庭可支配年收入学习模型的度量单位为元，模型输出值平均在10 万左右，预测发展中国家青少年身高学习模型的度量单位为厘米，模型输出值平均在 150 左右。因此在比较两个数据度量单位不同的模型优劣时，不能直接以均方误差、均方根误差或是平均绝对误差进行比较。无论是平均绝对误差，还是均方误差和均方根误差，模型效果评估都是在刻度单位下的绝对数值，越接近0 越好。

确定系数是一种衡量学习模型性能效果的相对系数，称为 R2（R-square），与残差平方和以及总平方和有关。残差平方和称为 RSS（Residual Sum of Squares），是对每个样本的预测值与真实值的差值的平方求和。总平方和称为TSS（Total Sum of Squares），是对每个样本的真实值与均值的差值的平方求和。R2 是从 1 当中减去 RSS 与 TSS 的比值：

$$R2 = 1 - \frac{RSS}{TSS} = 1 - \frac{\sum_{i=1}^{m}(h(x_i) - y_i)^2}{\sum_{i=1}^{m}(\bar{y} - y_i)^2} \tag{2.5}$$

R2 值通常在［0，1］范围，当学习模型对数据拟合得非常好时，RSS 趋向于 0，R2 逐渐接近于 1。当学习模型对数据解释得非常差时，以接近平均值来代替预测值，RSS/TSS 趋向于 1，R2 逐渐接近于 0。

在二分类任务或者多分类任务中，虽然可以用错误率或者精度来刻画学习模型的性能，但是太过宽泛。毕竟错误率是指所有错分样本所占比例，既包括实际为正类但预测为负类的样本，也含有实际为负类但预测为正类的样本。而精度是指所有正确划分样本所占比例，既包括实际为正类预测也为正类的样本，也含有实际为负类预测也为负类的样本。例如，前述的被预测为胜诉的案件当中有多少比例最终被判为胜诉，或者最终为胜诉的案件当中有多少比例被预测为胜诉。如果只是用错误率或者精度来描述学习模型预测性能，显然是不能满足应用需求的。假设 1000 个案件样本包含了 500 个胜诉和 500 个败诉的案件，用学习模型 A进行预测，500 个胜诉案件有 400 个被预测为胜诉，500 个败诉案件有 0 个被预测为胜诉。用另外一个学习模型 B 进行预测，500 个胜诉案件有 450 个被预测为胜诉，500 个败诉案件有 100 个被预测为胜诉。模型 A 有 400 个正类和 500 个负类被正确划分，模型精度为 90%，错误率为 10%，模型 B 有 450 个正类和 400 个负类被正确划分，模型精度为 85%，错误率为 15%。如果从模型错误率或精度考虑，模型 A 比模型 B 更能获得用户青睐。事实上并非如此，如果用户更加关注全部的胜诉案件，模型 B 要比模型 A 有优势。在宁可错放一个坏人，也不可冤枉一个好人的刑事司法理念下，以更少的胜诉案件被错分获得法治性能上的公平。

在图书文献查找和信息检索领域中，按照关键词进行检索，返回的结果中包含用户关注的相关信息和不关注的无关信息。用查准率描述返回结果中有多少是用户所关注的相关信息，用查全率描述所有的用户关注的相关信息有多少被命中或者检索出来。

一般情况下，用混淆矩阵描述学习模型预测类别与实际类别的对应组合情况。TP 为真正类（True Positive），预测为正类的样本中实际为正类的数量，或者实际为正类的样本中预测为正类的数量。TN 为真负类（True Negative），预测为负类的样本中实际为负类的数量，或者实际为负类的样本中预测为负类的数量。FP 为假正类（False Positive），预测为正类的样本中实际为负类的数量，或者实际为负类的样本中预测为正类的数量。FN 为假负类（False Negative），预测为负类的样本中实际为正类的数量，或者实际为正类的样本中预测为负类的数量。样本总数为真正类、真负类、假正类和假负类之和，样本分类结果的混淆矩阵如表 2.4 所示。

表 2.4　二分类混淆矩阵

	预测为正类（Positive）	预测为负类（Negative）
实际为正类（True ）	TP（True Positive）	FN（False Negative）
实际为负类（False ）	FP（False Positive）	TN（True Negative）

在检索信息时，用户关注的信息被标记为正类。查准率定义为正类的准确率（Precision），即衡量预测为正类的样本中实际为正类的百分比，表明了当一个样本数据被判定为正类时，实际上为正类类别的概率。查全率定义为正类的召回率

（Recall），即衡量正确识别的正类样本数量在实际正类样本数量中的比例，表明了正类样本中能够被正确识别的概率：

$$Precision = \frac{TP}{TP + FP} \tag{2.6}$$

$$Recall = \frac{TP}{TP + FN} \tag{2.7}$$

一般情况下，准确率和召回率是互斥的，提高准确率，意味着要降低召回率，提高召回率，意味着要降低准确率。例如，用学习模型预测案件是否胜诉，为了避免漏掉实际为胜诉的案件，可以将全部案件预测为胜诉，虽然提高了召回率，但是降低了准确率。另一方面，如果希望提高预测出的胜诉案件中实际胜诉案件的比例，只需要将最有把握的案件预测为胜诉，将把握性不大的案件归为败诉案件，就能提高准确率，但是会漏掉一些在学习器看来把握不大但是实际为胜诉的案件，导致召回率的降低。从表和公式中可以看出，要提高准确率需要增加 TP 而降低 FP，将把握不大的案件归为败诉案件，如果这些案件实际为胜诉案件，则增加了 FN，如果这些案件实际为败诉案件，则减少了 FP 同时增加了 FN，FN 的增加降低了召回率。要提高召回率需要增加 TP 而降低 FN，将把握不大的案件都归为胜诉案件，如果这些案件实际为胜诉案件，则增加了 TP，如果这些案件实际为败诉案件，则减少了 TN 同时增加了 FP，FP 的增加降低了准确率。

学习模型以预测为正类的概率作为输出结果，按照预测概率的大小，对验证集样本的分类结果进行排序，排在前面的样本被学习模型认为是把握性大的样本，排在后面的样本被学习模型认为是把握性小的样本，如表 2.5 所示。

表 2.5　混淆矩阵

案件排序	预测胜诉概率	实际是否胜诉	案件排序	预测胜诉概率	实际是否胜诉
1	0.99	是	500	0.83	是
2	0.98	是	…	0.81	否
3	0.97	是	900	0.80	是
4	0.96	是	1000	0.78	否
5	0.95	是	…	0.75	否

续表

…	0.94	否	2000	0.68	否
100	0.93	否	…	0.63	否
…	0.92	是	5000	0.56	否
200	0.89	否	…	0.53	是
…	0.85	否	10000	0.25	否

每一次选择一个位置，在位置之前被认定为胜诉案件，即 TP+FP。在位置之后的案件被认定为败诉，即 FN+TN。根据实际是否胜诉情况，则在当前位置可以计算一个当前的准确率和召回率。从前到后依次选择位置，得到一组二元组值（召回率，准确率）。例如，在起始位置，TP+FP=1，FN+TN=9999，TP=1，FP=0，TN=99，FN=9900，起始位置的召回率 $R_1=0.01$，准确率 $P_1=1$。在最后位置，TP+FP=10000，FN+TN=0，TP=100，FP=9900，TN=0，FN=0，最后位置的召回率 $R_{10000}=1$，准确率 $P_{10000}=0.01$。在 100 位置，TP+FP=100，FN+TN=9900，TP=50，FP=50，TN=9836，FN=64，在 100 位置的召回率 $R_{100}=0.5$，准确率 $P_{100}=0.8$。以召回率为横坐标，以准确率为纵坐标，如图 2.17 所示：

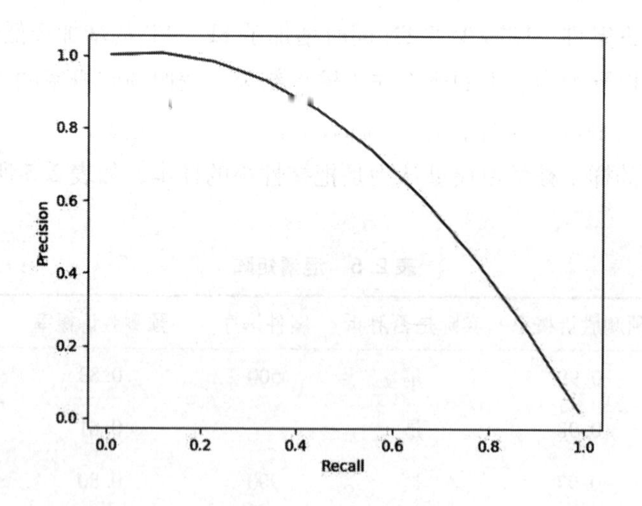

图 2.17　P_R 曲线

不同的用户对准确率和召回率的偏好有所不同，关注健康的用户利用因特网对医疗信息进行搜索，希望在返回的结果中不要有错误医疗信息，这种情况下准确率要比召回率重要。而证据搜集用户希望获得所有案件材料，为了避免漏掉证据，尽可能扩大搜索范围，这种情况下召回率要比准确率重要。

为了平衡准确率和召回率之间的互斥关系，用一个平衡度量综合考虑准确率和召回率的影响。当准确率和召回率相等，平衡度量就等于准确率或召回率。当准确率和召回率不相等，平衡度量就处于两者之间。F1 值度量是一种查准率和查全率的调和均值，它赋予查准率和查全率相同的权重：

$$F1 = \frac{2 \times Precision \times Recall}{Precision + Recall} = \frac{2 * TP}{2 * TP + FP + \mathrm{FN}} \tag{2.8}$$

在信息检索中的查全率和查准率涉及相关信息和不相关信息两个类别，查全率和查准率是就相关信息而言的对目标命中的覆盖情况和准确情况。机器学习分类任务有二分类和多分类任务，在验证学习模型性能和效果时，不仅只考察正类或第一类的查全率和查准率，而是要全面综合地考察各类的查全率和查准率。多分类任务的混淆矩阵如表 2.6 所示：

表 2.6　多分类混淆矩阵

	预测为第 1 类	预测为第 2 类	预测为第 3 类
实际为第 1 类	CM_{11}	CM_{12}	CM_{13}
实际为第 2 类	CM_{21}	CM_{22}	CM_{23}
实际为第 3 类	CM_{31}	CM_{32}	CM_{33}

假设存在 C 个类别，类别 $Label_c$ 的准确率为预测为该类别的样本数量中的实际为该类别的比例，类别 $Label_c$ 的召回率为实际该类别样本数量中的被预测为该类别的比例：

$$Precision_c = \frac{CM_{cc}}{\sum_{i=1}^{C} CM_{ic}} \tag{2.9}$$

$$Recall_c = \frac{CM_{cc}}{\sum_{i=1}^{C} CM_{ci}} \tag{2.10}$$

根据准确率和召回率的定义，依次计算各个类别的准确率和召回率，得到 $(Precision_1, Recall_1)$，$(Precision_2, Recall_2)$，…，$(Precision_c, Recall_c)$，…，$(Precision_C, Recall_C)$。对各个准确率计算平均值就是宏准确率，对各个召回率计算平均值就是宏召回率，计算宏准确率和宏召回率的调和平均值就是宏 F1：

$$Macro-Precision = \frac{1}{C}\sum_{i=1}^{C} Precision_i \tag{2.11}$$

$$Macro-Recall = \frac{1}{C}\sum_{i=1}^{C} Recall_i \tag{2.12}$$

$$Macro-F1 = \frac{2 \times Macro-Precision \times Macro-Recall}{Macro-Precision + Macro-Recall} \tag{2.13}$$

对各个类别的准确率、召回率和 F1 度量求平均的模型评估方法称为宏观做法，对混淆矩阵中预测输出情况和实际真实情况的对应数值求取平均的模型评估方法称为微观做法。将混淆矩阵对角线上的值求和再平均，即求各个类别预测正确的平均值，微准确率等于所有作出预测的样本总数中的得到正确预测的比例，微召回率等于实际的样本总数中的得到正确预测的比例，微准确率在数值上与微召回率一样：

$$Micro-Precision = \frac{\frac{1}{C}\sum_{i=1}^{C} CM_{ii}}{\sum_{i=1}^{C}\sum_{i=1}^{C} CM_{ij}} \tag{2.14}$$

$$Micro-Recall = \frac{\frac{1}{C}\sum_{i=1}^{C} CM_{ii}}{\sum_{i=1}^{C}\sum_{i=1}^{C} CM_{ij}} \tag{2.15}$$

$$Micro-F1 = \frac{2 \times Micro-Precision \times Micro-Recall}{Micro-Precision + Micro-Recall} \tag{2.16}$$

在 P-R 图中，分类器对样本的预测是一个概率，设定一个阈值，当样本预测概率大于这个阈值，将样本预测为正类，当样本预测概率小于这个阈值，将样本预测为负类。神经网络和逻辑回归对样本的预测结果是大于 0 而小于 1 的实数，大于等于 0.5 的样本被划分为正类，小于 0.5 的样本被划分为负类。如果将预测样本按照概率进行降序排列，越靠近前面的测试样本越可能是正类，越靠近后面的测试样本越可能是负类。分类器需要从中选择一个断点，在断点之前的样本输出为正类，而在断点之后的样本输出为负类。分类器所选的断点越靠前，意味着被判定为正类的样本实际为正类的概率越大，准确率就越高，但是被判定为正类的样本数量相对较少，可能会漏掉未被判为正类的但实际为正类的样本，召回率较低。分类器所选的断点越靠后，意味着被判定为正类的样本实际为正类的概率越小，准确率就越低，但是被判定为正类的样本数量相对较多，召回率较高。因此，测试样本的预测概率的排序从整体上反映了各个断点下的准确率和召回率。

ROC（Receiver Operating Characteristic）是一种分析检测技术，机器学习领域引入这个名称来表示概率预测结果的总体泛化性能。按照预测概率由大到小对样本进行排序，依照同样的顺序选择断点，每次选择一个断点，在 P-R 图中计算的两个值为准确率和召回率，而在 ROC 图中计算的两个值为真正类率（True Positive Rate，TPR）和假正类率（False Positive Rate，FPR）。

用真正类率来表示分类器所成功预测的正类（预测为正类，实际也为正类）在实际正类中所占有的比例，而用假正类率来表示分类器所预测失败的正类（预测为正类，但实际为负类）在所有实际负类中所占有的比例：

$$TPR = \frac{TP}{TP + FN} \tag{2.17}$$

$$FPR = \frac{FP}{FP + TN} \tag{2.18}$$

实际上，真正类率 TPR 就是正类的召回率，TPR 越大，实际正类被预测为正类就越多，FPR 越大意味着实际负类被预测为正类就越多。如果一个分类器判定一个样本为正类的结果是一个概率值，通过设定一个阈值，当概率大于阈值的那些样本为正类，概率小于阈值的那些样本为负类。据此可以计算一个（FPR，TPR）值，将 FPR 作为横坐标，将 TPR 作为纵坐标，这样对应到平面上一个点。当阈值为 1 时，所有测试样本都将被划分为负类，既没有正类样本被判定为正类，也没有负类样本被划分为正类，因此，TPR 和 FPR 都等于 0。随着阈值的初次降低，有些样本被划分为正类，这些样本预测概率很高，实际为正类的概率较高，实际为负类的概率较低，TPR 增长很快，而 FPR 增长很慢。随着阈值的进一步降低 0.5 左右，越来越多的样本被划分为正类，这些样本预测概率超过 0.5，实际为正类的数量进一步增加，增加的幅度在降低，实际为负类的数量进一步增加，增加的幅度在提高，TPR 增长放缓，而 FPR 增长变快。当阈值降低到 0 附近，所有测试样本都将被划分为正类，正类样本都被判定为正类，负类样本也都被判定为正类，TPR 和 FPR 都等于 1。FPR 在增加的同时，TPR 也在增加。因此，ROC 曲线就是在［0，1］区间上（FPR，TPR）的单调递增曲线。AUC（Area Under Curve）为 ROC 曲线下包围的面积，当 FPR 取值较小时，此时阈值较高，对应的 TPR 值较大的分类器性能较好，AUC 值越大说明分类器性能越好。

2.8 路线图

在前文中讨论了机器学习的基本概念和方法，机器学习具有典型固定活动的工作流包括数据预处理、模型训练、模型评估与预测新数据。数据预处理的工作内容有清洗数据、标记样本、特征选择以及划分训练集和测试集。模型训练的工作内容有选择模型算法和调节参数。模型评估的工作内容有性能度量选择和交叉验证。预测新数据是将训练的模型泛化到实际应用场景，对新输入的样本进行预测，获得新的输出，如图 2.18 所示：

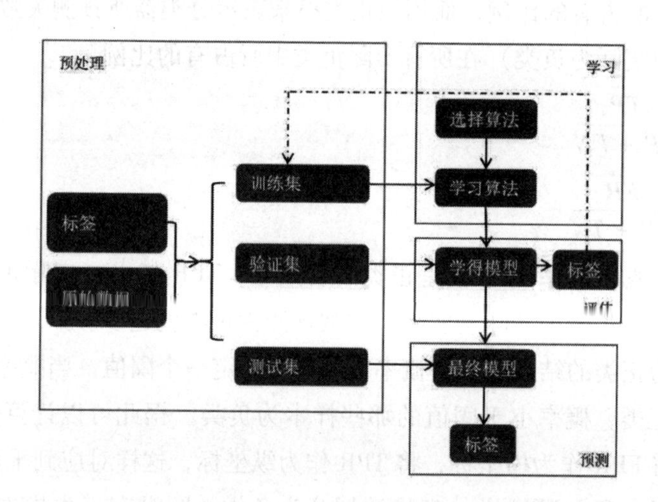

图 2.18　工作路线图

数据预处理阶段需要占用大量时间。数据来源是历史数据，要进行数据集成操作，对于缺失值进行填充操作，对异常离群数据进行删除或者置换操作，对于多分类特征需要进行稀疏化处理。最为重要的一个操作是特征空间的维度约简，将高维度的原始特征空间变成低维度的新特征空间，包括特征选择和特征抽取。

特征选择是原来特征空间的一个子集，从原来特征空间中删除一些用某种方法认定的无关特征，信息损失较多，而特征抽取是原始空间的一个映射，将原来特征空间投影或变换的新空间，信息损失较少。合适的数据预处理去除了数据采集过程的噪声，也精简了空间，可以显著提高模型性能和模型训练学习效率。

正如在实际应用中看到的那样，针对不同的用户问题和需求任务，开发出不同的应用程序和软件。没有免费午餐定理（No Free Lunch Theorems）提出在不考虑具体的实际问题和需求的情况下，不存在一个学习算法比另外一个学习算法更好，甚至都谈不上要比掷色子猜测强。俗语说，如果你唯一的工具是把锤子，那么把一切都当作钉子来对待是很有诱惑力的。不存在普遍适用的分类器，也不存在与具体应用无关的最优学习算法。每种分类器都有其内在固有的偏差，如果不对与问题领域有关的任务进行假设，任何一种分类模型都不具优越性，也就是分类器要与问题领域相关。因此，在实践中为了训练和选择性能最好的模型，必须至少比较几种不同的学习算法，才能在特定问题、特定的数据和特定分布上，考虑何种算法才是合适的。对于是否能够解决其他问题，则是不需要考虑的。因此，只有在特定问题上对不同的学习模型进行比较才具有实际意义。

在比较不同的算法和模型之前，需要明确用以衡量性能的测度或标准，例如分类精度。经常遇到的问题是如何确定模型训练、模型选择和模型评估的数据集，一般情况下，训练集用于训练模型，而测试集用于模型评估。如果不使用测试集进行模型选择，而是将测试集用在最终的模型评估，将难以确定哪个模型在最终的测试数据或者真实世界中的性能表现更好。一种解决方法是将训练集进一步划分为训练子集和验证子集，在训练子集上训练一个模型，在验证子集上测试这个模型性能，然后用另一个的模型在训练子集和验证子集上进行训练和测试。根据增加的验证集，交叉验证法可以进行模型选择。各种算法包提供的不同学习算法的默认参数对于用户特定任务的训练和评估并非是最优的，因此，需要经常调节参数来改善模型性能直至符合用户要求。直观上可以将超参数看作不是从数据中学习到的参数，而是模型调节的旋钮，通过这些旋钮来提高模型的性能，就像电风扇上的调节风力的旋钮来控制风的大小。

在训练集和验证集上比较几种不同模型之后，选择一个能够拟合训练集中的数据并且在验证集上获得较好性能的模型，然后用测试集来估计模型将来在现实环境中产生数据上的表现，进而估计模型的泛化性能。如果模型性能能够满足用户的要求，可以使用模型预测未来的新数据。另外，前文提到的超参数，例如特征抽取和数据缩放，是在训练集中获取的，随后用相同的参数来转换测试集数据或者新样本。否则，在验证集或测试集上测量的性能可能不正确。例如，用主成分分析方法在训练集中求解一个新空间，新空间的坐标系是原空间的向量，训练集在该向量上的投影的方差最大，或者训练集与该向量点积的方差最大，向量就是前文所谓的参数。在验证或者测试数据集中，需要使用同样的参数即向量去变换验证或者测试样本。

在工作路线图中，原始数据需要执行缺失值填充、抗噪和离群点处理，监督信息是打上标记的标签。经过清洗的原始数据和标签组成了数据集，将数据集划分为训练集、验证集和测试集。根据数据类型和分布特点，选择一些备选的学习算法，从备选学习算法中依次选一个学习算法。将训练集数据输入到选定的学习算法中，进行模型训练和学习。在学得模型之后，将验证集样本输入到训练好的模型上，测试模型性能并进行评估。图中虚线指向训练集的含义是换一个学习算法重新训练，重复上述步骤，直至将备选的学习算法全部用完。然后，比较各个学习模型的性能和效果，选择性能最优的模型作为最终模型。最后，将测试集样本输入到最终模型，评估模型泛化能力。

第3章　理解法律文本

新闻报道文本具有时效性、公开性和话题性等特点，所记录的文字能够广泛传播，文字简明扼要，以事实引出话题，以评论吸引受众。社交文本突出互动性、短文性和娱乐性，创造了很多网络流行语，大量使用俚语、微表情和缩写，包含很多主观性和情绪倾向的内容。法律文本不同于诸如新闻报道的一般叙事性文本，也不同于诸如社交媒体的口语化短文本。法律文本是为了表达特定的概念、涵义和现象而生成并适用于法律实践和相关领域的专业性文本。

3.1　法律文本语言特征

3.1.1　法律文本渊源

法律文本的语言特征受到法律渊源的影响，因此，法律文本来源的确定是非常关键的，普通法和成文法的法律渊源是截然不同的。在一些普通法国家，法律正式渊源包括判例法和制定法。判例法是指先前的判例可以成为后来判决的依据，制定法是指由国家所制定的并能够体现国家意志的规范性和系统性的法律文件。判例法起主导作用，制定法起补充作用，对判例进行解释或者重申。普通法的非正式法律渊源包括传统文化习惯、公序良俗和政府公共政策等。

在一些成文法国家，法律是由立法机关制定的，行政管理部门制定一些行政法规。我国的法律渊源包括由全国人民代表大会制定并颁发的以“通则”或者“法”名称出现和展示的法律、由国务院所制定并颁发的以“条例”等名称出现和展示的行政法规、由国务院组成部门制定和颁发的以“规则”等名称出现和展示的部门规章、由地方人民代表大会制定和颁发的以“规定”等名称出现和展示的地方性法规。例如，《中华人民共和国民用航空法》是一部由全国人大常委会制定的法律；《中华人民共和国民用航空安全保卫条例》是一部由国务院所制定的行政法规；中国民用航空总局制定的《中国民用航空安全检查规则》是一部部门规章；而《浙江省无人驾驶航空器公共安全管理规定》是一部由浙江省人民代表大会所制定的地方性法规。

从法律文本的词语构成的角度来看，法律文本中的一句描述可能包含一般语言学中的词语，也可能含有特殊环境下的法律术语。例如，“妻子”在法律文本中就属于一般性词语，而“未成年人”就属于专门的法律术语，特指年龄在 18 周岁以下的群体。英文中“Writ”是指令状或者法律上的书面命令，是一种权利形式的法律词汇，“real estate”是一个法律术语，是指附着在土地上的不动产的财产概念，而“house”是一般词语，指的是建筑物形式的房子。法律术语是法律文本中有特殊涵义和专门定义的最小固定单位，例如“法人”就不能被分割为更小的语言单位，“real estate”不能分割为“real”和“estate”。从不同的内部构成方式来划分，法律术语可以划分为动宾结构、偏正结构、主谓结构、联合结构、补充结构等类型。

3. 1. 2　法律文本形态分析

形态学（morphology）属于语言学的一个分支，主要研究如何构成和生成词语。词语（word）是句子结构中可以单独使用的最小单位，词素（morpheme）是形态学的最小语言单元，是比词要低一级的形态学中的组成部分。

汉语中的词素大多数来自单音汉字，也有少数双音复合词素。例如，“笔”是写字的工具，可以用来组词的有“笔筒”“笔迹”“毛笔”等一般性词语。双音词素“豆腐”可以组成“豆腐汤”“豆腐乳”“豆腐干”“豆腐皮”“老豆腐”“毛豆腐”“冻豆腐”“豆腐脑”“酱豆腐”“臭豆腐”“豆腐渣”等。“诉讼”可以组成“诉讼参加人”“诉讼当事人”“诉讼代理人”等法律术语。

英语中的词素一般为单词的一部分，例如，一般性词语“house”包含一个词素，而“houses”包含两个词素，一个是“house”，另一个则是“-s”。法律术语“writ”包含一个词素，而“writs”包含两个词素，一个是“writ”，另一个则是“-s”。词干（stem）也属于词的一部分，但是不同于词素的是词干允许另外一个词素或者词缀附加在上面。例如，“pack”是词根，加上一个词缀“un”形成的“unpack”，称为词干。

在语法层面的分析任务是形态分析，用来分析一个词由哪些词素组成，哪些词素是语义上的最小构成单元。词素是语言符号不可再分的部分，具有一定的形式和意义。“unmoralized”为英语中的一个单词，包括 4 个词素：un、moral、ize、d，要理解这个单词就需要知道这 4 个词素的形式和含义。词素也称为词缀，可以分为三种类型，分别是前缀（prefix）、后缀（suffix）、内缀（infix）。在词干前面出现的称为前缀，例如英文中的 untidy，前缀“un”表示否定的意思。在词干后面出现的称为后缀，例如英文中的 acceptable，后缀“able”表示能够的意思。在词干中间出现的称为内缀，置入词干中间的内缀不太常见，主要用在化合物的命名上，例如英文中的 pipecoline，内缀“pe”表示完全氢化的意思。词素和形态分析如图 3.1 所示。

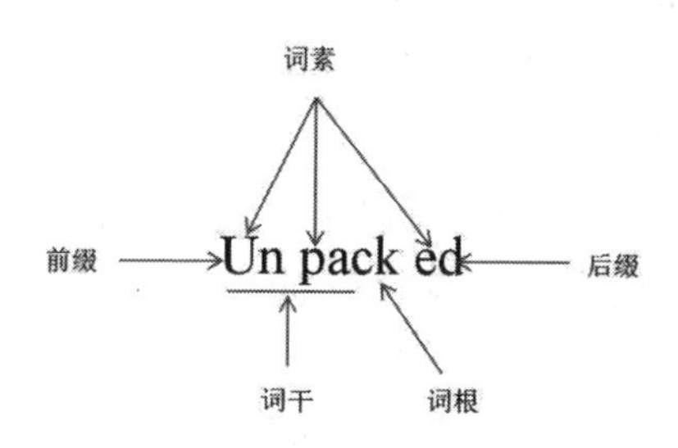

图 3.1　词素和形态

在图 3.1 中，从词素的角度理解一般性单词“Unpacked”，“pack”表示包装的意思，构成了词的核心意思，在词素中占据最重要位置，称为词根。“Un”在词的前面位置，表示反向的动作，称为前缀。“Unpack”占据词的主要位置，称为词干，表示打开的意思，词的主要含义由词干确定。“ed”在词的后面位置，表示词语的过去状态，称为后缀。综合起来看，“Unpacked”的意思是先包装起来，再拆开的状态，直接的意思就是打开的。

从词素的角度理解法律词汇“Undefended”，“defend”表示辩护的意思，在法律上是指辩护方为了达到减轻罪行或者无罪的目的，提出有利于被告方的理由和相关证据的活动，具体行为包括对指控方的控诉进行反驳和申辩。前缀“Un”表示放弃某种行为，或者免除某种行为，或者没有进行某种行为。词干“Undefend”表示放弃辩护或者没有进行辩护。后缀“ed”表示已经发生了的过去式，是一种结果状态。综合起来看，“Undefended”的意思是形容词性的没有抗辩的，没有进行抗辩的原因可能有多种情况。例如，被告缺席审判，被告没有进行答辩陈述，被告没有呈递到案状，等等。与其有关的法律术语有“Undefended case”即无抗辩案件、“Undefended divorce”即无抗辩离婚、“Undefended lawsuit”即无抗辩诉讼。

词是在句子结构中可以抽取出来的最小的形式单元和意义单元，词和词素很容易混淆，虽然两者有很大的关联，但区别也是较明显的。词是可以独立出现的，有的词素可以独立出现，而有的词素则不可以独立出现。例如，“case”的单数形式可以独立出现，“cases”复数形式也可以独立出现。“cases”中的词素“case”可以独立出现，“s”不可以独立出现。但一个词素可以独立出现时，它一定具有独立的意义，也就是词根。例如，“case”具有独立含义，意思是案例，“case”既可以作为单词出现，也可以作为词根派生出其他单词。不能独立出现的词素具有修饰性作用，本身没有具体含义。例如，“s”表示复数或者第三人称单数，本身没有实际描述内容。

从词和词素的关系来看，词素可以独立出现，也可以派生出其他形式的新词。不需要依附于其他词素，可以独立成词的词素称为自由词素，有时也称独立词素或者无边界词素。例如，“air”是自由词素，“line”也是自由词素，这两个自由词素可以组成一个合成词“airline”，但是合成词“airline”和单独出现的词组“air line”含义有所不同，“airline”专指航空公司，而“air line”还有直线和空气管路的意思。边界词素是词根加上一些词缀形成的部分，包括屈折词素和派生词素。

屈折词素是指在词根后面所添加的后缀，从语法的角度来看，为词附加了数量、词性、时态等语法层面特性。英语中包括8个屈折词素，“’s”表示名词的所有格，“s”表示名词的复数形式，还可表示动词的第三人称单数，“ing”表示动词的现在分词，“ed”表示动词的过去式，“en”表示动词的过去分词，“er”表示形容词或副词的比较级，“est”表示形容词或副词的最高级。例如，“defendants”是指多个被告人，“s”将“defendant”变为复数。“defended”是动词抗辩的过去式或者形容词抗辩的意思，“ed”将动词“defend”变为过去式或者形容词。

派生词素是与词根结合以形成新的含义的词缀，新词的含义随着词缀的不同而不同。例如，单词“undefendable”中的“defend”是词根，为动词抗辩之含义，后缀“able”将动词抗辩转换为形容词可抗辩的，前缀“un”将形容词可抗辩的转换为反义词不可抗辩的。单词“biweekly”中的“week”是词根，为名词一个星期之含义，后缀“ly”将名词星期转换为形容词一个星期的，前缀“bi”将形容词一个星期的转换为两个星期的。上述例子说明派生词素“un”和“bi”改变了词根的含义，“un”采用与词根相反的意思，“bi”采用两倍于词根数量的含义。

词干与词根的关系可以从单词“unpacked”形态中看出来，将后缀“ed”去掉后的部分是为词干，再将词干中的词缀“un”去除，获得部分为“pack”，如果不能再分割，即为词根。相应地，单词“packed”去掉后缀，获得的是词干“pack”，也是词根。因此，自由词素对应的词干就是词根，而派生词素对应的词干就不是词根。

3.1.3 nlkt 和 polyglot 词素和词干

按照搜索引擎和信息检索的术语说法，词干是将词的多余部分去除，剩下主要部分。搜索引擎使用词干分析方法来检索用户查询的网页，例如，用户输入的查询为“defendant”，词干分析方法从查询词中获得词干“defend”，基于词干连接的网页既包括含有“defendant”的网页，也包括含有“defendable”的网页。

自然语言处理工具包 nlkt 的模块 PorterStemmer 对词干的识别有两种方法。第一种方法是构建一个非常大的词典，将每一个单词都映射到词干，缺点是维护词典的代价较高。第二种方法是使用一定的规则，定义如何从词语中获得词干，缺点是不能处理所有的情形，规则的定义是不完整的，但是大多数单词的词干识别是正确的，少数的错误是可以被允许的。因此，基于规则的方法逐渐被广泛使用。nlkt 的 PorterStemmer 的使用如下：

```
zyw@ cupl: ~ $ python
>>>from nltk. stem import PorterStemmer
>>>legal_word1 = " undefended"
>>>common_word1 = " unpacked"
>>>legal_word2 = " unfair"
>>>common_word2 = " impressive"
>>>legal_word3 = " fairness"
>>>common_word3 = " expression"
>>>legal_word4 = " wirts"
>>>common_word4 = " houses"
>>>legal_word5 = " defendant"
>>>common_word5 = " defendable"
>>>legal_word6 = " court"
>>>common_word6 = " courting"
>>>def legal_words_stem ( ):
```

```
    port=PorterStemmer()
    print("\nThe legal words:"+" "+legal_word1+" "+legal_word2+\
" "+legal_word3+" "+legal_word4+" "+\
legal_word5+" "+legal_word6)
    print(legal_word1+" stemming is:")
    print(port.stem(legal_word1.split()[0]))
    print(legal_word2+" stemming is:")
    print(port.stem(legal_word2.split()[0]))
    print(legal_word3+" stemming is:")
    print(port.stem(legal_word3.split()[0]))
    print(legal_word4+" stemming is:")
    print(port.stem(legal_word4.split()[0]))
    print(legal_word5+" stemming is:")
    print(port.stem(legal_word5.split()[0]))
    print(legal_word6+" stemming is:")
    print(port.stem(legal_word6.split()[0]))
    print("\nThe common words:"+" "+common_word1\
  +" "+common_word2+" "+common_word3\
  +" "+common_word4+" "+common_word5+" "+common_word6)
    print(common_word1+" stemming is:")
    print(port.stem(common_word1.split()[0]))
    print(common_word2+" stemming is:")
    print(port.stem(common_word2.split()[0]))
    print(common_word3+" stemming is:")
    print(port.stem(common_word3.split()[0]))
    print(common_word4+" stemming is:")
    print(port.stem(common_word4.split()[0]))
    print(common_word5+" stemming is:")
    print(port.stem(common_word5.split()[0]))
    print(common_word6+" stemming is:")
    print(port.stem(common_word6.split()[0]))
  >>> legal_words_stem()
```

运行的结果如图 3.2 所示，可以看出“houses”的词干“hous”并非是一个可以在句子中独立呈现的规范形式。换言之，词干分析的目的并不是将一个词映射到它的规范形式上，而是将一个词的不同形式组合集中到一起，以便更加合理地进行自然语言处理。

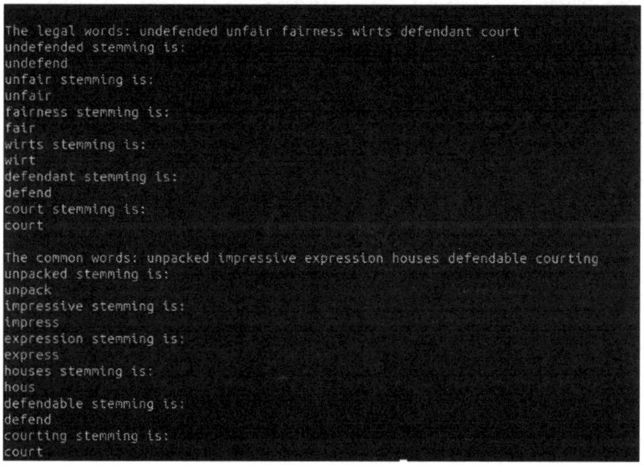

```
The legal words: undefended unfair fairness wirts defendant court
undefended stemming is:
undefend
unfair stemming is:
unfair
fairness stemming is:
fair
wirts stemming is:
wirt
defendant stemming is:
defend
court stemming is:
court

The common words: unpacked impressive expression houses defendable courting
unpacked stemming is:
unpack
impressive stemming is:
impress
expression stemming is:
express
houses stemming is:
hous
defendable stemming is:
defend
courting stemming is:
court
```

图 3.2　nltk 词干分析

为了能够从词中生成词素，Polyglot 类库向用户提供经过训练的 morfessor 模型。该模型通过无监督的机器学习方法，研究和发现自然语言中词形成的规律。Polyglot 使用多语种词汇词典，每个语言选择 50 000 个常用词进行 morfessor 模型训练。Polyglot 的 morphemes 方法用于生成词素，是语言话语中最小的独立有意义的元素。作为语法的原始单位，词素在语言的自动生成和识别中起着重要作用，尤其是词可能存在许多不同的屈折形式。Polyglot 的 morphemes 方法使用如下：

```
>>>from polyglot.text import Text, Word
>>>def legal_polyglot_stem ():
    port=PorterStemmer ()
    print (" \nThe legal words:" +" " +legal_word1+" " +legal_word2+\
" " +legal_word3+" " +legal_word4+" " +\
legal_word5+" " +legal_word6)
```

```
    print (" Stemming using polyglot library" )
poly_w=Word (legal_word1, language=" en" )
print (" {: <20} {} " .format (poly_w, poly_w.morphemes) )
    poly_w=Word (legal_word2, language=" en" )
    print (" {: <20} {} " .format (poly_w, poly_w.morphemes) )
    poly_w=Word (legal_word3, language=" en" )
    print (" {: <20} {} " .format (poly_w, poly_w.morphemes) )
    poly_w=Word (legal_word4, language=" en" )
    print (" {: <20} {} " .format (poly_w, poly_w.morphemes) )
    poly_w=Word (legal_word5, language=" en" )
    print (" {: <20} {} " .format (poly_w, poly_w.morphemes) )
    poly_w=Word (legal_word6, language=" en" )
    print (" {: <20} {} " .format (poly_w, poly_w.morphemes) )
    print (" \nThe common words:" +" " +common_word1 \
+" " +common_word2+" " +common_word3 \
+" " +common_word4+" " +common_word5+" " +common_word6)
    print (" Stemming using polyglot library" )
    poly_w=Word (common_word1, language=" en" )
    print (" {: <20} {} " .format (poly_w, poly_w.morphemes) )
    poly_w=Word (common_word2, language=" en" )
    print (" {: <20} {} " .format (poly_w, poly_w.morphemes) )
    poly_w=Word (common_word3, language=" en" )
    print (" {: <20} {} " .format (poly_w, poly_w.morphemes) )
    poly_w=Word (common_word4, language=" en" )
    print (" {: <20} {} " .format (poly_w, poly_w.morphemes) )
    poly_w=Word (common_word5, language=" en" )
    print (" {: <20} {} " .format (poly_w, poly_w.morphemes) )
    poly_w=Word (common_word6, language=" en" )
print (" {: <20} {} " .format (poly_w, poly_w.morphemes) )
>>>legal_polyglot_stem ()
```

运行的结果如图 3.3 所示，可以看出，法律词汇 “defendant” 包含两个词素 “defend” 和 “ant”，普通词汇 “defendable” 包含两个词素 “defend” 和 “able”。

这两个意思相近的词包含一个共同的词素“defend”，而后缀词素不同。这说明词的来源相同，在词性、数量和时态等方面不同。

```
The legal words: undefended unfair fairness wirts defendant court
Stemming using polyglot library
undefended           ['un', 'defend', 'ed']
unfair               ['un', 'fair']
fairness             ['fair', 'ness']
wirts                ['wi', 'rt', 's']
defendant            ['defend', 'ant']
court                ['court']

The common words: unpacked impressive expression houses defendable courting
Stemming using polyglot library
unpacked             ['un', 'pack', 'ed']
impressive           ['impress', 'ive']
expression           ['express', 'ion']
houses               ['house', 's']
defendable           ['defend', 'able']
courting             ['court', 'ing']
```

图 3.3　polyglot 词素分析

3.2　法律文本词法分析

3.2.1　词法分析

对自然语言文本的准确理解是建立在词法分析的基础之上的，词法分析是将某段文本切割成词、短语和一些有意义单元的过程或步骤。例如，一段英语文本为“A process is used to select jurors by a judge or counsel”，英语分词的结果一般就是单词，但是英语存在一个单词多个词性，把握一个单词的含义，需要结合在句子语法结构中的地位和作用。英语不同的词之间有分割符号，是比较容易分词的。而汉语的一段文本是连续的，词语与词语之间不存在分割符号。例如，汉语的一段文本为“该案法官和律师按照程序挑选了一些陪审员”。汉语在分词上不同于英语，需要明确词语之间的界限，用符号“/”对词语进行切分，切分结果可能是“该案/法官/和/律师/按照/程序/挑选了/一些/陪审员”。

一段文本可能包含一些特殊含义的名词或者短语，例如，在英文文本“License is required for sale of nursery stock by Act 189 of 1931”中，如果将“Act 189 of 1931”分割为“Act/189/of/1931”四个单词，显然是不合适的。“Act 189 of 1931”是一个意义上不可分割的整体，表明一个在 1931 年颁发的编号为 189 的法案。这类特殊的名词称为命名实体，在自然语言中，地位和作用明显高于其他的句子成分，命名实体往往包含关键信息或者包含信息检索中所需求的答案。同样地，“nursery stock”是一个意义上的整体，如果将其分割为“nursery/stock”，含义将出现很大的偏差。

某段中文文本为“依据《中华人民共和国刑法修正案（九）》的相关规定，检察院以涉嫌盗窃罪对犯罪嫌疑人钱某作出批准逮捕决定”，中文分词的结果可能是“依据/《中华人民共和国刑法修正案（九）》/的/相关规定/，检察院/以/涉嫌盗窃罪/对/犯罪嫌疑人/钱某/作出/批准/逮捕/决定”，不可以将“刑法修正案（九）”分割为“刑法/修正/案/（九）”。这里的“《中华人民共和国刑法修正案（九）》”是命名实体，是法律文本中的法律渊源，也是法律自然语言处理进行法律领域分类、问答系统、自动文本摘要和信息检索的关键信息。

词法分析将一段文本输出为一些具有完整意义的词或者短语序列，通过对语言词元素进行基本定位，获得灵活的分词颗粒度，既确保含义上的大粒度，又保持了词语上的小粒度。对于中文法律文本来说，对照法律术语和词汇，将连续词汇的法律文本切割为在法律意义上具有完整性和合理性的词语序列。对于英文法律文本来说，需要将特殊的命名实体作为一个整体输出到序列中。

3.2.2 词性标注

句子中的词语承担的作用和地位是不一样的，在句子语法结构中，相同位置的词语一般具有相同的词性（Part of Speech，POS）。一类词或者词法项具有相同的语法特性称为词性，相同词性的词语在句子中具有类似的性质、活动或者行为。例如，在汉语句子“原判根据相关的证人证言认定被告具有非法占有的主观故意”中，“原判/证人证言/被告/主观故意”都为名词，“认定/具有”都为动词，“相关的/非法占有的”都为限定词，“根据”是为介词。在汉语句子“王某以欺骗的方式非法占有他人巨额财物”中，“王某/方式/财物”都为名词，“占有”为动词，“他人”为限定词，“欺骗的/巨额”为形容词，“非法”是副词，“以”是为介词。在汉语句子“张某通过编造的谎言欺骗物业公司管理人员”中，“张某/谎言/物业公司/管理人员”都为名词，“欺骗”为动词，“编造的”为形容词，“通过”是为介词。在上述例子中，同样为“占有”，因位置和作用的不同，词性也不同，一个词性为限定词，一个词性是动词。“欺骗”一个词性为形容词，另一个词性为动词。

英语词性有名词（noun）、动词（verb）、形容词（adjective）、副词（adverb）、冠词（article）、数词（numeral）、介词（preposition）、代词（pronoun）、限定词（determiner）。在英语句子“the jury has easily reached a consistent verdict on this issues submitted to the court for determination”中，“jury/ verdict/ issues/ court/ determination”为名词，“has / reached / submitted”为动词，“consistent”为形容词，“the”为冠词，“a”为数词，“on / to / for”为介词，“this”为代词，“easily”为副词。在英语句子“I am the public defender appointed to your case”中，“I”为代词，“am / appointed”为动词，“the”是冠词，“public”为形容词，“defender/ case”为名词，“to”为介词，“your”为限定词。除此以外，还有连词（conjunction）和感叹词（interjection）。

3.2.3　输出词条

在建立文本的过程中，输入到文本的是一些字符流或者字符序列。从人类的自然语言角度来看，作为语言基本单元的词语使用了不定长度的字符串。从文本中的字符流中将词语识别出来，需要预先定义词语所对应的子序列，词语是一个具有独立含义的字符串。词条（token）是词语在词典中的等价项，词条化（tokenization）是指将整个文本中的字符流序列切分成子序列的过程，子序列称为词条，每个子序列在字典中的位置称为词项。在词条化的过程中，可能去掉一些标点等特殊符号。

词语、词条和词项在大多数情况下意思是一致的，如果进行严格区分，三者是有区别的。词语是语言学中的范畴，指的是在人类使用语言过程中形成的语言单位。词条是信息检索中的对应词语的索引，指的是文本中出现的与词语一致的字符串序列的一个实例。词项是在词典中词条对应的字符串序列相同但是含义不一样的词条类，指的是形式相同意义不同的词条集合。例如，建立一段英文法律文本的输入序列为“According to legal documents, a judge will serve with a summons or writ to show an administrator’s right to control of assets”。根据词典，词条化过程是将完整文本输入序列切分为子序列，输出为“According/to/legal/documents/, /a /judge/will/serve/with/a/summons/or/writ/to/show/an/administrator/’s/right/to/control/of/assets”。词条即子序列的数量为 24 个，其中 1 个标点符号，3 个“to”，2 个“a”。去掉标点符号，合并相同词条，词语数量为 20 个。如果将“to”和“a”作为高频词去除，剩下的 18 个词语即为词项。

建立一段中文法律文本的输入序列为“在协议签订后，委托双方认可的有资质的资产评估机构对甲方投入的资产进行评估”。根据汉语词典，词条化输出为“在/协议/签订/后/，/委托/双方/认可/的/有/资质/的/资产/评估/机构/对/甲方/投入/的/资产/进行/评估”。汉语词条即子序列的数量为 22 个，其中 1 个标点符号，3 个“的”，2 个“资产”。去掉标点符号，合并相同词条，词语数量为 18 个。如果将“的”作为高频词去除，剩下的 17 个词语即为词项。

从文本中输出词条首先要进行句子切分，通过句子结构中的句子分割标点符号来确定句子的边界。然后，对句子进行词切分，需要确定词的边界。汉语的分词稍微复杂些，确定词边界需要结合更多的内容。英语的词切分较为容易，一般词之间的分割符号是空格。但是有些符号是作为分隔符还是作为词语一部分，存在不同情况。英语中的连字符可以作为新的词语，例如，无线局域网 Wi-Fi，输出为一个词条。连字符可以在换行时连接一个词语的前部分和后部分，在输出词条时应为一个词条。连字符也可以作为多个词语组合，例如，“long-distance ”的意思是两个词的合成，在输出词条时应为两个词条。英文的单引号在作为名词所有格时，应该和前面的名词输出为两个词条，而作为缩写标识，应该只输出一个词条。

高频出现的词在信息检索中与文本的主题和内容的相关性不大，可以作为停用词（Stop Words）自动过滤掉，以便减少自然语言处理时间和节省更多的存储资源。停用词可以预先定义或者设置一个停用词列表，一般将虚词和数据集中的高频词作为停用词，大的停用词表有几百个停用词，小的停用词表也有十几个停用词。

归一化操作可以精简词条，集中考虑词的含义。对词条的归一化操作的结果就是词项，不仅词形相同的多个原始词条需要合并获得词项，而且词缀不同的词条也需要进行归一化操作。对词条归一化操作包括词干提取和词形还原。词干提取一般只是针对某些含义相同的词，不考虑词性和上下文，只是将意义相同的词条放到词条类即词项当中。词形还原是去除词条中的前缀或者后缀，还需要考虑上下文和词性，还原形容词的比较级或者最高级。

3.2.4 polyglot 和 nlkt 分句和分词

在自然语言处理任务中，处理对象的范围从大到小分别是篇章、段落、句子、词语和字符。在数据集中，一个文件一般对应一个篇章。在一个篇章中，段落之间的分割符号一般为回车换行，即 \ r \ n。在一个段落中，句子之间分割符号有句号和空格，即“.”和纯粹的空格。

在英语的断句处，上一句结尾有符号“.”，下一句开头首字母之前要有一个空格。否则就会出现分句错误。分句使用 polyglot. text 模块的 sentences 方法，依靠空格和句号来进行断句，空格也包括制表符/t。例如，定义一段英文句号“.”后包含空格的文本：

```
zyw@ cupl: ~ $ python
>>>from polyglot. text import Text
>>>legal_content = " " " He was running when the court expected that it would be \ better if he gave himself up. The man robbed a car. Police \ arrested a suspect four years later, but the man´s trial ended in \ a hung jury, split 10-2 to acquit the man. " " "
>>> print (" \ n----------Sentences using polyglot. text----------"
>>> print (Text (legal_content) . sentences)
```

运行的结果如图 3. 4 所示。这段文本 legal_content 共有三个句子，有三个英文句号“. ”，有两个的英文句号空格的组合。实际上，polyglot. text 根据英文句号空格来切分句子，如果将第二句和第三句之间的空格删除，即“The man”前面的空格，分句的结果将如图 3. 5 所示。可以看出，polyglot. text 将原本的第一句和第二句当作一个句子，将原本第一句的最后一个词“up”、符号“. ”、第二句的第一个词“The”解析为一个新的缩略词“up. The”。

```
----------Sentences using polyglot.text----------
[Sentence("He was running when the court expected that it would be better if he
gave himself up."), Sentence("The man robbed a car."), Sentence("Police arrested
 a suspect four years later,but the man's trial ended in a hung jury,split 10-2
to acquit the man.")]
```

图 3. 4　polyglot 正确的分句

```
----------Sentences using polyglot.text----------
[Sentence("He was running when the court expected that it would be better if he
gave himself up.The man robbed a car."), Sentence("Police arrested a suspect fou
r years later,but the man's trial ended in a hung jury,split 10-2 to acquit the
man.")]
```

图 3. 5　polyglot 错误的分句

切分句子相对比较容易，而分词要复杂一些。如上述的英语句号需要正确识别出来，既不能将句子分割符号“. ”当成缩略词中的圆点，也不能把缩略词中的圆点“. ”当作分割句子的符号。polyglot. text 模块使用 words 方法，通过空格、制表符、回车、逗号、句号等分割符号，实现标点符号、词语以及句子边界切分。例如，段落文本 legal_content 被切分后的词和符号：

```
>>>print (" \ n----------Tokenization using polyglot. text----------" )
>>> print (Text (legal_content) . words)
```

运行的结果如图 3. 6 所示。可以看出，总共输出的词条有 51 个，其中词语有45个，标点符号有5个，特殊符号1个。在自然语言处理的实际任务中，需要考虑消除一些重复出现的词和没有实际意义的词的影响，例如，3个“a”，4个“the”，等等。

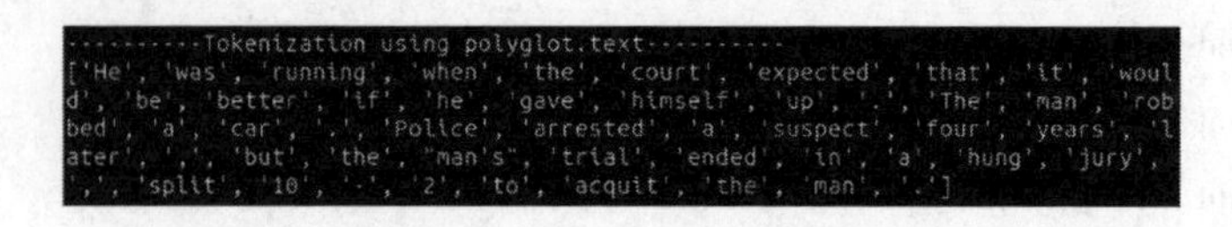

图3.6 Polyglot输出的词条

需要注意的是句子中的“10-2”，这是一个投票结果。对于数字的字符分割，polyglot遇到非数字符号时开始切分，可以将连续数字识别出来。对于所有格“man’s”，polyglot不认为是两个词条，换言之，符号“’”不是词语的分割符号。在这些细节处理方面，nltk与polyglot是不同的，使用nltk.tokenize模块的word_tokenize方法对文本段落legal_content进行词条输出。

```
>>>from nltk.tokenize import word_tokenize
>>>print（" \ n----------Tokenization using nltk.tokenize----------"）
>>>print（word_tokenize（legal_content））
```

运行的结果如图3.7所示。可以看出，nltk将名词所有格“man’s”识别为两个词条“man”和“’s”，将投票结果“10-2”识别为一个词条。nltk对于词条的边界的认定包括空格、制表符、逗号、句号、引号等，不包括连字符“-”。

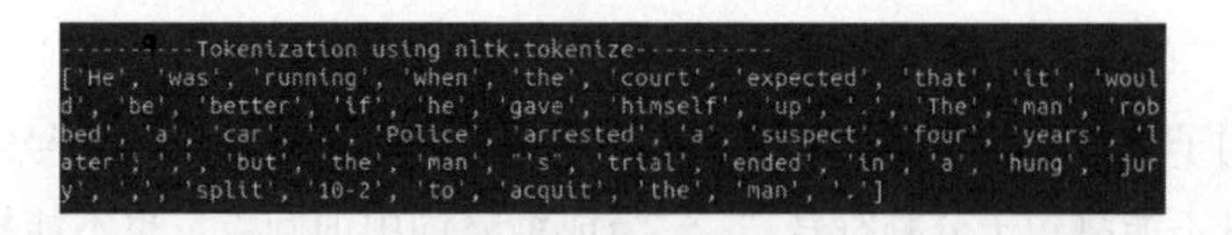

图3.7 nltk输出的词条

nltk输出的词条有50个，除去标点符号，还有45个。如果需要简化45个词条，把相同含义的词条识别出来就非常重要。例如，系动词“be”的不同形态有“am”“is”“are”“was”“were”等几种形式，形容词“good”也有比较级“better”和最高级“best”。nltk使用nltk.stem.wordnet模块的WordNetLemmatizer方法进行词形还原。

```
>>>from nltk. stem. wordnet import WordNetLemmatizer
>>>wordlemma=WordNetLemmatizer ()
>>>print (" \ n----------Words Lemmatization using nltk. wordnet----------" )

>>>print (" Lemmatization for the verb of \
running: " +wordlemma. lemmatize ('running', pos='v') )
>>>print (" Lemmatization for the noun of \
running: " +wordlemma. lemmatize ('running', pos='n') )
>>>print (" Lemmatization for the verb of\
was: " +wordlemma. lemmatize ('was', pos='v') )
>>>print (" Lemmatization for the verb of\
were: " +wordlemma. lemmatize ('were', pos='v') )
>>>print (" Lemmatization for the verb of\
is: " +wordlemma. lemmatize ('is', pos='v') )
>>>print (" Lemmatization for the verb of\
am: " +wordlemma. lemmatize ('am', pos='v') )
>>>print (" Lemmatization for the verb of\
are: " +wordlemma. lemmatize ('are', pos='v') )
>>>print (" Lemmatization for the verb of\
be: " +wordlemma. lemmatize ('be', pos='v') )
>>>print (" Lemmatization for the verb of\
expected: " +wordlemma. lemmatize ('expected', pos='v') )
>>>print (" Lemmatization for the adjective of\
better: " +wordlemma. lemmatize ('better', pos='a') )
>>>print (" Lemmatization for the verb of\
gave: " +wordlemma. lemmatize ('gave', pos='v') )
>>>print (" Lemmatization for the verb of\
robbed: " +wordlemma. lemmatize ('robbed', pos='v') )
>>>print (" Lemmatization for the noun of\
years: " +wordlemma. lemmatize ('years') )
>>>print (" Lemmatization for the adjective of\
later: " +wordlemma. lemmatize ('later', pos='a') )
>>>print (" Lemmatization for the noun of\
juries: " +wordlemma. lemmatize ('juries', pos='n') )
```

运行的结果如图3.8所示。可以看出，对于词形差异较大的系动词，进行词形还原后，都具有统一形式“be”。但是对于同样词形的“running”，却有不同的词形还原结果。作为动词的“running”，词形还原是将进行时态的“ing”去掉，而作为名词的“running”，如果没有单复数的词缀，进行词形还原后还是原来的词。与此类似的是那些使用动名词形式作为名词的，例如，“meeting”有动词词性的“遇见”含义，也有名词词性的“会议”含义。

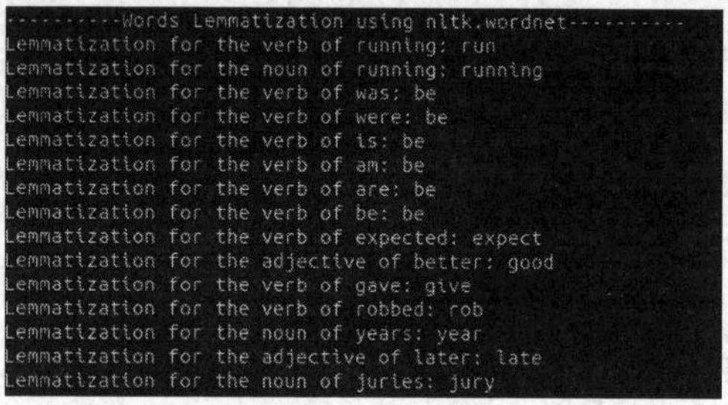

```
----------Words Lemmatization using nltk.wordnet----------
Lemmatization for the verb of running: run
Lemmatization for the noun of running: running
Lemmatization for the verb of was: be
Lemmatization for the verb of were: be
Lemmatization for the verb of is: be
Lemmatization for the verb of am: be
Lemmatization for the verb of are: be
Lemmatization for the verb of be: be
Lemmatization for the verb of expected: expect
Lemmatization for the adjective of better: good
Lemmatization for the verb of gave: give
Lemmatization for the verb of robbed: rob
Lemmatization for the noun of years: year
Lemmatization for the adjective of later: late
Lemmatization for the noun of juries: jury
```

图3.8　nltk的词形还原

3.3　法律文本句法分析

3.3.1　句法分析的常用方法

在词法分析输出词条之后，自然语言处理的下一个任务就是句法分析，其目的是对句子或者句子局部片段做逻辑意义上的分析。换言之，用一些句子形成规则来定义句子逻辑意义以及衡量句子在逻辑上的正确性。句法分析需要确定句子不同位置之间的依存关系和语法结构，语法是将词语连接成句子的规则和方法，也是概念和符号的表现形式总结。完全句法分析是指对完整的句子进行语法分析，局部分析是指对部分句子片段的语法进行分析。

一般来说，语法分析具体做法包括两方面工作，一方面用非常形式化的描述表示语法规则，另一方面对规则进行解析生成语法树。语法规则包括句子语法结构形式化表示和词条同类信息描述，在前述的词法分析部分中，可以将多次出现的含义相同的词条根据在词典中定义合并成词条项。换言之，句法分析的知识库是形式化规则、词典和词条项。

3.3.2　句法分析树

在不同的语言中，语法规则是不同的。例如，英语中的句子从整体上来看，语法结构为主谓结构。简单的主语一般是名词性短语，复杂的主语一般是在名词短语前有修饰性的定语。简单的谓语一般是动词性短语，包括动宾结构，一个动词后面接名词。复杂的谓语结构一般是在动词短语前有修饰性的状语。英语存在时态、主谓一致、虚拟语气、倒装结构、非限制性定语从句，伴随状语、动词不定式等语法结构和现象，但是在汉语中，这些现象可能并不存在。因此，在进行句法分析之前，需要检测输入的文本或字符串，能够判断属于哪种语言，句法分析工具可以支持这种语法的解析。

在语法树中，用 S 表示一个句子，dp 表示限定性短语，d 表示限定词，np 表示名词短语，vp 表示动词短语，v 表示动词。对于句子“the policeman arrested the thief”，使用 nltk. tree 模块定义语法规则：

```
>>>import nltk
>>>from nltk. tree import *
>>>dp1=Tree（´dp´，［Tree（´d´，［´the´］），Tree（´np´，［´policeman´］）］）# 规则 2
>>>dp2=Tree（´dp´，［Tree（´d´，［´the´］），Tree（´np´，［´thief´］）］）# 规则 4
>>>vp=Tree（´vp´，［Tree（´v´，［´arrested´］），dp2］）# 规则 3
>>>tree=Tree（´s´，［dp1，vp］）  # 规则 1
>>>print（tree）
>>>print（´\ n´）
>>>print（tree. pformat_latex_qtree（））
>>>tree. draw（）
```

运行的结果如图 3. 9 和图 3. 10 所示。可以看出，Tree 方法生成一颗包含一个父节点和几个子节点的树，子节点可以是另外一个子树来替换，既可以从顶向下生成树，也可以自底向上生成树，还可以是将两者结合起来的生成方法。

```
-----------Parsing results using nltk.tree-----------
(s
  (dp (d the) (np policeman))
  (vp (v arrested) (dp (d the) (np thief))))


\Tree [.s
        [.dp [.d the ] [.np policeman ] ]
        [.vp [.v arrested ] [.dp [.d the ] [.np thief ] ] ] ]
```

图 3. 9　nltk 的句法分析结果

自顶向下生成树方法根据定义的规则，生成树从树根向下生长，最后直到组成句子的叶结点的生成。首先使用规则 1 建立树根“s”和中间节点 dp1、vp，然后根据规则推导，使用规则 2 和规则 3 来替换中间节点，最后使用规则 4 替换由规则 3 产生的中间节点 dp2，直到对应词语的全部叶子生成。

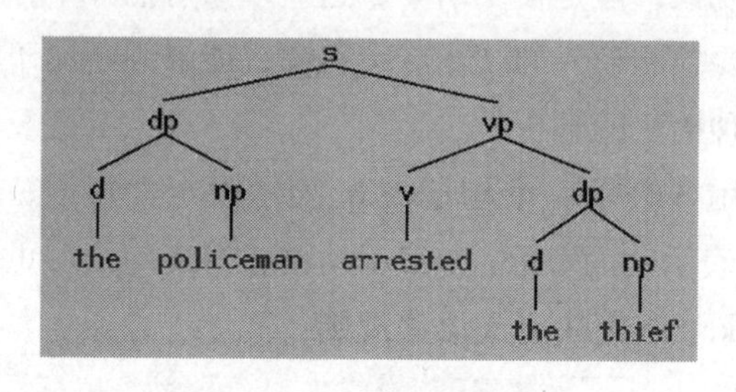

图 3.10　nltk 的语法树

自底向上的生成树方法与自顶向下刚好相反。从句子中的词条开始，首先找到能够匹配“the policeman”的规则 2，用规则 2 的左侧“dp1”规约规则 2。然后，找到匹配“arrested”的规则 3，但是规则 3 中有待规约的节点“dp2”，将其暂时保存起来。接下来，找到匹配“the thief”的规则 4，用“dp2”规约规则 4。然后，在前述的待规约的规则中，用“vp”规约规则 3。最后，使用规则 1 获得树根“s”。自底向上分析方法重复执行规则的规约过程，直至获得树根节点。

nltk 的 CFG 模块通过 fromstring 方法构造语法规则，每一行字符串是一个语法规则。符号“->”表示可以替换，PP 表示介词短语，P 表示介词，N 表示名词，Det 表示限定词，符号“|”表示可选项。对于句子“the defendant robbed a car”，使用 nltk. CFG 模块定义语法规则：

```
>>>from nltk import CFG
>>>Grammar=nltk. CFG. fromstring (" " "
    S -> NP VP
    PP -> P NP
    NP -> Det N |  Det N PP
    VP -> V NP |  VP PP
    Det -> 'the' |  'a' |  'my'
    N -> 'defendant' |  'car' |  'apple'
    V -> 'robbed'
```

```
    P -> 'in'
    """ )
>>>sentence=" the defendant robbed a car" . split ()
>>>parser=nltk. ChartParser (Grammar)
>>>trees=parser. parse (sentence)
>>>print (" \ n----------Parsing results using nltk. CFG----------" )
>>>for tree in trees:
print (tree)
```

运行的结果如图3.11所示。可以看出，nltk. CFG使用一系列字符串定义文法规则，构建一个语法分析器。然后将句子传递给语法分析器，返回结果为语法生成树。与nltk. tree相比较而言，定义语法规则较为灵活，形式上更加简洁。

```
----------Parsing results using nltk.CFG----------
(S (NP (Det the) (N defendant)) (VP (V robbed) (NP (Det a) (N car))))
```

图3.11　nltk CFG的句法分析结果

3.4　法律文本语义分析和消歧

3.4.1　语义分析

词法分析任务研究的是文本字符串中的词的表示，输出的是词条。每个词都可能有不同的含义，将每个词组合起来形成更大的组块，以提供对句子或段落的语义理解。语义分析概念范围非常广泛，任何对自然语言的理解都与语义有关，对法律文本理解包括对词的含义、句子结构含义和上下文语境含义的理解。从粒度上看，语义分析分为词级别语义、句子级语义和篇章级语义。

词级别语义分析内容有词语表示、上下位关系、同义词、多义词和词语消歧等。词语表示包括词、词素、词缀、复合词以及短语。语言的多样性使得出现了多个词语具有相同含义和一个词拥有多个含义的现象，例如，“house、building、real estate”都有表示房屋的含义，“bank”有银行和河岸等多个意思。法律文本存在一个特殊现象，上位法概念和下位法概念就属于上下位关系，下位法要遵从上位法，有下位法可以循例的，就要适用下位法。“cars、stocks、deposits、real estate”是财产的具体形式，属于下位概念，而“property”是上位概念。因此，在涉及房屋交易纠纷时，作为普通财产而言，合同法（Contract Law）可能比较适用。如果作为特殊财产的不动产，物权法（Property Law）可能比较适用。上下位关系描述一个泛化的对象和具体的对象之间的关系，较少细节的抽象概念称为上位词，而较多细节的实例概念称为下位词。

句子级别语义分析以句法分析为前提，获得词序列的结构性解释。如果存在不同的结构性解释，句子的意义将是不明确的。例如，英文句子“the police controlled the defendant with a gun”，在语法结构上，介词短语“with a gun”既可以修饰名词“defendant”，也可以修饰动词“controlled”。这种歧义是由于语法结构多样性产生的，句子级别的语义分析可以通过机器学习方法确定适用哪种语法结构。句子级别的语义分析任务还包括文本蕴含，当一个句子表述为真，能否推导另一个句子也为真，这种关系推导需要建立在句子的语义理解上。语义角色标注借助语义分析方法，标注句子中的语义角色，例如，动作的施加者、接受者、事情发生的事件和地点等。语义角色标注是一种浅层的语义关系，可用于问答系统和信息抽取等方面。

篇章级语义分析为了解决在多个句子、段落等篇章的上下文环境中发生的词语多重含义而考察分析前后多个句子的语义，这种情况较多出现在有多个多重含义的词语以及指称代词的上下文中。例如，英文句子“the head controlled the man with arms”，此处的“head”既可以指称“头、思想”，也可以指称“首领”，而“arms”也具有“胳膊”和“武器”两种不同意思。因此，对这样句子的理解，需要结合上下文环境来综合考虑。以下这些词“plaintiff、appellant、accuser”都有“告”的含义，但是具体含义也是有区别的，有时候通过反义词来理解。“plaintiff”的反义词为“defendant”，为民事或刑事案件初审中的被告之义；“appellant”的反义词为“respondent”，为上诉案件中的被上诉人之义；“accuser”的反义词为“the accused”，为刑事案件中的被指控者之义。自然语言传达的意义很多时候与表达者所处的情境有关，文本中的词的含义需要由先前文本来确定。语言表达为了避免重复，大量使用代词。在代词的理解上，前文出现的位置相近和词性相同的情况将会使代词的指称产生歧义。例如，英语句子“The plaintiff borrowed the car and navigation from the defendants, and he returned it to one of them later”，此处“it”是指“car”还是表示“navigation”，出现指代不明确问题。

3.4.2 消歧方法

词语的歧义的消解可以通过定义一个包括各个词义项的词典来实现。例如，

WordNet 是由计算机工程师和语言学家设计并完成的基于认知语言的英语词典，HowNet 是一个基于情感的中文词典，标注了词的不同词义项在实际文本中的使用情况。基于词典的消歧方法的原理是计算两者之间的覆盖度，一个是待消解词和前后上下文环境词，另一个是在词典中该词的各个词义项和其上下文。然后，选择覆盖度或者匹配度最大的词义项作为待消解词在此语义环境下的合适含义。如果词典的词义项的定义比较简洁，计算的覆盖度可能都比较低，这种情况下的消歧效果不是很好。

有监督的词语消歧方法通过词义标注语料库训练词义消解模型，对词语的语料进行特征表示，包括词语特征、句法特征和语义特征等方面。词语特征是指消解词上下文环境中出现的所有词及其词性，例如，取消解词前面 3 个词，后面 2 个词，这种取词的范围称为窗口。句法特征是指消解词所在句子的语法特征，例如，消解词构成的语法组块是动宾关系，或是介词短语，还是主语中心词，等等。语义特征是指名词类的语义角色，例如，命名实体标注的地点、机构或者人物名等。监督的消解方法虽然可以获得良好的性能，但是需要很多人工标记的语料。

半监督消歧方法通过少量标记的语料来获得大规模语料和语法结构和语义强度，根据词的不同词义与语法的固定搭配有关这一特点，计算语义强度和选择关联，从而进行词义的消解。随着深度学习方法的广泛应用，可以对大规模语料库自动提取高层词的抽象特征，蕴含了对语料学习的深层次的语义信息。例如，深度学习模型对大规模语料进行训练的过程形成的词嵌入 word2vec，本身就包含了细节丰富的上下文语义信息，自动实现词义消解。

第4章　法律文本的主题建模

4.1　法律文本术语

4.1.1　法律文本中的术语

法律文本中的词语可以分为日常用语、临时具有法律涵义的词语和法律术语。日常用语指的是一般性词语，比如劳动、计算机和汽车等，这类词语来自于一般的社会领域，即人们日常工作生活学习所接触到的事物或现象。临时具有法律涵义的词语也就是临时法律术语，指的是词语本来是日常用语，当被用于法律规范中，具有了法律上的特殊涵义。比如，“应当”和“可以”就具有非常明确的法律涵义，法律条款中出现“应当”是要求相对人必须要做“应当”后面的事项，而“可以”就没有强制性，保留了一定范围的弹性，可以根据实际情形自由裁定。因此，在对法律文本进行预处理时，对法律文本的表示采用向量空间模型，但是考虑到法律文本中的词语具有不同的法律涵义，在分词时需要将法律文本的词汇划分为日常用语、临时法律术语和法律术语三类词语，对不同类型的词语建立不同的向量空间模型，为了简化模型，在本文后面实验中将法律文本划分为一般性词语和法律术语。

4.1.2　法律词语内在结构

法律术语中的合成词包括派生词和复合词，派生词是由一个只表示概念的词素，和一个兼表概念和语法的词素结合而成。法律术语中的派生词一般由一个表示词性后缀的词素附加在已有的法律术语之上，例如审判员、代理人、继承人等。表示权利的派生法律术语有名誉权、商标权、财产权、辩护权、修改权、署名权等；表示人员的派生法律术语有控告人、辩护人、代理人、监护人、抚养人、赡养人、自诉人、公诉人、审判员、陪审员、仲裁员、书记员等；表示文书的派生法律术语有起诉书、判决书、决定书、执行书和仲裁申请书等。复合词由两个及以上词素并列组成的法律术语，从两个词素的关系来分，包括联合式、偏正式、动宾式、述补式、主谓式、连动式等。联合式指的是两个意义相似或相反的词素并列而成，例如询问、收养、抚养、征收、管制、冻结、判决、质询、审讯、逮捕、检举、鉴定、过错、过失、证据、股份、瑕疵等。偏正式指的是前面的词素修饰后面的词素，前面的词素作为定语的是定中式，前面的词素作为状语的是状中式。定中式包括主犯、从犯、主刑、书证、物证、定金等；状中式包括假释、代理、签订等。动宾式指的是前面的词素表示动作，后面的词素表示动作涉及的对象，动宾式有抗诉、立案、上诉、举证、立法、减刑、投标、招标、要约、量刑、违约、听证等。述补式指的是后面的词素补充说明前面的词素，例如侦破、驳回等。主谓式指的是前一个词素是一个对象，后面的词素是对该对象的描述，例如自首、民主等。连动式指的是前面的词素表示前一个动作，后面的词素表示接下来的动作，例如收养、扭送、送达、拘留、提存等。

4.1.3　法律术语词典

按照法律调整关系，可分为诉讼法、民法、刑法、行政法、国际法、经济法、军事法、商法和环境法九个部门法。为了简化研究问题，选取与人们生活工作非常密切的三大法律作为法律术语词典内容。

诉讼法是关于诉讼活动的法律，调整对象是诉讼活动中的所有社会关系，包括民事诉讼法和刑事诉讼法。与诉讼程序有关的法律术语有案件、受理、案由、原告、被告、立案、传票、开庭、出庭、证据、听证、询问、调查、法官、陪审团、辩护、律师、要点、意见、辩护词、答辩状、裁定、裁决、决定、采信、出具、司法鉴定、代理人、第三人、调解、法庭、公诉、自诉、法律顾问、公证人、检察官、逮捕、批捕、责任、缓刑、保释、起诉、反诉状、公诉、作证、目击证人、控告、诉讼、案件、申诉、审判、审理、传唤、传讯、辩护、证词、誓词、宣判、判决、缺席、驳回、上诉、再审、引渡、当事人陈述、调查取证、调查笔录、会见当事人、举证责任、抗诉书、利害关系人、卷宗、民事诉讼、旁证、认定事实、申请人、申诉、适用法律、受害人、书证、司法建议书、送达、撤诉等。详细诉讼法术语见附录 A。

民法是调整民事主体之间的人身关系和财产关系的法律规范和体系总称。与民事有关的法律术语有法律渊源、制定法、成文法、普通法、判例法、公序良俗、公平、自愿、平等、诚实信用、等价有偿、自然人、公民、外国人、无国籍人、法人、行为、作为、不作为、民事权利能力、相对权、优先权、救济权、物权、请求权、形成权、撤销权、解除权、代位权、人身权利、名称权、名誉权、荣誉权、肖像权、隐私权、人格权、健康权、不可抗力、意思表示、完全行为能力、住所、居所、经常居住地、户籍、监护、合伙、法人、私营企业、关联企业、社团法人、财团法人、民事法律行为、无效行为、可撤销民事行为、重大误解、显失公平、误传、代理人、委托人、受托人、法定代理人、表见代理、居间、时效、信托、时效中止、期间、法律规避、违约责任等。详细民法术语见附录 A。

刑法是规定犯罪和刑罚的法律规范。与刑法有关的法律术语有犯罪、刑事、侦察、罪刑法定、罪刑相适应、罪责自负、惩罚、从旧、从新、追诉时效、刑事责任、刑事责任年龄、刑事责任能力、故意犯罪、犯罪构成、犯罪主体、犯罪客体、主观方面、客观方面、犯罪对象、犯罪故意、直接故意、间接故意、过失、疏忽、大意、过于自信、不能预见、不能避免、动机、目的、防卫过当、正当防卫、紧急避险、既遂、未遂、犯罪形态、犯罪预备、犯罪中止、犯罪中断、行为犯、结果犯、滥用职权、劳役、管制、拘役、累犯、冒充、没收、免除、减刑、谋杀、重伤、虐待、殴打、判处、赔偿、强迫、破坏、强奸、抢夺、抢劫、敲诈勒索、侵害、情节、轻微、社会影响、取保候审等。详细刑法术语见附录 A。

对法律文本进行分词以后，在去除法律术语中的词语后，按照向量空间模型表示文本，然后对其进行特征选择，保留下来的词语构成一般性词语词典或者日常词语词典（common words dictionary）。一般性词语词典与法律术语词典（legal terms dictionary）一起构成法律文本表示词典（text representation dictionary）。

4.2 法律文本主题

4.2.1 法律文本主题特性

随着互联网的快速发展，网络信息量呈现爆发性增长，大量信息属于文本数据，法律文本也就越来越重要。法律术语根据其调整的社会关系的不同，可能属于不同的部门法。具有相同的标准的法律术语属于同一个法律部门，根据法律部门来分，法律术语分为：宪法术语、刑法术语、民法术语、诉讼法术语、行政法术语、国际法术语等。宪法术语中有国体、政体、根本法、罢免权、选举权等；刑法术语有犯罪、累犯、缓刑、假释、没收财产、有期徒刑、单位犯罪等；民法术语有法人、代理、合同、监护人、继承人、违约金、抵押权、债务人等；诉讼法术语有证人、证言、上诉、回避、询问、仲裁、公诉、终审、管辖权等；行政法术语有行政行为、行政主体、行政复议、简易程序、行政处罚等；国际法术语有主权、条约、豁免权、国民待遇等。

根据法律术语所表示的意义内容不同，可以分为表权利的、表称谓的、表罪名的、表事物名称的、表法律行为的、表法律部门的、表法律后果的、表心理态度的、表法律关系的、表诉讼程序的及其他。表权利的法律术语有代理权、著作权、商标权、人身权、财产权、抵押权等；表称谓的法律术语有代理人、合伙人、候选人、公诉人、当事人、辩护人等；表罪名的法律术语有走私罪、危害公共安全罪、金融诈骗罪、侵犯财产罪等；表事物名称的法律术语有定金、合同、权利、孳息、罚金、不动产、裁定书等；表法律行为的法律术语有拍卖、投标、破产、赦免、减刑、辩护、教唆、侦查等；表法律部门的法律术语有刑法、民法、合同法、教育法、婚姻法、侵权法等；表法律后果的法律术语有违约责任、侵权责任、民事责任、刑事责任、行政处罚等；表心理态度的法律术语有故意、过失、过错、放任等；表法律关系的法律术语有人身关系、财产关系等；表诉讼程序的法律术语有一审、二审、再审、终审等。法律术语主题化分类如表 4.1 所示。

根据法律术语所具有的功能不同，可以分为命名类、定性类和处置类。命名类表示法律关系中的人或事物的名称。表法律关系参与主体的名称有原告、证人、被代理人等；表罪名的有妨碍司法罪、侵犯财产罪、渎职罪、贪污受贿罪。表刑名的法律术语有主刑、附加刑、管制、拘役、罚金、有期徒刑、无期徒刑等。定性类是表示法律关系、法律行为和法律事件的性质的法律术语。对法律行为定性的法律术语有自首、立功、犯罪未遂、犯罪既遂、紧急避险、正当防卫；对法律事件定性的法律术语有共同犯罪、单位犯罪、集团犯罪、累犯等。处置类法律术语指的是对某种不法行为所造成的后果所进行的处置，例如，缓刑、减刑、假释、数罪并罚、没收财产等。

表 4.1　法律术语主题化分类

主题	法律术语
表权利的	代理权、著作权、商标权、人身权、财产权、抵押权
表称谓的	代理人、合伙人、候选人、公诉人、当事人、辩护人
表罪名的	走私罪、危害公共安全罪、金融诈骗罪、侵犯财产罪

续表

表事物名称的	定金、合同、权利、孳息、罚金、不动产、裁定书
表法律行为的	拍卖、投标、破产、辩护、教唆、侦查
表法律部门的	刑法、民法、合同法、教育法、婚姻法、侵权法
表法律后果的	违约责任、侵权责任、民事责任、刑事责任、行政处罚
表心理态度的	故意、过失、过错、放任、明知
表法律关系的	人身关系、财产关系
表诉讼程序的	一审、二审、再审、终审
表刑名的	主刑、附加刑、管制、拘役、罚金、有期徒刑、无期徒刑
表法律行为定性的	自首、立功、犯罪未遂、犯罪既遂、紧急避险、正当防卫
表法律事件定性的	共同犯罪、单位犯罪、集团犯罪、累犯
表法律后果处置的	赦免、缓刑、减刑、假释、数罪并罚、没收财产、免于起诉
其他	应当、可以、适用、其他、合理、情形、本款、禁止

4.2.2 法律文本主题化

法律术语的主题化最早起源于图书目录系统。主题方法体系的形成和发展开始于1856年英国克雷斯塔多罗（Crestadoro）的《图书馆编制目录技术》，国外最早采用主题法来组织目录索引的是杜威十进分类法的相关主题索引，美国的贝加逊·富兰克林出借图书馆第一个使用了主题法。在法律领域，法律术语或者法律词汇都有其特殊的涵义，不能随便地发挥和解释。有些法律术语是经过立法部门创设的，有些法律术语是采自国外的思想创设的，有些法律术语是沿用古代法律思想而进行重新编撰的。法律术语具有自己独特的内在结构和词素构成方式，从语言学的角度来看，包括复合式和附加式，复合式是指将两个及以上的词素组合起来，例如“民法”，附加式是指由词缀附加在有词汇意义的词素上构成的，例如“委托人”。法律术语在涵义上具有明确的凝合性、法定性、准确性和单义性。

法律术语的凝合性指的是法律术语是一个不可再分的坚固体，比如“委托人”不可以任意表达为“委托的人”。法律术语的不可再分的特征体现了法律的严肃性和稳定性，用以表达完整的法律意义。法律术语的法定性指的是法律术语的涵义是由法律确切规定的，不能任意解释。例如法律规定的“证据”和一般意义的证据不同，应用在法律领域的特定情形，具有可以证明相关事实的明确对象形式，例如书证、物证、证人证言、当事人陈述等。法律术语的法定性体现了法律的权威性，立法机构必须统一地对法律术语的涵义进行统一阐述。法律术语的准确性指的是精确地描述法律内容以致在立法者、公民和司法者之间达成一致，必须避免在法律概念的理解上产生歧义和模糊，能够非常准确地表达法律行为、法律关系、法律后果和法律概念的内在特征。例如，“轻伤”指造成人体组织和器官一定程度的损害或部分功能障碍，按照一般语言理解，伤势可能不重，但是法律上的“轻伤”可能和日常生活中的感受不一样。为了准确描述“轻伤”法律内涵，在《人体轻伤鉴定标准》中作出明确的规定。法律术语的单义性指的是法律文本中的一个法律术语只能表达单一的法律涵义，不存在多种释义项。例如，“居所”在一般语言中，指的是现在居住的地方，也可能是户籍所在地，但是在法律术语中指的就是户籍所在地。如果法律术语有多种语义，在法律适用和司法过程中，就会出现不一样的理解，影响法律权威性和严肃性。

在很多法律信息检索系统中，可以按照主题法进行检索。例如，在中国裁判文书网上，可以按照案由、关键词、法院、当事人和律师进行检索，其中，案由就是某种程度上的法律主题或者法律领域。案由按照法律事务主题方面分为刑事、民事、执行、国家赔偿和行政案由。刑事案由包括危害国家安全罪、危害公共安全罪、破坏社会主义市场经济秩序罪、侵犯公民人身权利和民主权利罪、侵犯财产罪、妨害社会管理秩序罪、危害国防利益罪、贪污贿赂罪、渎职罪、军人违反职责罪等。民事案由包括人格纠纷权、婚姻家庭继承纠纷、物权纠纷、合同纠纷、无因管理不当得利纠纷、知识产权与竞争纠纷、劳动人事争议、海事海商纠纷、公司证券保险票据纠纷、侵权责任纠纷等。执行案由包括刑事、民事、行政、行政非诉执行、妨碍诉讼行为制裁决定、民事违法制裁决定、对下级法院执行异议裁定的复议、财产保全、先予执行等。国家赔偿案由包括刑事赔偿、非刑事赔偿等。行政案由包括行政主体、行政行为。在 FCA 系统中，按照法律主题进行分类检索，包括 Admiralty&Manitime、Antitrust、Bankruptcy、Commercial Law、Construction Law、Corporations、Energy&Environment、Estate Planning、Family Law、Finance Banking、Government Contracts、Health Law、Labor&Enployment、Municipal Law、Pension&Retirement Benefits、Products Liability、Real Property、Securities 等。

案由主题有四级，一级主题有民事、刑事、行政、国家赔偿4类。在民事法律领域下，二级主题有物权纠纷、人格权纠纷、婚姻家庭继承纠纷、合同无因管理不当得利、知识产权与竞争、劳动人事争议、海事商事纠纷、铁路运输纠纷、公司证券保险票据、侵权责任纠纷10类。在物权纠纷二级主题下，三级主题有不动产登记、物权保护、所有权纠纷、用益物权、担保物权等6类。在所有权纠纷三级主题下，四级主题有侵害集体组织权益、建筑物区分所有权、业主撤销权、业主知情权、遗失物返还、漂流物返还、相邻关系、共有纠纷等10类。

根据上述分析情况，参考国务院学位办的学科目录，对法律领域和主题进行代码编号。一级主题、二级主题、三级主题和四级主题都用两位阿拉伯数字表示，形式如aabbccdd，其中aa表示一级主题，bb表示二级主题，cc表示三级主题，dd表示四级主题。如果aa为01，表示民事法律领域；02表示刑事法律领域，03表示行政法律领域，04表示国家赔偿法律领域。民法包括10个二级主题，32个三级主题，416个三级主题。刑法包括10个二级主题，187个三级主题。行政法包括2个二级主题，58个三级主题。国家赔偿包括2个二级主题。由于民法是私法，涵盖范围非常广泛，调整的法律关系复杂，因此，民法具有四级法律主题。刑法体现了罪刑法定原则，具有三级主题，对罪名进行规定。行政法体现政府行政管理职能，具有三级主题。国家赔偿相对案例较少，具有二级主题。由此可以看出，法域具有不平衡性。

法律主题详细编码见附录B，对法律主题进行编码能够实现方便、快捷、准确地确定法律内容所对应的法律主题层次。例如，给定分别包含“恢复原状”和“消除危险”两个文本，通过查询附录B，恢复原状的代码为01030206，消除危险代码为01030204。可以知道这两个都是四级法律主题，其共同的法律渊源是01民法，03物权，02物权保护。再给定两个文本，恢复原状和共有纠纷。通过查询附录B，恢复原状的代码为01030206，共有纠纷代码为01030310。可以知道这两个都是四级法律主题，其法律渊源是01民法，03物权。因此，从法律渊源上来说，“恢复原状”和“消除危险”在法律意义上的距离要比“共有纠纷”近。

4.3　法律文本主题模型

4.3.1　主题语义分析

《International Private Law》《Deep Learning》《Legal Theory》《Punishment, Compensation and Law》《Introduction to Algorithms》《R for Data Science》《Digital Fortress》《Python and Digital Forensics Technology》《Computer Ethics》《Network Community》《Computer Technology and Society, Law and Ethics》《Network Secuirty》等是某电商平台提供的一些畅销书系列，在图书管理方面，可以将这些出版物归为 3 类：法律、计算机和计算法律。为了向读者介绍这些图书，我们将这些书的内容简介整理起来。

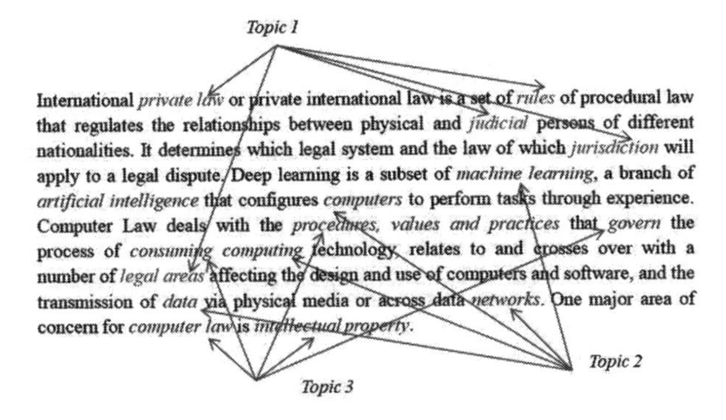

图 4.1　一段文本包含 3 个主题

从图 4.1 中可以看出，这段文本的主题包括法律方向的内容、计算机方向的内容以及两者交叉方面的内容。主题 1 为法律相关概念，涉及的词有“private law、rules、judicial、jurisdiction、legal areas”，还包括其他一些词，例如“design”，只是在法律概念中的比例较低。主题 2 为计算机相关概念，涉及的词有“machine learning、artificial intelligence、computers、computing、data、networks”，还包括其他一些词，例如“technology”，在计算机概念中的比例比前者要低，比“use”这类词要高。主题 3 为计算法律相关概念，涉及的词有“procedures、values and practices、govern、computer law、intellectual property”，还包括其他一些词，例如“data security”。

主题建模可以简单理解为，将篇章中近似含义的词都归在一个主题下。例如，“machine learning、artificial intelligence、computers、computing、data、networks”这些词都含有计算机之义，在语义上都属于近义词，语义范围可跨越句子、段落和篇章。主题模型通过语义分析技术，将意义关联的词定义为一个主题，主题是对上下文理解之后，词语背后存在或隐含的抽象概念。

一篇文本有很多主题，每个主题包括多个词，每个词可以属于多个主题。一些主题模型相关的或者相近的词聚成一个簇，称为主题。一篇文本可以理解为将这些不同主题按照不同比例进行混合而成的，如图 4.2 所示：

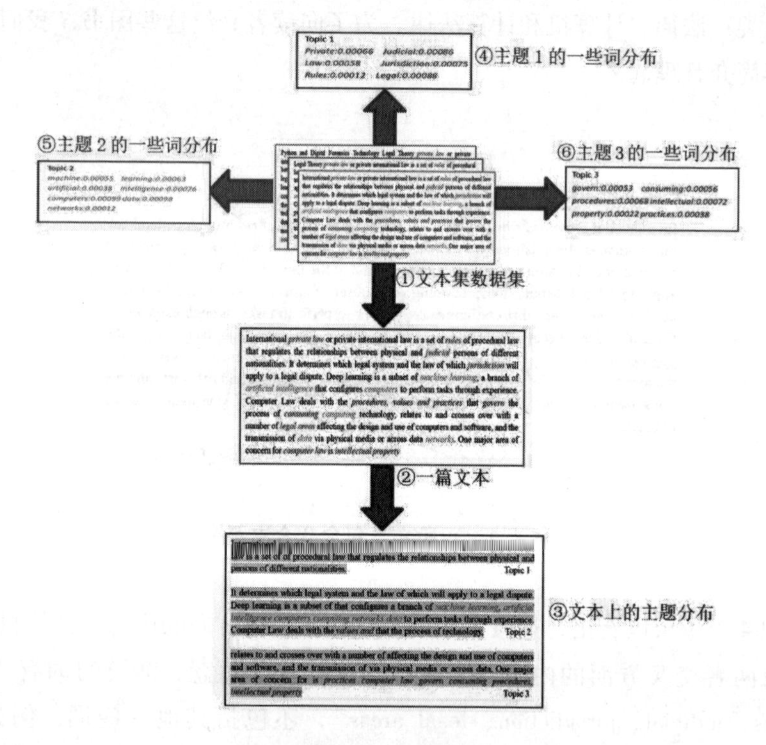

图 4.2 主题建模

图中①为文本数据集，包括大量的文本语料，通过阅读这些文本材料，可以从语义上将这些文本语料内容总结为 3 个主题方面，分别是法律领域、计算机科学、法律计算机交叉领域。图中②是从文本数据集中取出的一篇文本，是由许多词汇组成，既包括属于法律领域的词语，也包括属于计算机科学的词语，还包括属于法律计算机交叉范畴的词语，如图 4.3 所示：

International *private law rules judicial jurisdiction legal areas* or private international law is a set of of procedural law that regulates the relationships between physical and persons of different nationalities. It determines which legal system and the law of which will apply to a legal dispute. Deep learning is a subset of that configures a branch of *machine learning, artificial intelligence computers computing networks data* to perform tasks through experience. Computer Law deals with the *values and* that the process of technology, relates to and crosses over with a number of affecting the design and use of computers and software, and the transmission of via physical media or across data. One major area of concern for is *practices computer law govern consuming procedures, intellectual property*

图 4.3　一篇文本

对于一词多义的词，根据上下文，多个同形不同义的词可以分别属于多个不同主题。例如，词语“set”在主题 1 中可以理解为“法规配套”之义，也可以出现在主题 2 的上下文环境中，在语义上理解为“数据集”。给文本中的每个词分配一个所属的主题，然后将划分在同一主题下的词放置在一起，按照这样方式组织起来的一篇文本，从总体结构上来看，就是由不同主题混合而成的。如图 4.4 所示：

International *private law rules judicial jurisdiction legal areas* or private international law is a set of of procedural law that regulates the relationships between physical and persons of different nationalities.　Topic 1

It determines which legal system and the law of which will apply to a legal dispute. Deep learning is a subset of that configures a branch of *machine learning, artificial intelligence computers computing networks data* to perform tasks through experience. Computer Law deals with the *values and* that the process of technology,　Topic 2

relates to and crosses over with a number of affecting the design and use of computers and software, and the transmission of via physical media or across data. One major area of concern for is *practices computer law govern consuming procedures, intellectual property*　Topic 3

图 4.4　由不同主题混合的文本

每个主题下都统辖了一些词语，在一个主题下，有的词重复出现多次，有的词出现次数较少。以同一主题下的所有词的总词数为分母，以某个词出现的次数为分子，就可以计算该词在这个主题下的所占比例。显然，比重高的词的含义与主题的关联性较强，反之亦然。例如，法律主题下的词“law”出现较频繁，而“hello”很少出现。计算机科学主题下的词“data”出现较多，而“welcome”并不常见。每个主题的词的分布和统计如图 4.5、图 4.6、图 4.7 所示：

Topic 1
Private:0.00066 Judicial:0.00086
Law:0.00058 Jurisdiction:0.00075
Rules:0.00012 Legal:0.00088

图 4.5　主题 1 的一些词分布

Topic 2
machine:0.00055 learning:0.00063
artificial:0.00038 intelligence:0.00076
computers:0.00099 data:0.00098
networks:0.00012

图 4.6　主题 2 的一些词分布

Topic 3
govern:0.00053 consuming:0.00056
procedures:0.00068 intellectual:0.00072
property:0.00022 practices:0.00038

图 4.7　主题 3 的一些词分布

4.3.2　主题建模应用

对于大量的法律文本和其他文本的处理，仅依靠词语比对来确定数据分析任务是远远不够的。挖掘词语背后的抽象主题更加有意义，这将有助于提高文本相似度计算的准确度，发现某一主题下的流行词汇。在搜索引擎的查询字段的匹配程度上，能够按照语义理解自动快速定位到海量文本数据中的词簇。

在相似文本的比较方面，用相同词的数量或者比例来衡量可能并不准确。例如，前述的英文句子“the head controlled the man with arms”出现在法律主题占比较大的上下文中，含义是指“匪首用枪控制了那个人”。如果这句话出现在计算机科技文献主题占比较大的上下文环境中，含义是指“智能体用胳膊保护了那个人”。对于这两句话相似程度的衡量，如果纯粹用词语进行计算，相似度将为 100%，如果用每个词语背后的主题分布情况进行估计，相似度将不到 50%。

语言是人们长期使用而形成的表达，也是传统文化和地域习惯的体现。语言现象是错综复杂的，其中必然包含了很多细微差异，例如一词多义和多词一义。一般的语义分析很难抓住这种细微的差异，而主题模型非常适用这种情形。例如，英文句子“Laws set out a set of procedures and rules”属于一词多义的情况，如果将“Laws”替换为另外一个词“Algorithm”，后面的词义就不一样了，前者描述了法律是一套规范的行为和准则，后者则强调算法产生了一些管理程序。如果从词语上来比较两者的差异，几乎没有差异。但是如果为每一个词分配一个主题标签，即使是同一个词也可以分配不同的主题标签，如图 4.8 所示：

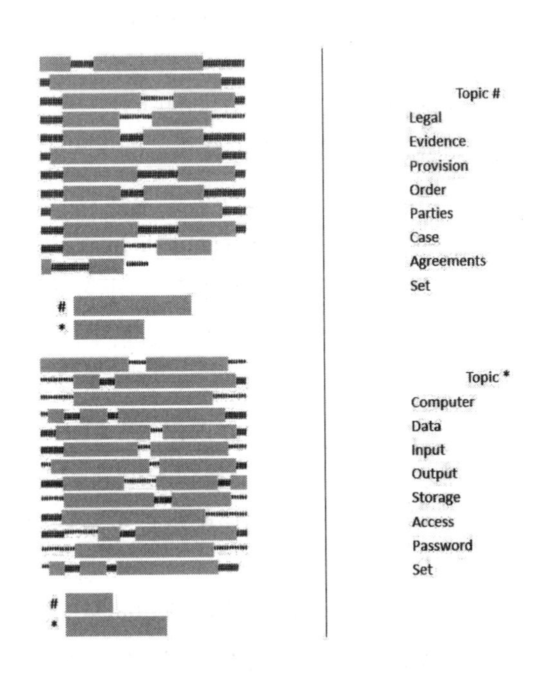

图 4.8　主题建模支持语义挖掘

图中有两篇文本，一篇的主旨内容是法律方面的，另一篇的主旨内容是关于计算机的。文本中的符号“#”表示该位置的词被分配为主题标签#，符号“*”表示该位置的词被分配为主题标签*，下方的进度条表示该篇文本中的某个主题所占比例。假设这两篇文本的词数为 1000，其中有 800 个词相同，使用词语计算文本相似度，相似结果为 80%。如果将 800 个词中有 600 个被标记为不同的主题，200 个不同词中有 100 个被标记为不同的主题，按照主题标签数计算文本相似度，相似结果为 30%。很显然，30%的相似结果要比 80%更加可靠。通过分析词背后的主题分布情况，就可以发现语言的细微差异和上下文环境作用。

4.3.3　潜在语义分析

在高速移动互联网和大数据时代，人们的学习、生活和工作都在网络和数据环境中进行，每天通过社交媒体发送大量的内容和文本。人们围绕着某一个话题展开讨论，发现有着共同兴趣的用户。如何存储、组织、管理和分析数据资源将是文本信息处理所面临的重要问题，传统的分析方法以词来代表语义内容，以词来匹配共同的话题。这种浅层的分析方法不能表示和解决深层或潜在的语义关系问题，可以认为，人们在使用社交媒体发表言语时，首先想到一类话题或者主题，然后再想到词语。换言之，在文本和词语之间存在一个中间的抽象连接层，正是这种抽象连接层将不同的用户关联到一个话题上。

为了解决用户话题分析问题，LSA（Latent Semantic Analysis）通过代数中的矩阵分解方法建立基于主题的文本和词语之间的语义联系，是一种无监督学习的潜在语义分析方法，也称为 LSI（Latent Semantic Indexing），即潜在语义索引。Deerwester 提出的 LSA 方法在信息检索、文本推荐、图像处理等领域都可以在全局对象和个体对象之间产生一个有上下文环境的抽象中间层，因此，在内容推荐、跟踪话题、证据交叉、社交轨迹、文本分类、话题聚类等场景有着广泛的应用背景。在司法实务领域，司法信息内容服务商提供了既有的法院判决书、裁定书、仲裁书等相关司法文书，并可以向用户提供定制化的判例查询、匹配和推荐，为当事人提供诉前法律咨询意见和诉中律师辩护策略，为法官提供判决时的裁判参考。

在司法数据管理和信息处理领域，所面临的迫切问题是需要建立统一的司法信息数据资源。在我国法律实践中，参考已有类似判例是比较认可的做法，虽然判例法不是我国法律体系中的规范，但是历史判例既可以避免和限制法官自由裁量权的滥用，又可以维护和体现法律的连续性和权威性。同时，判例的指导性也有效地裁剪了不必要的司法资源的支出。建立统一可靠的司法全流程数据资源要以审判为中心环节，连接诉前、诉中以及执行等各个阶段任务形成的数据和法律文本，加强审判权、监察权和执行权的相互制约、配合的能力和作用。判例的指导性不仅仅体现在词语上的类似匹配，更加重要的是法律原则和精神的匹配，通过对法律文本中的词语、句子、段落以及篇章的分析，发现其中所隐含的法律原则方法，并将其推广适用到更大范围，服务更多的公民和用户。换言之，判例指导实际上是指判例中所体现的法律精神的适用性，可以认为，法律文本和词之间存在着一个与法律原则和方法有关的中间抽象层，称之为法律原则主题，可能也包括一些与日常生活有关的非法律原则主题。在法官撰写一篇法律文本时，受过法律思维训练的头脑首先想到的是运用某个法律主题，在确定法律主题后，在法学知识储备库中找到该法律主题下的词语。一篇法律文本的完成是法律主题综合运用的结果，将智力成果作为经验进行推广，数量较少时可以使用人工的方式讲解。然而，对于大量的法律文本的法律原则和方法的挖掘，则需要借助计算机和自然语言处理工具，利用潜在语义分析方法，在法律文本和词之间建立法律语义联系。

Blei 提出的 LDA（Latent Dirichlet Allocation）也是一种无监督学习的主题模型，称为潜在狄利克雷分布。通过概率论中的 Dirichlet 分布，LDA 在文本和词之间建立一个主题生成模型。生成模型是对应于判别模型，判别模型对输入文本进行分类，如果概率大于 0.5，就判别为正类。而生成模型则需要分别学习正类模型和负类模型，然后将输入文本分别放到两个模型中，概率较大的模型则为输出结果。为了考虑不同主题之间的相关问题，将狄利克雷分布调整为逻辑正态分布。传统的时序数据建模主要处理连续数据，动态主题模型对时序变化的文本进行跟踪考察，在底层主题模型基础上使用状态空间模型，捕捉顺序语料的主题演变过程。概率主题模型的假设为贝叶斯估计理论，先验分布考虑的是每个词的贡献均等。在法律文本中，每个词对文本描述和刻画能力不一样，需要区分每个词对文本的贡献度。对部分关键词语进行加权，可以提高一些重要的词在法律主题中的作用和地位。也可以将主题模型和其他线性模型结合起来，综合考虑词分布和主题分布来计算文本相似度。

LSA 和 LDA 都属于无监督学习的主题模型，文本没有类别标签信息。LSA 将文本表示为三个矩阵相乘的结果，第一个矩阵是 M 篇文本的主题描述，第二个矩阵是 K 个主题的特征值，第三个矩阵是 K 个主题的词表示。例如，一篇文本的主题描述为［0.5，0.2，0.3］，三个主题的特征值为［3，4，5］，假设词典的词数为 9 个，三个主题上的词表示分别为［0.2，0.2，0.2，0.1，0.1，0.1，0.03，0.03，0.04］、［0.1，0.1，0.1，0.2，0.2，0.2，0.03，0.03，0.04］和［0.1，0.1，0.1，0.03，0.03，0.04，0.2，0.2，0.2］。文本的生成过程先从主题描述［0.5，0.2，0.3］乘以对应的特征值［3，4，5］开始，结果为［1.5，0.8，1.5］。将三个主题上的词表示的第一个值取出来，构成了字典上第一个词在主题上的语义分布，即［0.2，0.2，0.1］，然后点乘［1.5，0.8，1.5］，获得数值 0.61，该值为字典上的第一个词在这篇文本中的量化表示结果，以此类推，生成这篇文本的词分布为［0.61，0.61，0.61，0.355，0.355，0.37，0.369，0.369，0.392］。可以初步判断，该文本内容主要是关于主题 1 方面的，而主题 1

的词分布的前三个词比重较大。因此，在生成文本中，词典排序前三的词的词数相对较多。

LDA 将文本的生成过程表示为从文本到主题和从主题到词的多次独立重复实验过程，每次产生词的概率都是服从某个概率模型，完整文本的生成必然是使文本生成概率最大的模型以及其参数。LDA 对词语的先验分布是相同对待的，从语料库和词的统计规律的角度，建立模型发现主题和抽象层语义。但是，如果文本具有由人类专家的丰富经验而形成的标签，放弃使用这些监督信息将是一种对宝贵经验和资源的浪费。例如，法官对判例进行归类整理，律师在辩护意见中对判例进行援引，法学学者对判例的法理进行评述，等等。标注的数据需要真实有效，否则会使模型计算误差增大，降低模型质量，有时将这种真实有效的监督信息标注称为 Groundtruth。LDA 不需要监督信息，模型输出结果为主题分布，将主题分布当作空间中的一个点，LDA 可以实现文本聚类和相同主题的词簇的形成。如果对法律文本的所属法律领域进行分类，标注的法律领域就是监督信息。Blei 在 LDA 模型假设基础上提出了监督的潜在的狄利克雷分布（Supervised Latent Dirichlet Allocation，SLDA），根据标注的监督信息，调整主题分布的概率计算方法，使得监督信息参与到主题到词的生成过程中的联合概率分布计算推理，建立可以预测法律文本的所属法律领域的潜在语义主题模型。

4.4 贝叶斯理论

4.4.1 贝叶斯定理

基于概率的推理是对不确定信息进行研究并做出决策的方法，贝叶斯推理根据条件概率和先验概率，计算后验概率。根据贝叶斯假设，所有的法律文本所属法律领域构成一个完全事件，即分类标签，记为 c_i，表示类别中的第 i 类，所有的类别标签构成的集合为 C，集合数量为 $|C|$。不同的分类标签互斥，例如，一篇法律文本属于民法，就不能属于刑法。各个类别的先验概率之和为 1：

$$\sum_{i=1}^{|C|} p(c_i) = 1 \tag{4.1}$$

作为输入的样本 x，实际是实验中观察到的事件或者现象，其概率 p（x）为证据因子。对于特定的样本 x，p（x）与类别先验概率 p（c）无关。p（x | c）为在类别 c 中，观察到现象 x 的概率，称为样本 x 在类别 c 中的条件概率，也可以称为似然。p（c | x）称为后验概率，意为在观察到证据 x 的情况下判断为类

别 c 的概率。

一般预测模型对输入的 x，给出预测输出 h（x），损失函数定义为真实标签 y 与 h（x）的误差，将误差传回给预测模型，调整预测模型参数，进一步降低训练误差。根据后验概率 p（c | x），可以计算将样本错分误差的累积期望损失。如果希望训练集的期望损失最小，预测模型必须能够选择后验概率最大的类别作为输出。通过有限的样本数据估计后验概率，主要有两种方法和策略。一种是对输入的样本 x 直接建立假设函数 h（x），以 h（x）的输出作为预测结果，称为判别模型。另一种是通过联合概率分布 p（x，c）和贝叶斯公式，计算后验概率 p（c | x）：

$$p(c \mid x) = \frac{p(x,\ c)}{p(x)} = \frac{p(c)p(x \mid c)}{p(x)} \tag{4.2}$$

如果训练集数据是按照独立同分布的方式，从样本空间采样获得的，那么可以用类别 c 在训练集中的比例来估计先验概率 p（c）。当数据集的样本规模很大时，样本出现的频率可以近似于样本的概率。如果用样本 x 的出现频次来估计贝叶斯公式中的条件概率 p（x | c），将会出现很困难的局面。例如，假设样本的特征有 100 个，每个特征取值为二值，那么样本空间的全部为 2^{100}。这是一个难以想象的近似于无穷的数，也就是很多样本根本不会出现在训练集中。如果用样本出现的频次来估计条件概率，概率会是零，显然是不合理的。因此，在特征之间关系为独立不相关的前提下，对条件概率 p（x | c）的估计使用样本 x 的所有特征或属性的联合概率，x_j 为第 j 个特征：

$$p(x \mid c) = \prod_{j=1}^{n} p(x_j \mid c) \tag{4.3}$$

4.4.2　极大似然估计

一般情况下，假定条件概率 p（x | c）具有某种确定形式的概率分布，而概率分布的参数未知，然后通过训练集数据对其进行估计。例如，在二分类任务中，可以假定所有正类样本服从某种正态分布，其参数为 θ_1，所有负类样本服从某种正态分布，其参数为 θ_2。正态分布的参数涉及均值和方差，$p(x \mid \theta_1)$ 为服从参数 θ_1 的正类条件概率，$p(x \mid \theta_2)$ 为服从参数 θ_2 的负类条件概率。在训练集 D 的样本带入到条件概率的表达式中，表达式中包含了参数，然后通过某种推导规则求解参数。实际上，概率模型的学习过程就是参数估计。

对概率分布的参数有两种不同的观点，一种观点认为，虽然参数未知，但是参数不是变量，是已经存在的固定值，可以通过某些推导准则获得参数。另一种观点认为，参数本身可以服从另外一个先验分布，而不是固定值，是一个随机变量，通过观察到的数据样本推断参数的后验分布。频率学派采用前一种观点，贝叶斯学派认同后一种观点。

根据频率学派的观点，MLE（Maximun Likelihood Estimation）通过数据采用来估计概率分布的参数，称为极大似然估计。正类样本的条件概率或者似然为 $p(x \mid \theta_1)$，由所有正类样本构成的数据集为 D_1，假定正类的每一个样本都是独立同分布的，则在数据集 D_1 上观察到参数 θ_1 似然函数为：

$$p(D_1 \mid \theta_1) = \prod_{x \in D_1} p(x \mid \theta_1) \tag{4.4}$$

上式就是观察到的数据集 D_1 在参数 θ_1 未知情况下的生成概率，既然数据集 D_1 已经是客观存在事实，那么其概率一定是最大的。因此，极大似然估计就是寻求能使似然函数 $p(D_1 \mid \theta_1)$ 最大化的参数值 $\widehat{\theta_1}$ 作为估计值。实际上，在所有 θ_1 的可能取值范围中，必然有一个能使数据集 D_1 出现的概率最大。上述方法同样适用于负类，负类数据集 D_2 上观察到参数 θ_2 似然函数为：

$$p(D_2 \mid \theta_2) = \prod_{x \in D_2} p(x \mid \theta_2) \tag{4.5}$$

每个样本的条件概率或者似然都是小于 1 的，连续相乘将会产生结果近似于 0 的溢出现象。因此，在实际应用中一般使用对数似然（Log-Likelihood）函数：

$$\begin{aligned} LL(\theta_1) &= \log p(D_1 \mid \theta_1) \\ &= \log \prod_{x \in D_1} p(x \mid \theta_1) \\ &= \sum_{x \in D_1} \log p(x \mid \theta_1) \end{aligned} \tag{4.6}$$

对正类样本分布的 θ_1 的参数估计为：

$$\widehat{\theta_1} = arg\ \max_{\theta_1} \sum_{x \in D_1} \log p(x \mid \theta_1) \tag{4.7}$$

对负类样本分布的 θ_2 的参数估计为：

$$\widehat{\theta_2} = arg\ \max_{\theta_2} \sum_{x \in D_2} \log p(x \mid \theta_2) \tag{4.8}$$

上式中的 $\underset{\theta_1}{argmax}$ 表示给参数 θ_1 赋予一个值能使后面的表达式值最大。正类正态分布参数 θ_1 包括均值 μ_1 和方差 σ_1^2，其条件概率密度函数为：

$$p(x \mid \mu_1, \sigma_1^2) = \frac{1}{\sqrt{2\pi}\sigma_1} exp\left(-\frac{(x-\mu_1)^2}{2\sigma_1^2}\right) \tag{4.9}$$

正类分布的参数 μ_1 和 σ_1^2 的极大似然估计为：

$$\hat{\mu}_1 = \frac{1}{|D_1|}\sum_{x \in D_1} x$$

$$\hat{\sigma}_1^2 = \frac{1}{|D_1|}\sum_{x \in D_1}(x-\hat{\mu}_1)(x-\hat{\mu}_1)^T \tag{4.10}$$

负类分布的参数 μ_2 和 σ_2^2 的极大似然估计为：

$$\hat{\mu}_2 = \frac{1}{|D_2|}\sum_{x \in D_2} x$$

$$\hat{\sigma}_2^2 = \frac{1}{|D_2|}\sum_{x \in D_2}(x-\hat{\mu}_2)(x-\hat{\mu}_2)^T \tag{4.11}$$

可以看出，正态分布的极大似然估计的均值和方差分别是样本的均值和离差。这与直观感觉相一致，但是在有的情况下，可能会产生严重的错误。例如，采样的样本不是独立同分布，样本数量不够充分，假设的分布形式与潜在真实分布不一致，等等。

4.5　狄利克雷分布

4.5.1　多项分布

对于随机事件 X，事件发生用 1 表示，不发生用 0 表示。X 的发生概率为 θ，不发生的概率为 $1-\theta$，这种分布称为伯努利分布。伯努利试验是一次试验，并且只有两个简单的试验结果，发生或不发生，正面或反面，等等。例如，将硬币抛出一次，事件正面朝上的概率为：

$$p(X=x \mid \theta) = \theta^x(1-\theta)^{1-x}$$

$$x \in \{0, 1\} \tag{4.12}$$

将伯努利试验独立重复进行 n 次，随机事件 X 发生的次数为 k，也就在 n 次试验中事件发生 k 次，随机变量概率分布就是二项分布。例如，将硬币抛出 n 次，正面朝上出现 k 次的概率为：

$$p(X=k \mid \theta, n) = C_n^k \theta^k (1-\theta)^{n-k}$$

$$k \in \{0, 1, \cdots, n\}$$

$$C_n^k = \frac{n!}{k!\,(n-k)!} \tag{4.13}$$

前 k 次试验正面朝上，后面的 $n-k$ 次试验正面朝下，根据概率乘法原理，这一事件的概率为 $\theta^k(1-\theta)^{n-k}$，n 次试验出现 k 次正面朝上的事件组合有 C_n^k 种。多类分布是将伯努利分布的实验结果从两种改为多种，即 K 种结果。例如，投掷一次骰子，第 k 面朝上的概率为：

$$
\begin{aligned}
& p(X=x_k \mid \theta_1, \theta_2, \cdots, \theta_K) = \prod_{k=1}^{K} \theta_k^{x_k} \\
& \sum_{k=1}^{K} \theta_k = 1 \\
& x_k \in \{0, 1\} \\
& \sum_{k=1}^{K} x_k = 1
\end{aligned}
\tag{4.14}
$$

将二项分布的每次两种试验结果，推广至每次试验有多种结果，且重复进行多次独立试验，这就是多项分布。例如，投掷 n 次骰子，出现第一面朝上的次数为 m_1，第二面朝上的次数为 m_2，第 K 面朝上的次数为 m_K，其概率密度为：

$$
\begin{aligned}
& p(X_1=m_1, X_2=m_1, \cdots, X_K=m_K \mid \theta_1, \theta_2, \cdots, \theta_K, n) \\
& = \frac{n!}{m_1!\ m_2!\ \cdots m_k!\ \cdots m_K!} \prod_{k=1}^{K} \theta_k^{m_k} \\
& \sum_{k=1}^{K} \theta_k = 1 \\
& \sum_{k=1}^{K} m_k = n
\end{aligned}
\tag{4.15}
$$

多项分布的概率公式是一种多项式展开式的通项。根据乘法公式，对 $(X_1 + X_2 + \cdots X_K)$ 随机进行 n 次试验的概率为 $(\theta_1 + \theta_2 + \cdots + \theta_K)^n$，事件 $(X_1 + X_2 + \cdots X_K)$ 为一个必然事件，对必然事件进行 n 次采样的概率之和为 1。当把多项式展开很多项时，根据概率的加法公式，说明展开项都是互不相容事件对应的概率，即多项分布是多项式的一个展开项的通项，或者说是一个特殊事件出现的概率，例如 X_1 出现 m_1 次，X_2 出现 m_2 次，X_k 出现 m_k 次。在主题模型中，X_1 为第一个主题编号，m_1 是被分配为第一个主题的词数。X_k 为第 k 个主题编号，m_k 是被分配为第 k 个主题的词数。

4.5.2 从 beta 分布到 dirichlet 分布

在二项分布中，出现正面朝上的概率 θ 为多少合适，直观的猜测可能是 0.5。如果正面和反面质量不是均匀的，作为先验概率，θ 取［0，1］都是有可能的。

在试验次数足够多的情况下，可以以正面出现的频次作为 θ 值。如果仅仅投掷一次，发生正面朝上，将概率值估计为 100%，显然是不合理的。正常情况下，先验概率 θ 可以取 0.5，在 100 次试验中，发生 X 次正面朝上的概率密度应该中间大两端小，X 从 0 到 100，如图 4.9 所示。

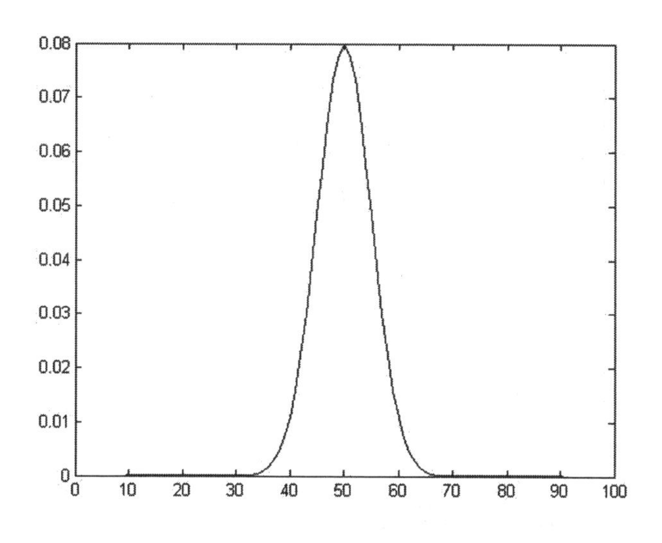

图 4.9　二项分布概率密度

不管硬币投掷试验中有几次正面朝上，对于先验概率 θ 的初步认识大概是概率值取中间的可能性要显著大于取两端的值。随着试验证据 X 的增加，先验概率 θ 的分布逐步调整为后验概率，也就是 θ 可能就不再是均匀分布，天平向证据 X 倾斜。根据贝叶斯公式：

$$p(\theta \mid X) = \frac{p(X \mid \theta)\, p(\theta)}{p(X)} \tag{4.16}$$

其中，$p(X)$ 为固定值，$p(\theta)$ 为［0，1］之间的值，$p(\theta \mid X)$ 形式上服从 beta 分布：

$$\begin{aligned} p(\theta \mid X) &\sim p(\theta)\, \theta^{k}(1-\theta)^{n-k} \\ &\sim \frac{1}{B(k+1,\ n-k+1)}\theta^{k+1-1}(1-\theta)^{n-k+1-1} \\ &\sim \frac{1}{B(\alpha,\ \beta)}\theta^{\alpha-1}(1-\theta)^{\beta-1} \end{aligned} \tag{4.17}$$

beta 分布可以理解为概率的概率，$B(\alpha,\ \beta)$ 是一个系数，α 大约是已经发生事件中正面朝上的次数，β 大约是已经发生事件中反面朝上的次数，beta 分布的期望为 $\alpha/(\alpha+\beta)$ 。如果已经投掷了 100 次，有 50 次正面朝上，有 50 次反面朝上。beta 分布概率如图 4.10 所示：

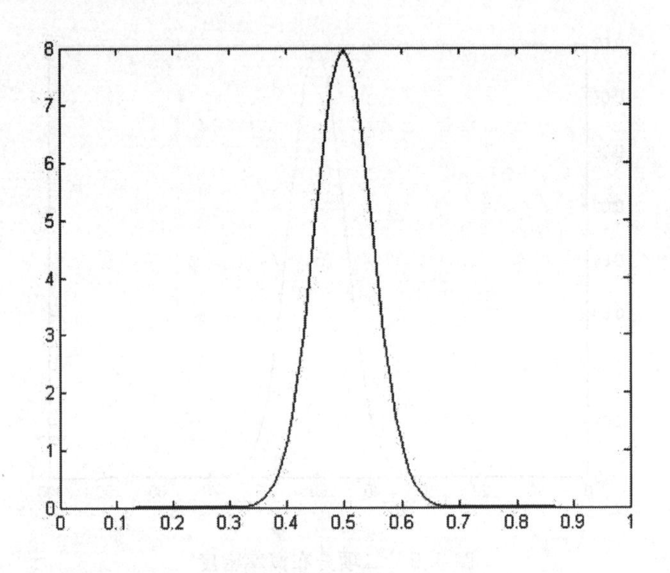

图 4.10　beta 分布概率密度（$\alpha=50,\beta=50$）

可以看出，先验概率 θ 取 0.5 的可能性最大，合理的取值范围为 0.35 ~ 0.65。继续重复前述试验 200 次，其中正面朝上的有 31 次，反面朝上的 169 次。更新后的超参数 α 为 81，β 为 219。概率分布如图 4.11 所示：

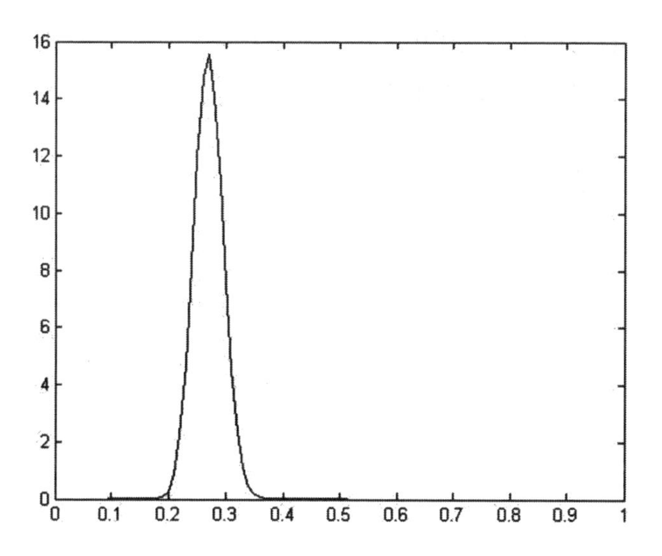

图 4.11　beta 分布概率密度（$\alpha=81, \beta=219$）

可以看出，先验概率 θ 取 0.27 的可能性最大，因为期望为 81/（81+219），合理的取值范围为 0.2~0.35。如果将 $p(\theta \mid X, \alpha=50, \beta=50)$ 作为后续试验的先验概率，后验概率 $p(\theta \mid X, \alpha=81, \beta=219)$：

$$p(\theta \mid X, \alpha=81, \beta=219) \sim p(\theta \mid X, \alpha=50, \beta=50)p(X=31 \mid \theta, 200)$$

$$\sim \frac{1}{B(81, 219)}\theta^{81-1}(1-\theta)^{219-1} \tag{4.18}$$

beta 分布的后验分布和先验分布具有相同的形式，这种称为共轭分布，并且后验分布的数学期望和方差可以很简单地通过计数来获得：

$$E(X)=\frac{\alpha}{\alpha+\beta}$$

$$Var(X)=\frac{\alpha\beta}{(\alpha+\beta)^2(\alpha+\beta+1)} \tag{4.19}$$

Dirichlet 分布是多项分布的共轭分布，是多项分布的参数（θ_1，θ_2，…，θ_k，…，θ_K）的概率分布，也是 beta 分布在多元变量上的推广。beta 分布是 [0，1] 上的连续分布，其参数 α 和 β 改变分布的形状，因此，也称为形状参数。在贝叶斯推理中，beta 分布作为二项分布的先验概率分布。Dirichlet 分布是 [0，1] 上连续多元概率分布，其参数（α_1，α_2，…，α_k，…，α_K）将多项分布形状控制在一个范围。在贝叶斯推理中，Dirichlet 分布一般作为多项分布的共轭先验概率分布。在投掷骰子的例子中，第 k 面朝上的先验概率 θ_k 可以通过 Dirichlet 分布的随机事件 X_K 的期望进行估计：

$$\theta_k = E(X_k) = \frac{\alpha_k}{\sum_{k=1}^{K} \alpha_k} \tag{4.20}$$

第 5 章　法律文本预处理

5.1　正则表达式

5.1.1　正则表达式作用

在进行数据预处理和低质量数据清洗时，正则表达式（Regular Expression，Regex）可以用来进行一些字符串操作。正则表达式是一种规则匹配模式，在文本信息处理中经常被用来进行字符串的查找和替换。通过预先定义好的特殊符号以及其组合，描述具有某种特征的系列字符串。

正则表达式的应用场景包括模式匹配和捕获数据。模式匹配是指对于给定的输入字符串是否符合正则表达式的匹配逻辑。例如，判断一个注册用户输入的密码是否符合密码复杂性要求，要求密码字符串包括大小写字母、数字和一定的长度，等等。正则表达式需要有一些特殊符号表示英文大写，一些特殊符号表示英文小写，一些特殊符号表示数字，一些特殊符号表示可以重复的次数。捕获数据是指从特定输入的字符串中返回符合正则表达式的用户需要的特定部分。例如，从登记的身份证号码中返回此人的年龄，年龄是当前年份减去出生日期中年份，身份证号码的出生年份可以用正则表达式返回。

5.1.2　基础正则表达式

一般来说，正则表达式可以匹配字符，也可以匹配位置。正则表达式匹配模式可以模糊表达一些字符串，例如，字符串的长度不是固定的，使用正则表达式“Regex：wil {1，3} ”，表示 l 出现 1~3 次。当匹配到某个具体字符时，正则表达式使用字符组来表示多种可能的字符。例如，“Regex：m［ae］n”表示“［ae］”中有 1 个字符出现，可以匹配单词“man”和“men”。如果字符组中的字符非常多，可以使用连字符简写，例如，表示一个小写字母为“Regex：［a-z］”，表示一个大写字母为“Regex：［A-Z］”，表示一个数字为“Regex：［0-9］”。符号“-”具有特殊含义，表示起止范围，相对于“aA z Z09”这类普通字符，“-”称为元字符。如果要表示符号“-”本身，需要用一个转义符号“ \ ”放到前面，即“ \ -”。

一个位置上的模糊匹配的另一种情况，不能是某个不确定的符号。例如，“Regex：c［^cu］u”可以模糊表示“cau，cbu，cdu，…，ctu，cvu”等这些字符串，但是就不能表示“ccu”和“cuu”。字符组的第一位是“^”，是指取反含义，表明可以匹配除了“cu”之外的任意一个字符。根据转义符号，一些缩写形式可以表示一定范围和类型的字符。“Regex：\ d”是“Regex：［0-9］”的缩写形式，表示任意一个数字字符。“Regex：\ d+”表示匹配超过 1 个的多个数字，“Regex：\ d?”表示匹配不超过 1 个的数字，“Regex：\ d *”表示匹配 0 到任意个的数字。“Regex：\ D”是“Regex：［^0-9］”的缩写形式，表示任意一个非数字字符。“Regex：\ w”是“Regex：［0-9a-zA-Z］”的缩写形式，表示任意一个数字、小写字母和大写字母这类单词字符。“Regex：\ W”是“Regex：［^0-9a-zA-Z］”的缩写形式，表示任意一个非单词字符。“Regex：\ s”是“Regex：［ \ t \ r \ n \ v \ f］”的缩写形式，表示任意一个空白字符，包括制表符、换行符、回车符、换页符等。“Regex：\ S”是“Regex：［^ \ t \ r \ n \ v \ f］”的缩写形式，表示任意一个非空白字符。

匹配任意字符可以使用“［ \ d \ D］”“［ \ w \ W］”和“［ \ s \ S］”其中之一。“Regex：of｛1,｝”表示 f 至少出现 1 次，“Regex：of｛2，2｝”表示 f 出现 2 次。“Regex：of?”相当于“Regex：of｛0，1｝”，表示 f 出现或者不出现，“Regex：of+”相当于“Regex：of｛1,｝”，“Regex：of *”相当于“Regex：of｛0，｝”，表示 f 出现任意次，或者不出现。正则表达式“Regex：.”匹配任意一个字符，“Regex：^”匹配字符串开始，“Regex：$”匹配字符串结束，“Regex：\ b”匹配字符边界，“Regex：\ B”匹配非字符边界。

5.1.3　正则表达式应用

Python 的 re 模块功能是通过正则表达式匹配字符串或捕获字符串，可以通过 import 导入该模块。对于字符串“The policeman arrested 536 suspects. Some of them were set free after 36 days. Goodman is a company, not a man.”。分别使用表达式“re. findall（′\ w+′，text）”“re. findall（′\ d+′，text）”“re. findall（′［^ \ d \ s］\ w+′，text）”获得所有单词、数字单词、非数字单词，如图 5.1 所示：

```
>>> import re
>>> text="The policeman arrested 536 suspects. Some of them were set free after
36 days. Goodman is a company, not a man."
>>> regex=print(re.findall('\w+',text))
['The', 'policeman', 'arrested', '536', 'suspects', 'Some', 'of', 'them', 'were'
, 'set', 'free', 'after', '36', 'days', 'Goodman', 'is', 'a', 'company', 'not',
'a', 'man']
>>> regex=print(re.findall('\d+',text))
['536', '36']
>>> regex=print(re.findall('[^\d\s]\w+',text))
['The', 'policeman', 'arrested', 'suspects', 'Some', 'of', 'them', 'were', 'set'
, 'free', 'after', 'days', 'Goodman', 'is', 'company', 'not', 'man']
```

图 5.1　正则表达式匹配单词

如果需要捕获符号匹配模式的子字符串中的一部分字符，可以使用括号捕获部分字符。例如，在上述字符串中查询含有字符“s”和“e”的单词，使用正则表达式为“re. findall（r´\ w * ［sS］ \ w * e \ w * ´, text）”。对于需要查询这些单词中的“s”和“e”之间有哪些字符，可以使用含有括号的正则表达式为“re. findall（r´［sS］（\ w *） e´, text）”。通过引用可以查询字符串中的字符重复，例如，正则表达式“re. findall（r´（（\ w） \ 2 {1,}）´, text）”中的“\ 2”表示引用第二括号中的内容，即“\ w”。括号中含有符号“|”表示管道模式或者分支选择，例如，需要查询哪些单词包括子字符串“man”或者“rest”，可以使用正则表达式“re. findall（r´（\ w * man \ w * | \ w * rest \ w *）´, text）”。如图 5.2 所示：

```
>>> regex=print(re.findall(r'\w*[sS]\w*e\w*',text))
['arrested', 'suspects', 'Some', 'set']
>>> regex=print(re.findall(r'[sS](\w*)e',text))
['t', 'usp', 'om', '']
>>> regex=print(re.findall(r'((\w)\2{1,})',text))
[('rr', 'r'), ('ee', 'e'), ('oo', 'o')]
>>> regex=print(re.findall(r'(\w*man\w*|\w*rest\w*)',text))
['policeman', 'arrested', 'Goodman', 'man']
```

图 5.2　正则表达式捕获单词

分别使用表达式“re. findall（r´^（\ w+）´, text）”和“re. findall（r´（\ w+）\ . $´, text）”获得字符串第一个单词和最后一个单词。分别使用表达式“re. findall（r´^\ b（. *？ \ .）´, text）”和“re. findall（r´\ . \ s *（. {1, 35} \ .）（？ = $）´, text）”获得字符串第一个句子和最后一个句子。

```
>>> regex=print(re.findall(r'^(\w+)',text))
['The']
>>> regex=print(re.findall(r'(\w+)\.$',text))
['man']
>>> regex=print(re.findall(r'^\b(.*?\.)',text))
['The policeman arrested 536 suspects.']
>>> regex=print(re.findall(r'\.\s*(.{1,35}\.)(?=$)',text))
['Goodman is a company, not a man.']
>>> regex=print(re.findall(r'^\b(.*\.)',text))
['The policeman arrested 536 suspects. Some of them were set free after 36 days.
 Goodman is a company, not a man.']
>>> regex=print(re.findall(r'\.\s*(.*?\.)(?=$)',text))
['Some of them were set free after 36 days. Goodman is a company, not a man.']
```

图 5.3　正则表达式匹配句子

从图 5.3 中可以看出，表达式“re. findall（r´^\ b（. * \. ）´，text）”从字符串开始处匹配，到第一句结束是满足表达式模式的，到第二句结束也是满足表达式模式的，甚至到第三句结束还是满足表达式模式的，返回的是能够匹配最多字符串的情况，这种模式称为贪婪模式。在中间插入一个“?”就改变为非贪婪模式，表达式为“re. findall（r´^\ b（. * ? \. ）´，text）”，返回的是能够匹配模式的最小字符串的情况，即匹配的是第一句。贪婪模式和非贪婪模式如图 5.4 所示：

```
>>> regex=print(re.findall(r'\w{1,}',text))
['The', 'policeman', 'arrested', '536', 'suspects', 'Some', 'of', 'them', 'were'
, 'set', 'free', 'after', '36', 'days', 'Goodman', 'is', 'a', 'company', 'not',
'a', 'man']
>>> regex=print(re.findall(r'\w{3,}',text))
['The', 'policeman', 'arrested', '536', 'suspects', 'Some', 'them', 'were', 'set
', 'free', 'after', 'days', 'Goodman', 'company', 'not', 'man']
>>> regex=print(re.findall(r'\w{5,}',text))
['policeman', 'arrested', 'suspects', 'after', 'Goodman', 'company']
>>> regex=print(re.findall(r'\w{5,}?',text))
['polic', 'arres', 'suspe', 'after', 'Goodm', 'compa']
```

图 5.4　贪婪模式和非贪婪模式

正则表达式可以查询某个位置。例如，上述字符串找到“man”位置，在前面插入“#”，正则表达式为“re. sub（r´（? =man）´，´#´，text）”。这属于肯定向前查找，查找符合模式定义之前的位置。与此相反，肯定向后查找是匹配符合模式定义之后的位置，正则表达式为“re. sub（r´（? <= \ d）\ s´，´%´，text）”，将数字后面的空格替换为百分号。否定向前查找匹配不符合模式定义之前的位置，正则表达式为“re. findall（r´an（?! y）´，text）”，将匹配后面不是“y”的“an”。否定向后查找匹配不符合模式定义之后的位置，正则表达式为“re. findall（r´（? <! police）man´，text）”，将匹配前面不是“police”的“man”。如图 5.5 所示：

```
>>> regex=print(re.sub(r'(?=man)','#',text))
The police#man arrested 536 suspects. Some of them were set free after 36 days.
Good#man is a company, not a #man.
>>> regex=print(re.sub(r'(?<=\d)\s','%',text))
The policeman arrested 536%suspects. Some of them were set free after 36%days. G
oodman is a company, not a man.
>>> regex=print(re.findall(r'an(?!y)',text))
['an', 'an', 'an']
>>> regex=print(re.findall(r'(?<!police)man',text))
['man', 'man']
>>> regex=print(re.findall(r'an(?=y)',text))
['an']
>>> regex=print(re.findall(r'(?<=police)man',text))
['man']
```

图 5.5　前向和后向匹配

模块 re 的函数 match（ ）、search（ ）、findall（ ）和 sub（ ）都可以进行正则表达式的匹配，包括一些可选参数。match（ ）只从字符串起始位置开始匹配，如果第一个字符不符合匹配模式，函数返回空。search（ ）可以从字符串任何位置开始匹配，只要找到匹配模式函数开始返回结果，相当于一种非贪婪模式。findall（ ）尽可能地找到字符串中所有可能的匹配，属于一种贪婪模式，除非在正则表达式中进行指定。

```
>>> regex=print(re.match(r'The',text))
<re.Match object; span=(0, 3), match='The'>
>>> regex=print(re.match(r'policeman',text))
None
>>> regex=print(re.search(r'policeman',text))
<re.Match object; span=(4, 13), match='policeman'>
>>> regex=print(re.search(r'man',text))
<re.Match object; span=(10, 13), match='man'>
>>> regex=print(re.findall(r'man',text))
['man', 'man', 'man']
>>> regex=print(re.findall(r'\w{5,}',text))
['policeman', 'arrested', 'suspects', 'after', 'Goodman', 'company']
>>> regex=print(re.search(r'\w{5,}',text))
<re.Match object; span=(4, 13), match='policeman'>
```

图 5.6　函数 match、search 和 findall 的区别

模块 re 的函数通过一些可选参数或者修饰符控制正则表达式的模式匹配，包括 re. S、re. M、re. I 和 re. U 等，多个修饰符可以用逻辑或运算符号“｜”来连接。re. S 指定元符号“.”匹配单个任意符号时，可以扩展到下一行。re. M 指定正则表达式可以多行匹配，跨越行首和行尾元符号“^”和“$”。re. I 指定正则表达式的符号匹配字符串时，不再进行大小写的区分。re. U 指定字符编码为 unicode 编码。定义包含换行符的字符串“mullines=" 536 suspects. \ n36 days. \ na man. " ”，控制符号“\ n”为换行符，正则表达式“re. findall（r´536（. *?）days´，mullines，re. S）”跨行查找“536”和“days”之间的子字符串。

正则表达式“re. findall（r^（\d+）´，mullines，re. M）”匹配每一行的行首数字，如果没有修饰符“re. M”，只是在第一行匹配。正则表达式“re. match（r´the´，text，re. I）”忽略大小写，如图 5. 7 所示：

```
>>> mullines="536 suspects. \n36 days. \na man."
>>> print(mullines)
536 suspects.
36 days.
a man.
>>> regex=print(re.findall(r'536(.*?)days',mullines))
[]
>>> regex=print(re.findall(r'536(.*?)days',mullines,re.S))
[' suspects.\n36 ']
>>> regex=print(re.findall(r'^(\d+)',mullines))
['536']
>>> regex=print(re.findall(r'^(\d+)',mullines,re.M))
['536','36']
>>> regex=print(re.match(r'The',text))
<re.Match object; span=(0, 3), match='The'>
>>> regex=print(re.match(r'the',text))
None
>>> regex=print(re.match(r'the',text,re.I))
<re.Match object; span=(0, 3), match='The'>
```

图 5. 7　一些修饰符作用

5. 2　获取原始法律文本

5. 2. 1　常用方法

对原始法律文本的获取可以有三种方法，包括读取原始文本文件、运行变量定义和网页抓取。文件读取是指在本地计算机或者存储设备上打开以 txt、xml 或者其他格式存储的文本数据文件，运行变量是指在运行环境中定义或访问以字符串形式存在的变量，网页抓取是指通过爬虫程序代码抓取网络远程主机上的网页。

Python 的模块 os 提供了较多的目录和文件操作功能函数，导入的模块 os 根据不同的操作系统，自动调整能够适应系统平台的文件和目录操作。函数 chdir 的作用是改变当前路径到参数所指定的位置。函数 open 既可以打开一般的磁盘文件，还可以访问抽象意义上的数据文件，其 read（）方法按照字节顺序读取数据到字符串中。如图 5. 8 所示：

```
>>> import os
>>> os.chdir('/home/zzqzyq/Downloads/dataset/corpus')
>>> text=open("rawdata.txt","r").read()
>>> text
'In the result, I am of the opinion that the application of the Sharman parties
for leave to appeal addressed in these reasons must be dismissed with costs.\n'
```

图 5.8　读取数据文件的语料

可以从 nltk 自然语言处理工具包中加载语料库，例如，nltk. download（）管理和下载一些公开语料库，包括 reuters 新闻报道语料库、gutenberg 文学典籍语料库、brown 百万电子文本语料库、webtext 网络文本语料库、nps_chat 即时消息语料库、inaugural 演说语料库等。如果文本数据内容不多，可以定义一个字符串变量，通过赋值获取一些少量文本数据。如图 5. 9 所示：

```
>>> text='In the result, I am of the opinion that the application of the Sharman
 parties for leave to appeal addressed in these reasons must be dismissed with c
osts.\n'
>>> text
'In the result, I am of the opinion that the application of the Sharman parties
for leave to appeal addressed in these reasons must be dismissed with costs.\n'
```

图 5. 9　定义和赋值字符串变量

5. 2. 2　读取 xml 文件

语料库的存储格式从 txt 格式逐渐演变到 xml 格式，xml 是一种可扩展的标记语言，可使数据文件具有一定的结构性信息。使用 xml 格式对语料库进行多层级标注，有助于语料数据的检索、分类和统计等功能的实现。xml 格式的法律文本如图 5. 10 所示：

```
<?xml version="1.0"?>
<case>
<name>Sharman Networks Ltd v Universal Music Australia Pty Ltd [2006] FCA 1 (5 January 2006)</name>
<AustLII>http://www.austlii.edu.au/au/cases/cth/FCA/2006/1.html</AustLII>
<citations>
<citation id="c0">
<class>cited</class>
<tocase>Universal Music Australia Pty Ltd v Sharman License Holdings Ltd (2005) 220 ALR 1</tocase>
<text>2 Wilcox J delivered judgment on the complex issues of liability arising in the primary proceedings on 5
September 2005 ( Universal Music Australia Pty Ltd v Sharman License Holdings Ltd (2005) 220 ALR 1). In the meantime,
Ms Hemming had filed two disclosure affidavits pursuant to Wilcox J's orders of 22 March 2005 whilst Sharman License
and Sharman Networks had unsuccessfully sought several stays on various grounds of that same order insofar as it
applied to them (see Universal Music Australia Pty Ltd v Sharman License Holdings Ltd [2005] FCA 406 per Hely J,
delivered 8 April 2005; Universal Music Australia Pty Ltd v Sharman License Holdings Ltd [2005] FCA 441 per Wilcox J,
delivered 15 April 2005 and Sharman License Holdings Ltd v Universal Music Australia Pty Ltd [2005] FCA 505 per Moore
J, delivered 28 April 2005). Disclosure affidavits were eventually sworn on behalf of Sharman License and Sharman
Networks by Mr Gee on 19 April 2005, which were later superseded by further affidavits sworn also by Mr Gee on 16 June
2005. Sharman License and Sharman Networks had also unsuccessfully sought an enlargement of time in which to file an
application for leave to appeal from Wilcox J's orders of 22 March 2005 (see Sharman License Holdings Ltd v Universal
Music Australia Pty Ltd [2005] FCA 802 per Lindgren J, delivered on 17 June 2005).</text>
</citation>
```

图 5. 10　xml 格式的法律文本

在计算机磁盘上存储的语料库文件为澳大利亚联邦法院的判例，数据格式为

xml，多层次的扩展标记可以对法律文本进行多维度挖掘和分析，形成一个类似文件系统目录的树形层次结构。根节点为<case>，表明一个法律裁判文书。第二层有<name>、<AustLII>和<citations>三个节点，<name>是案件的名称，<AustLII>是裁判文书的来源网页地址，<citations>是本案援引的历史判例。<citations>节点有多个子节点，数量根据不同的<case>而有所不同。第三层节点<citation>为援引的一个判例，包括<class>、<tocase>和<text>子节点，<class>表明援引案件的类型，<tocase>是援引案件的名称，<text>为援引案件的简介。如图 5.11 所示：

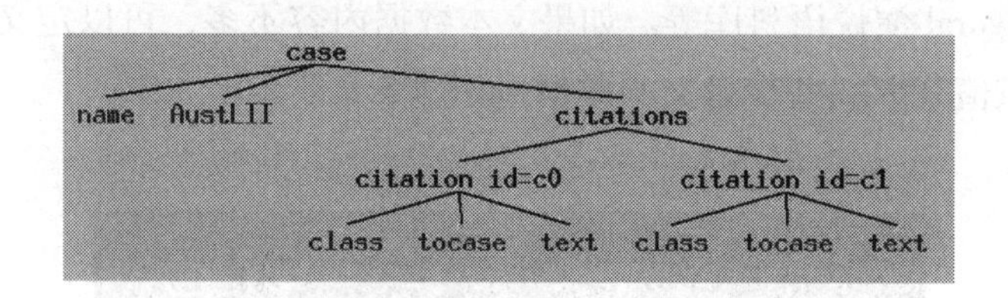

图 5.11　法律文本的树形结构

ElementTree 将 xml 读取到内存中并解析为一棵树来进行操作，是一种较为轻量的解析方式。使用 ElementTree 操作 xml 格式文件，如图 5.12 所示：

```
>>> import os
>>> import xml.etree.cElementTree as ET
>>>
>>> os.chdir('/home/zzqzyq/Downloads/dataset/corpus/citations_class')
>>> tree=ET.parse("06_1.xml")
>>> root=tree.getroot()
>>>
>>> for child in root:
...     print(child.tag, ":", child.attrib)
...     for children in child:
...         print(children.tag, ":", children.attrib)
...
name : {}
AustLII : {}
citations : {}
citation : {'id': 'c0'}
citation : {'id': 'c1'}
citation : {'id': 'c2'}
citation : {'id': 'c3'}
citation : {'id': 'c4'}
citation : {'id': 'c5'}
citation : {'id': 'c6'}
citation : {'id': 'c7'}
citation : {'id': 'c8'}
citation : {'id': 'c9'}
citation : {'id': 'c10'}
citation : {'id': 'c11'}
citation : {'id': 'c12'}
citation : {'id': 'c13'}
citation : {'id': 'c14'}
citation : {'id': 'c15'}
citation : {'id': 'c16'}
```

图 5.12　遍历节点的标签和属性

导入 xml. etree. cElementTree 模块，调用函数 parse（ ）返回解析树，使用

getroot（ ）方法获取根节点。通过 root. tag 和 root. attrib 可以获取根节点的标签和属性。通过根节点的迭代循环，使用 child. tag 和 child. attrib 遍历第二层节点的标签和属性。通过一个第二层节点的迭代循环，使用 children. tag 和 children. attrib 遍历第三层节点的标签和属性。

可以直接以数组引用的方式来访问某个子节点，例如，root［2］是根节点的第三个子节点，即<citations>。root［2］［0］是<citations>的第一个子节点<citation id=' c0' >，而 root［2］［0］［2］为<citation id=' c0' >的第三个子节点<text>。如图 5. 13 所示：

```
>>> text_c0=root[2][0][2].text
>>> text_c0
'? Wilcox J delivered judgment on the complex issues of liability arising in the primary proceedings on 5 September 2005 ( Universal Music Australia Pty Ltd v Sharman License Holdings Ltd (2005) 220 ALR 1). In the meantime, Ms Hemming had filed two disclosure affidavits pursuant to Wilcox J's orders of 22 March 2005 whilst Sharman License and Sharman Networks had unsuccessfully sought several stays on various grounds of that same order insofar as it applied to them (see Universal Music Australia Pty Ltd v Sharman License Holdings Ltd [2005] FCA 406 per Hely J, delivered 8 April 2005; Universal Music Australia Pty Ltd v Sharman License Holdings Ltd [2005] FCA 441 per Wilcox J, delivered 15 April 2005 and Sharman License Holdings Ltd v Universal Music Australia Pty Ltd [2005] FCA 505 per Moore J, delivered 28 April 2005). Disclosure affidavits were eventually sworn on behalf of Sharman License and Sharman Networks by Mr Gee on 19 April 2005, which were later superseded by further affidavits sworn also by Mr Gee on 16 June 2005. Sharman License and Sharman Networks had also unsuccessfully sought an enlargement of time in which to file an application for leave to appeal from Wilcox J's orders of 22 March 2005 (see Sharman License Holdings Ltd v Universal Music Australia Pty Ltd [2005] FCA 802 per Lindgren J, delivered on 17 June 2005).
```

图 5. 13　直接访问子节点

函数 findall（）遍历所有的子节点，返回标签可以匹配的子节点。函数 find（）将返回第一个可以匹配的子节点，方法 get（ ）可以获得节点的某个属性值。如图 5. 14 所示：

```
>>> citations=root[2]
>>> for citation in citations.findall("citation"):
...     tocase = citation.find("tocase").text
...     case_id = citation.get("id")
...     print(case_id,tocase)
...
c0 Universal Music Australia Pty Ltd v Sharman License Holdings Ltd (2005) 220 ALR 1
c1 Universal Music Australia Pty Ltd v Sharman License Holdings Ltd [2005] FCA 406
c2 Universal Music Australia Pty Ltd v Sharman License Holdings Ltd [2005] FCA 441
c3 Sharman License Holdings Ltd v Universal Music Australia Pty Ltd [2005] FCA 505
c4 Sharman License Holdings Ltd v Universal Music Australia Pty Ltd [2005] FCA 802
c5 D eacute;cor Corporation Pty Ltd v Dart Industries Inc (1991) 33 FCR 397
c6 Bomanite Pty Ltd v Slatex Corp Australia Pty Ltd (1991) 104 ALR 165
c7 Adam P Brown Male Fashions Proprietary Limited v Phillip Morris Incorporated [1981] HCA 39 ; (1981) 148 CLR 170
c8 Brilliant Digital Entertainment Pty Ltd v Universal Music Australia Pty Ltd (2004) 63 IPR 373
c9 Minister for Immigration  amp; Multicultural  amp; Indigenous Affairs v Wong [2002] FCAFC 327
c10 Gerlach v Clifton Bricks Pty Ltd [2002] HCA 22 ; (2002) 209 CLR 478
c11 Den Norske Bank ASA v Antonatos [1999] QB 271
c12 House of Spring Gardens Ltd v Waite [1985] FSR 173
c13 Bayer AG v Winter (No 2) [1986] 1 WLR 540
c14 Planet International v Garcia (No 2) (1991) 1 Qd R 426
c15 Motorola Credit Corporation v Uzan (No 2) [2003] EWCA Civ 752 ; [2004] 1 WLR 113
c16 Cardile v LED Builders Pty Ltd [1999] HCA 18 ; (1999) 198 CLR 380
```

图 5. 14　遍历和检索指定名称的标签

函数 iter（）以当前元素为根节点，创建一个树迭代器，并且以参数为筛选条件，返回可以匹配的子节点。set（）方法设置属性和属性值，如果是已存在的属性，则修改属性值，如果没有该属性，则创建该属性并进行赋值。tag 是节点的标签，attrib 是节点的属性和值的键对，text 是节点的文本内容，如图 5. 15 所示：

```
>>> for class_case in root.iter("class"):
...     new_class_text = class_case.text + " case"
...     class_case.text=new_class_text
...     class_case.set("lookahead", "yes")
...     print(class_case.tag,class_case.attrib,class_case.text)
...
class {'lookahead': 'yes'} cited case
class {'lookahead': 'yes'} cited case
class {'lookahead': 'yes'} cited case
class {'lookahead': 'yes'} cited case
class {'lookahead': 'yes'} cited case
class {'lookahead': 'yes'} cited case
class {'lookahead': 'yes'} cited case
class {'lookahead': 'yes'} cited case
class {'lookahead': 'yes'} discussed case
class {'lookahead': 'yes'} discussed case
class {'lookahead': 'yes'} cited case
class {'lookahead': 'yes'} cited case
class {'lookahead': 'yes'} cited case
class {'lookahead': 'yes'} discussed case
class {'lookahead': 'yes'} discussed case
class {'lookahead': 'yes'} discussed case
class {'lookahead': 'yes'} cited case
```

图 5. 15　修改文本和增加属性

attrib 为包含节点所有属性和属性值的字典，对属性的操作与字典操作相一致，方法 key（）返回所有的属性名称，方法 items（）返回所有的属性和属性值的键值列表，del 删除由键名指定的属性。如图 5. 16 所示：

```
>>> for class_case in root.iter("class"):
...     del class_case.attrib['lookahead']
...
>>> for class_case in root.iter("class"):
...     print(class_case.tag,class_case.attrib,class_case.text)
...
class {} cited case
class {} cited case
class {} cited case
class {} cited case
class {} cited case
class {} cited case
class {} cited case
class {} cited case
class {} discussed case
class {} discussed case
class {} cited case
class {} cited case
class {} cited case
class {} discussed case
class {} discussed case
class {} discussed case
class {} cited case
```

图 5. 16　删除属性

通过 Element（）方法创建一个新节点，由参数指定标签。通过 set（）方法设置属性和属性值，通过 text 设置节点的文本内容，通过 append（）方法将新节点以子节点方法添加到以当前节点为树根的树结构中。如图 5. 17 所示：

```
>>> first_citation=root[2][0]
>>> new_node = ET.Element("date")
>>> new_node.text="yyyy-mm-dd"
>>> new_node.set("update","yes")
>>> first_citation.append(new_node)
>>> root[2][0][3]
<Element 'date' at 0x7fe19ffb50e8>
>>> print(root[2][0][3].tag,root[2][0][3].attrib,root[2][0][3].text)
date {'update': 'yes'} yyyy-mm-dd
```

图 5.17　增加子节点

通过迭代器 iter 在以当前节点为根的树下搜索指定标签的节点，根据节点文本内容进行匹配，remove（ ）方法可以删除满足匹配条件的节点。如图 5.18 所示：

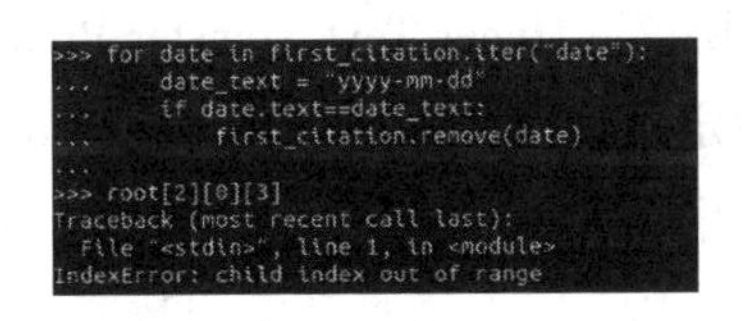

```
>>> for date in first_citation.iter("date"):
...     date_text = "yyyy-mm-dd"
...     if date.text==date_text:
...         first_citation.remove(date)
...
>>> root[2][0][3]
Traceback (most recent call last):
  File "<stdin>", line 1, in <module>
IndexError: child index out of range
```

图 5.18　删除子节点

5.2.3　爬虫获取

在遵循法律规定和道德规范的前提下，可以使用爬虫程序对公开在网络上的法律文本进行数据抓取和分析。例如，澳大利亚法律信息协会（Australasian Legal Information Institute，AustLII）在网络上公开了澳大利亚联邦法院（Federal Court of Australia，FCA）近些年的判例，如图 5.19 所示：

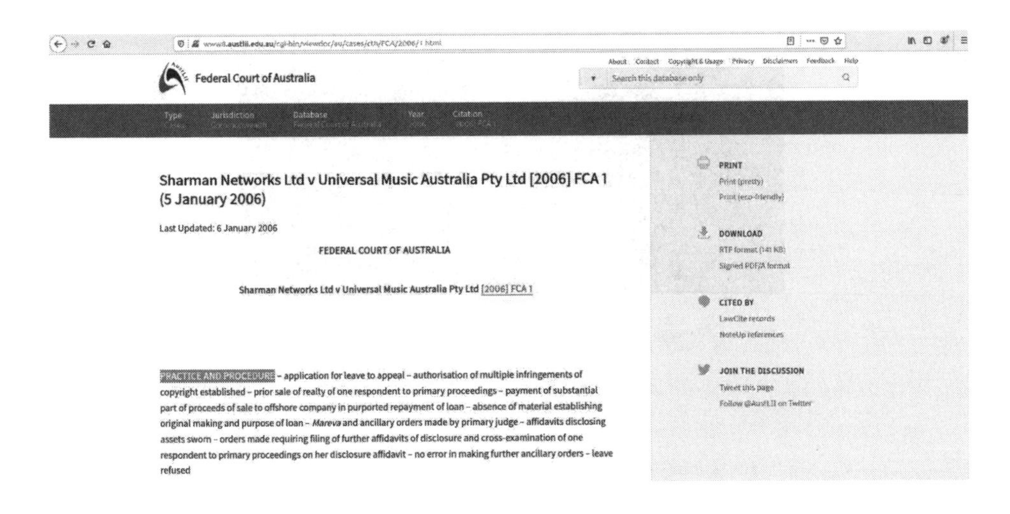

图 5.19　FCA 判例

图中所示的2006年的沙曼网络有限公司诉环球唱片有限公司的判例可以通过 http：//www8. austlii. edu. au/cgi - bin/viewdoc/au/cases/cth/FCA/2006/1. html 访问。每个判例包括实践和程序、援引和讨论的判例、原告和被告、判决结果、判决理由和依据。实践和程序这部分内容是法官根据本案情况归纳和引申的法律要点或者法律问题，便于其他法律从业人员进行类似法律问题的检索、查阅、引用、讨论、确认，在某种程度上可以认为是描述该案的关键词或者宣传本案用的标语口号。

网站通过超文本传输协议（Hyper Text Transfer Protocol，HTTP）为用户提供网页，客户端以统一资源定位符（Uniform Resource Locator，URL）发出网页请求服务，服务器响应请求并返回客户端所请求的网页。Python 的标准库 Requests 提供各种 HTTP 连接服务，支持 URL 请求和响应数据的自动编码，避免编码格式的不统一。为了保存请求之间的状态，使用 session 保持一些会话。requests. Session（ ）方法创建的 session 对象可以保存一些连接请求参数，在向同一个站点发送的一系列请求中携带会话 cookie，使不同的请求有了连贯性。HTTP 协议是基于客户端/服务器模式的访问，爬虫程序以代理客户端进行访问，在 headers 信息中需要填充将要代理客户端的相关字段。通过 session. get（ ）方法即 HTTP 请求返回的 html 网页是一种标记语言格式的数据，BeautifulSoup 模块提供对 html 网页解析的功能和服务。如图 5. 20 和图 5. 21 所示：

图 5. 20　Requests 请求

```
>>> bsObj
<?xml version="1.0" encoding="utf-8"?><!DOCTYPE html>
<html class="no-js" lang="en" xml:lang="en" xmlns="http://www.w3.org/1999/xhtml">
<head>
<meta content="HTML Tidy for HTML5 for Solaris version 5.1.24" name="generator"/>
<meta charset="utf-8"/>
<meta content="IE=Edge" http-equiv="X-UA-Compatible"/>
<meta content="width=device-width, initial-scale=1.0" name="viewport"/>
<meta content="text/html" http-equiv="Content-Type"/>
<meta content="noindex, nofollow, noarchive" name="robots"/>
<meta content="no-cache" http-equiv="pragma"/>
<meta content="no-cache" http-equiv="cache-control"/>
<title>Sharman Networks Ltd v Universal Music Australia Pty Ltd [2006] FCA 1 (5 January 2
006)</title>
<link href="/css/screen1.css" media="screen" rel="stylesheet"/>
<link href="/css/print.css" media="print" rel="stylesheet"/>
<meta content="#ee3224" name="theme-color"/>
<meta content="Australasian Legal Information Institute (AustLII), a joint facility of UT
S and UNSW Faculties of Law." name="description"/>
<link href="/images/icon-192.png" rel="icon" sizes="192x192"/>
<link href="/images/icon-shortcut.png" rel="apple-touch-icon-precomposed"/>
<meta content="#ee3224" name="msapplication-TileColor"/>
<meta content="/images/icon/ms.png" name="msapplication-TileImage"/>
<script src="/js/modernizr.min.js">
</script>
</head>
<body class="cases document">
<header id="page-header">
<div id="primary">
```

图 5.21　BeautifulSoup 对象

在 BeautifulSoup 对象中，可以看到很多控制符号。例如，<title>是名称为“title”的标签，<meta charset=" utf-8" >是名称为“meta”的标签，且有一个属性名称为“charset”，属性值为“utf-8”。bsObj. title 返回第一个 title 标签，bsObj. title. name 返回第一个 title 标签的名称，bsObj. title. string 返回第一个 title 标签包含的文本内容，bsObj. title. parent. name 返回第一个 title 标签的父标签的标签名称。

```
>>> print(bsObj.title)
<title>Sharman Networks Ltd v Universal Music Australia Pty Ltd [2006] FCA 1 (5 January 2
006)</title>
>>>
>>> print(bsObj.title.name)
title
>>>
>>> print(bsObj.title.string)
Sharman Networks Ltd v Universal Music Australia Pty Ltd [2006] FCA 1 (5 January 2006)
>>>
>>> print(bsObj.title.parent.name)
head
```

图 5.22　BeautifulSoup 对象的输出标签名称等操作

bsObj. meta [" content"] 输出的是第一个 meta 标签的 content 属性值，bsObj. link [" href"] 输出的是第一个 link 标签的 href 属性值，为已有 href 属性的 link ['href'] 赋值是修改属性值，为目前还没有 website 属性的 link [' website '] 赋值是添加一个新属性，del 是删除一个指定的标签属性，如图 5.23 所示；bsObj. head. contents 输出标签的所有子节点，如图 5.24 所示：

```
>>> print(bsObj.meta)
<meta content="HTML Tidy for HTML5 for Solaris version 5.1.24" name="generator"/>
>>>
>>> print(bsObj.meta["content"])
HTML Tidy for HTML5 for Solaris version 5.1.24
>>>
>>> print(bsObj.link["href"])
/css/screen1.css
>>>
>>> bsObj.link['href'] = 'http://www.example.com/css/screen1.css'
>>> print(bsObj.link["href"])
http://www.example.com/css/screen1.css
>>>
>>> bsObj.link['website'] ='cupl'
>>> print(bsObj.link["website"])
cupl
>>>
>>> del bsObj.link['website']
>>> print(bsObj.link["website"])
Traceback (most recent call last):
  File "<stdin>", line 1, in <module>
  File "/home/zzqzyq/anaconda3/envs/py35/lib/python3.5/site-packages/bs4/element.py", lin
e 1016, in __getitem__
    return self.attrs[key]
KeyError: 'website'
```

图 5.23　BeautifulSoup 对象的输出标签属性等操作

```
>>> print(bsObj.head.contents)
['\n', <meta content="HTML Tidy for HTML5 for Solaris version 5.1.24" name="generator"/>,
 '\n', <meta charset="utf-8"/>, '\n', <meta content="IE=Edge" http-equiv="X-UA-Compatible"
/>, '\n', <meta content="width=device-width, initial-scale=1.0" name="viewport"/>, '\n',
<meta content="text/html" http-equiv="Content-Type"/>, '\n', <meta content="noindex, nof
ollow, noarchive" name="robots"/>, '\n', <meta content="no-cache" http-equiv="pragma"/>,
'\n', <meta content="no-cache" http-equiv="cache-control"/>, '\n', <title>Sharman Network
s Ltd v Universal Music Australia Pty Ltd [2006] FCA 1 (5 January 2006)</title>, '\n', <l
ink href="http://www.example.com/css/screen1.css" media="screen" rel="stylesheet"/>, '\n'
, <link href="/css/print.css" media="print" rel="stylesheet"/>, '\n', <meta content="#ee3
224" name="theme-color"/>, '\n', <meta content="Australasian Legal Information Institute
(AustLII), a joint facility of UTS and UNSW Faculties of Law." name="description"/>, '\n'
, <link href="/images/icon-192.png" rel="icon" sizes="192x192"/>, '\n', <link href="/imag
es/icon-shortcut.png" rel="apple-touch-icon-precomposed"/>, '\n', <meta content="#ee3224"
 name="msapplication-TileColor"/>, '\n', <meta content="/images/icon/ms.png" name="msappl
ication-TileImage"/>, '\n', <script src="/js/modernizr.min.js">
</script>, '\n']
```

图 5.24　BeautifulSoup 对象的输出标签所有的子节点

bsObj. find_all（´p´）以列表形式返回所有的名称为 p 的标签，如图 5.25 所示。bsObj. find（charset＝" utf−8" ）输出第一个属性 charset 等于“utf 8”的标签，bsObj. meta. attrs 以字典形式返回第一个 meta 标签的所有属性，bsObj. head. children 输出 head 标签的所有子节点，如图 5.26 所示。tag. attrs. get（" class" ）在 tag 标签的所有属性中查找 class 属性的值，tag. get_text（）输出 tag 标签的文本内容，如图 5.27 所示。

```
>>> print(bsObj.find_all('p'))
[<p></p>, <p></p>, <p></p>, <p></p>, <p></p>, <p></p>, <p></p>, <p></p>, <p>Last Updated:
 6 January 2006
</p>, <p align="center"><b>FEDERAL COURT OF AUSTRALIA</b><br/><br/></p>, <p align="center
"><a name="MNC"></a><b>Sharman Networks Ltd v Universal Music
Australia Pty Ltd  <a class="autolink_findcases" href="/cgi-bin/viewdoc/au/cases/cth/FCA/
2006/1.html" title="View Case">[2006] FCA 1</a></b></p>, <p><br/><br/><br/><br/><b>PRACTI
CE AND PROCEDURE - </b>application for leave to appeal
- authorisation of multiple infringements of copyright established -
prior sale of realty
of one respondent to primary proceedings - payment of
substantial part of proceeds of sale to offshore company in purported
repayment
of loan - absence of material establishing original making and purpose of
loan - <i>Mareva </i>and ancillary orders made by primary judge -
affidavits disclosing assets sworn - orders made requiring filing of
further
affidavits of disclosure and cross-examination of one respondent to
primary proceedings on her disclosure affidavit - no error
in making
further ancillary orders - leave refused<br/><br/><br/><br/><br/><br/><i><a class="autoli
nk_findacts" href="/cgi-bin/viewdoc/au/legis/cth/consol_act/fcoaa1976249/">Federal Court
of
Australia Act 1976</a> </i>(Cth) <a class="autolink_findacts" href="/cgi-bin/viewdoc/au/l
egis/cth/consol_act/fcoaa1976249/s24.html">s 24(1A)</a><br/><br/><i>Federal Court Rules
</i>O 52 r 10(2)<br/><br/><br/><br/><br/><br/><i>Universal Music Australia Pty Ltd v
```

图 5.25　BeautifulSoup 对象的查找标签

```
>>> print(bsObj.find(charset="utf-8"))
<meta charset="utf-8"/>
>>>
>>> print(bsObj.meta.attrs)
{'content': 'HTML Tidy for HTML5 for Solaris version 5.1.24', 'name': 'generator'}
>>>
>>> for child in bsObj.head.children:
...     print(child)
...


<meta content="HTML Tidy for HTML5 for Solaris version 5.1.24" name="generator"/>


<meta charset="utf-8"/>


<meta content="IE=Edge" http-equiv="X-UA-Compatible"/>


<meta content="width=device-width, initial-scale=1.0" name="viewport"/>


<meta content="text/html" http-equiv="Content-Type"/>
```

图 5.26　BeautifulSoup 对象查找属性

```
>>> for tag in bsObj.find_all("p"):
...     s=tag.attrs.get("class")
...     if s==['h3']:
...         print(tag.get_text())
...
Background to the current application
Legal principles informing the grant of leave to
appeal
The parties' respective submissions concerning material
matters bearing upon the justification or otherwise for the grant of
orders
ancillary to the Mareva relief and my incidental observations
Conclusions upon the principal matters raised
```

图 5.27　BeautifulSoup 对象返回属性值

bsObj. get_text（）获取 BeautifulSoup 对象的所有文本，如图 5. 28 所示。catchphases 通过正则表达式获取“PRACTICE AND PROCEDURE”部分的法律要点，返回结果是包含一些特殊符号的多个法律要点的字符串，如图 5. 29 所示。catchphase 通过正则表达式以数组列表形式获取的法律要点，列表的每一项是一个法律要点，如图 5. 30 所示。

```
>>> plaintext=bsObj.get_text()
>>> print(plaintext)









Sharman Networks Ltd v Universal Music Australia Pty Ltd [2006] FCA 1 (5 January 2006)
```

图 5.28　BeautifulSoup 对象返回所有文本

```
>>> catchphases=re.findall('PRACTICE AND PROCEDURE(.{10,5000}?)Federal Court',plaintext,r
e.I|re.M|re.S)
>>> catchphases
[' - application for leave to appeal\n- authorisation of multiple infringements of copyri
ght established -\nprior sale of realty\nof one respondent to primary proceedings - payme
nt of\nsubstantial part of proceeds of sale to offshore company in purported\nrepayment\n
of loan - absence of material establishing original making and purpose of\nloan - Mareva
and ancillary orders made by primary judge -\naffidavits disclosing assets sworn - orders
 made requiring filing of\nfurther\naffidavits of disclosure and cross-examination of one
 respondent to\nprimary proceedings on her disclosure affidavit - no error\nin making\nfu
rther ancillary orders - leave refused']
```

图 5.29　catchphases 获取包含特殊符号的多个法律要点

```
>>> catchphase=re.findall('\-[\s\n]*([\s\w]*)[\s\n]*\-',catchphases[0],re.I|re.M|re.S)
>>> catchphase
['application for leave to appeal\n', 'prior sale of realty\nof one respondent to primary
 proceedings ', 'absence of material establishing original making and purpose of\nloan ',
 'affidavits disclosing assets sworn ', 'no error\nin making\nfurther ancillary orders ']
>>>
>>> for one in catchphase:
...     print(one)
...
application for leave to appeal

prior sale of realty
of one respondent to primary proceedings
absence of material establishing original making and purpose of
loan
affidavits disclosing assets sworn
no error
in making
further ancillary orders
```

图 5.30　catchphase 获取法律要点

对超文本传输标记语言格式的 html 网页提取法律要点和判决依据等内容，按照 xml 格式进行规范存储，一个 xml 格式的法律文本如图 5.31 所示：

```xml
<?xml version="1.0"?>
<case>
<name>Sharman Networks Ltd v Universal Music Australia Pty Ltd [2006] FCA 1 (5 January 2006)</name>
<AustLII>http://www8.austlii.edu.au/cgi-bin/viewdoc/au/cases/cth/FCA/2006/1.html</AustLII>
<catchphrases>
<catchphrase id="c0">application for leave to appeal</catchphrase>
<catchphrase id="c1">authorisation of multiple infringements of copyright established</catchphrase>
<catchphrase id="c2">prior sale of realty of one respondent to primary proceedings</catchphrase>
<catchphrase id="c3">payment of substantial part of proceeds of sale to offshore company in purported repayment of loan</catchphrase>
<catchphrase id="c4">absence of material establishing original making and purpose of loan</catchphrase>
<catchphrase id="c5">mareva and ancillary orders made by primary judge</catchphrase>
<catchphrase id="c6">affidavits disclosing assets sworn</catchphrase>
<catchphrase id="c7">orders made requiring filing of further affidavits of disclosure and cross-examination of one respondent to primary proceedings on her disclosure affidavit</catchphrase>
<catchphrase id="c8">no error in making further ancillary orders</catchphrase>
<catchphrase id="c9">leave refused</catchphrase>
<catchphrase id="c10">practice and procedure</catchphrase>
</catchphrases>
<sentences>
<sentence id="s0">
 Background to the current application

1 The applicants Sharman Networks Ltd ('Sharman Networks'), Sharman License Holdings Ltd ('Sharman License') and Ms Nicola Anne Hemming ('Ms Hemming') are each the subject of asset preservation orders
made by Wilcox J on 22 March 2005 ('the Mareva orders').</sentence>
<sentence id="s1">When referring to the applicants generally, I will do so as 'the Sharman applicants'.</sentence>
<sentence id="s2">Each of the Sharman applicants was one of ten respondents to infringement of copyright proceedings brought by the present respondents ('the Music companies') in respect of the operation
of what was described by the parties as the 'Kazaa system' ('the primary proceedings').</sentence>
<sentence id="s3">Wilcox J made orders ancillary to the Mareva orders on 22 March 2005 requiring each of the Sharman applicants to disclose on affidavit the description and value of all of their assets,
wherever situated, and to specify whether those assets were held by each applicant either beneficially or in trust for any other person or entity.</sentence>
<sentence id="s4">2 Wilcox J delivered judgment on the complex issues of liability arising in the primary proceedings on 5 September 2005 ( Universal Music Australia Pty Ltd v Sharman License Holdings Ltd
(2005) 220 ALR 1).</sentence>
<sentence id="s5">In the meantime, Ms Hemming had filed two disclosure affidavits pursuant to Wilcox J's orders of 22 March 2005 whilst Sharman License and Sharman Networks had unsuccessfully sought
several stays on various grounds of that same order insofar as it applied to them (see Universal Music Australia Pty Ltd v Sharman License Holdings Ltd [2005] FCA 406 per Hely J, delivered 8 April 2005;
Universal Music Australia Pty Ltd v Sharman License Holdings Ltd [2005] FCA 441 per Wilcox J, delivered 15 April 2005 and Sharman License Holdings Ltd v Universal Music Australia Pty Ltd [2005] FCA 505
per Moore J, delivered 28 April 2005).</sentence>
<sentence id="s6">Disclosure affidavits were eventually sworn on behalf of Sharman License and Sharman Networks by Mr Gee on 19 April 2005, which were later superseded by further affidavits sworn also by
Mr Gee on 16 June 2005.</sentence>
<sentence id="s7">Sharman License and Sharman Networks had also unsuccessfully sought an enlargement of time in which to file an application for leave to appeal from Wilcox J's orders of 22 March 2005
(see Sharman License Holdings Ltd v Universal Music Australia Pty Ltd [2005] FCA 802 per Lindgren J, delivered on 17 June 2005).</sentence>
<sentence id="s8">3 On 24 May 2005, the Music companies filed a further amended notice of motion seeking further orders ancillary to the Mareva orders, which application was heard over several days by
Moore J and determined by his Honour on 17 November 2005 substantially in favour of the Music companies ( Universal Music Australia Pty Ltd v Sharman License Holdings Ltd [2005] FCA 1587).</sentence>
<sentence id="s9">The Sharman applicants acknowledge that the orders made by Moore J pursuant to that determination were interlocutory in nature.</sentence>
<sentence id="s10">What had led to the Music companies' application for those ancillary orders were deficiencies in the asset disclosure affidavits provided by the Sharman applicants pursuant to the
ancillary orders of Wilcox J made on 22 March 2005.</sentence>
<sentence id="s11">It is from Moore J's interlocutory judgment of 17 November 2005 that the Sharman applicants presently seek leave to appeal, pursuant to O 52 r 10(2) of the Federal Court Rules .</
sentence>
<sentence id="s12">4 The principal orders made by Moore J on 17 November 2005 were as follows:
```

图 5.31　xml 格式的法律文本

图中的第一行是 xml 的版本说明，<case>是根节点，下面有 4 个子节点，分别是<name>、<AustLII>、<catchphrases>和<sentences>，如图 5.32 所示。<catchphrases>节点下有多个子节点<catchphrase>，不同的<catchphrase>以法律要点属性 id 区分。< sentences >节点下有多个子节点< sentence >，不同的< sentence>以正文句子序号属性 id 区分。

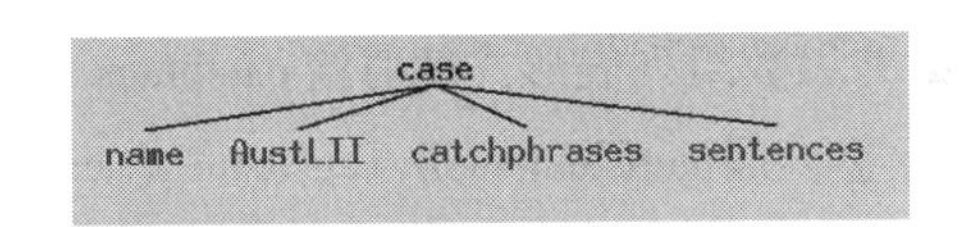

图 5.32　xml 格式法律文本的树形结构

Python 中的 xml. dom. minidom 是一个轻量级的文件对象模型（Document Object Model，DOM）解析器，可以在内存中建立一个树结构来保存所有标签或元素，并且将整个内容写入到 xml 文件，在解析 xml 文档时将整个文件读入，使用 minidom 各个函数可以访问和修改 xml 结构和内容。通过 import 导入模块 xml. dom. minidom，并加载 parse 解析器。os. listdir（path）获取由 path 指定的目录下的所有文件名，sort（ ）对列表进行排序，如图 5.33 所示：

```
>>> import os
>>> import xml.dom.minidom
>>> from xml.dom.minidom import parse
>>> os.chdir('/home/zzqzyq/Downloads/dataset/corpus/fulltext')
>>> path='/home/zzqzyq/Downloads/dataset/corpus/fulltext/'
>>> filelist=os.listdir(path)
>>> filelist.sort()
>>> filename=filelist[0]
>>> filename
'06_1.xml'
```

图 5. 33　导入 xml. dom. minidom 模块

方法 parse（ ）根据 xml 文件创建 DOM 对象，DOMTree. documentElement 获取根节点，nodeName 是节点名称，nodeType 为节点类型，childNodes 是当前节点的所有的子节点，以列表形式呈现，如图 5. 34 所示：

```
>>> DOMTree=xml.dom.minidom.parse(filename)
>>> root= DOMTree.documentElement
>>> root.nodeName
'case'
>>> root.nodeType
1
>>> childrennodes=root.childNodes
>>> for node in childrennodes:
...     if node.nodeName!="#text":
...         print(node.nodeName)
...
name
AustLII
catchphrases
sentences
```

图 5. 34　获取根节点和子节点

getElementsByTagName（´catchphrase´）方法根据参数指定的标签名称获取所有的 catchphrase 节点，并以数组列表形式赋值给 catchtags。catchtags［0］是获取的第一个 catchphrase 标签，即 getElementsByTagName（´catchphrase´）［0］。由<catchphrase>和</catchphrase>包围的文本作为 catchphrase 的子节点，data 属性是文本内容。因此，DOMTree. getElementsByTagName（´catchphrase´）［0］. childNodes［0］. data 通过 DOM 对象访问第一个 catchphrase 标签的子节点的 data 属性的文本内容，同理，DOMTree. getElementsByTagName（´catchphrase´）［1］. childNodes［0］. data 获取第二个 catchphrase 标签的子节点的文本内容。getElementsByTagName（´sentence´）方法获取以数组列表保存的所有的 sentence 节点，并赋值给 sentences。sentences［0］是第一个 sentence 标签，sentences［0］. getAttribute（´id´）方法是输出第一个 sentence 标签的 id 属性的值。sentences［0］. parentNode. nodeName 返回当前节点的父节点的标签名称，即 sentences 标签，如图 5. 35 和图 5. 36 所示：

```
>>> catchword_0=DOMTree.getElementsByTagName('catchphrase')[0].childNodes[0].data
>>> catchword_0
'application for leave to appeal'
>>>
>>> catchword_1=DOMTree.getElementsByTagName('catchphrase')[1].childNodes[0].data
>>> catchword_1
'authorisation of multiple infringements of copyright established'
>>>
>>> catchtags=DOMTree.getElementsByTagName('catchphrase')
>>> catchtags
[<DOM Element: catchphrase at 0x7f9b516b4af8>, <DOM Element: catchphrase at 0x7f9b516b4b90
>, <DOM Element: catchphrase at 0x7f9b516b4c28>, <DOM Element: catchphrase at 0x7f9b516b4c
c0>, <DOM Element: catchphrase at 0x7f9b516b4df0>, <DOM Element: catchphrase at 0x7f9b516b
4e88>, <DOM Element: catchphrase at 0x7f9b516b4f20>, <DOM Element: catchphrase at 0x7f9b51
6b3048>, <DOM Element: catchphrase at 0x7f9b516b30e0>, <DOM Element: catchphrase at 0x7f9b
516b3178>, <DOM Element: catchphrase at 0x7f9b516b3210>]
>>>
>>> for catchtag in catchtags:
...     print(catchtag.childNodes[0].data)
...
application for leave to appeal
authorisation of multiple infringements of copyright established
prior sale of realty of one respondent to primary proceedings
payment of substantial part of proceeds of sale to offshore company in purported repayment
 of loan
absence of material establishing original making and purpose of loan
mareva and ancillary orders made by primary judge
affidavits disclosing assets sworn
orders made requiring filing of further affidavits of disclosure and cross-examination of
one respondent to primary proceedings on her disclosure affidavit
no error in making further ancillary orders
leave refused
practice and procedure
```

图 5.35　按标签名称获取 catchphrase 节点文本内容

```
>>> sentences=DOMTree.getElementsByTagName("sentence")
>>> sentences_0=sentences[0]
>>> print(sentences_0.parentNode.nodeName)
sentences
>>>
>>> print(sentences_0.getAttribute('id'))
s0
>>>
>>> print(sentences_0.childNodes[0].data)

 Background to the current application

1 The applicants Sharman Networks Ltd ('Sharman Networks'), Sharman License Holdings Ltd (
'Sharman License') and Ms Nicola Anne Hemming ('Ms Hemming') are each the subject of asset
 preservation orders made by Wilcox J on 22 March 2005 ('the Mareva orders').
```

图 5.36　按标签名称获取 sentence 节点 id 和文本

函数 xml. dom. minidom. Document（）创建一个新的 DOM 对象，并赋值给 new_dom，方法 new_dom. createElement（′case′）通过 DOM 对象创建任何节点，包括根节点，第二层节点和第三层节点，等等，此处通过指定参数创建名称为 case 的根节点并赋值给 root_case_node。方法 new_dom. appendChild（root_case_node）将根节点加入到新的空 DOM 树。方法 new_dom. createElement（′ name′）创建名称为 name 的节点并赋值给 name_node，root_case_node. appendChild（name_node）将 name 节点加入到根节点的子节点。方法 new_dom. createTextNode（ ）创建由参数指定的文本节点并赋值给 name_text，name_node. appendChild（name_text）将文本节点加入到 name 节点的子节点。以同样的方法可以添加 AustLII 节点和文本内容。

```
>>> new_dom=xml.dom.minidom.Document()
>>> root_case_node=new_dom.createElement('case')
>>> new_dom.appendChild(root_case_node)
<DOM Element: case at 0x7f9b4c8faaf8>
>>>
>>>
>>> name_node=new_dom.createElement('name')
>>> root_case_node.appendChild(name_node)
<DOM Element: name at 0x7f9b4c8fab90>
>>> name_text=new_dom.createTextNode('WorldAudio Limited v Australian Communications and M
edia Authority [2006] FCA 8 (16 January 2006)')
>>> name_node.appendChild(name_text)
<DOM Text node "'WorldAudio'...">
>>>
>>> AustLII_node=new_dom.createElement('AustLII')
>>> root_case_node.appendChild(AustLII_node)
<DOM Element: AustLII at 0x7f9b4c8facc0>
>>> AustLII_node_text=new_dom.createTextNode('http://www8.austlii.edu.au/cgi-bin/viewdoc/a
u/cases/cth/FCA/2006/8.html')
>>> AustLII_node.appendChild(AustLII_node_text)
<DOM Text node "'http://www'...">
```

图 5.37　添加 case、name 和 AustLII 节点

new_dom. createElement（´catchphrases´）创建 catchphrases 节点并赋值给 catchphrases_node，方法 root_case_node. appendChild（catchphrases_node）将 catchphrases 节点加入到根节点的子节点。new_dom. createElement（´catchphrase´）创建 catchphrase 节点并赋值给 catchphrase_node，catchphrase 节点具有属性和文本，通过 catchphrase_node. setAttribute（´id´，´c00´）设置属性，new_dom. createTextNode（ ）可以创建文本节点，通过 catchphrase_node. appendChild（ ）将文本节点以子节点形式加入到 catchphrase 节点。catchphrases_node. appendChild（catchphrase_node）将 catchphrase 节点加入 catchphrases 节点的子节点，如图 5. 38 所示：

```
>>> catchphrases_node=new_dom.createElement('catchphrases')
>>> root_case_node.appendChild(catchphrases_node)
<DOM Element: catchphrases at 0x7f9b4c8fad58>
>>> catchphrase_node=new_dom.createElement('catchphrase')
>>> catchphrase_node.setAttribute('id','c00')
>>> catchphrase_node_text=new_dom.createTextNode('applicants held radiocommunications appa
ratus licence for purposes of radio broadcast')
>>> catchphrase_node.appendChild(catchphrase_node_text)
<DOM Text node "'applicants'...">
>>> catchphrases_node.appendChild(catchphrase_node)
<DOM Element: catchphrase at 0x7f9b4c8fadf0>
>>>
>>> catchphrases_node=new_dom.createElement('catchphrases')
>>> root_case_node.appendChild(catchphrases_node)
<DOM Element: catchphrases at 0x7f9b4c8fae88>
>>> catchphrase_node=new_dom.createElement('catchphrase')
>>> catchphrase_node.setAttribute('id','c01')
>>> catchphrase_node_text=new_dom.createTextNode('authority refused to vary licence condit
ion')
>>> catchphrase_node.appendChild(catchphrase_node_text)
<DOM Text node "'authority '...">
>>> catchphrases_node.appendChild(catchphrase_node)
<DOM Element: catchphrase at 0x7f9b4c8faf20>
```

图 5.38　添加 catchphrases 节点和子节点 catchphrase

通过 new_dom. createElement（´sentences´）创建 sentences 节点并赋值给 sentences_node，方法 root_case_node. appendChild（sentences_node）将 sentences 节点加入到根节点的子节点。new_dom. createElement（´sentence´）创建 sentence 节点

并赋值给 sentence _ node，sentence 节点具有属性和文本，通过 sentence _ node. setAttribute（´id´，´s00´）设置属性，new_dom. createTextNode（ ）可以创建文本节点，通过 sentence_node. appendChild（ ）将文本节点以子节点形式加入到 catchphrase 节点。sentences_node. appendChild（sentence_node）将 sentence 节点加入 sentences 节点的子节点，如图 5. 39 所示：

```
>>> sentences_node=new_dom.createElement('sentences')
>>> root_case_node.appendChild(sentences_node)
<DOM Element: sentences at 0x7f9b4c8ba048>
>>> sentence_node=new_dom.createElement('sentence')
>>> sentence_node.setAttribute('id','s00')
>>> sentence_node_text=new_dom.createTextNode('The circumstances of the applicants to the
present dispute and the nature and implications of their business')
>>> sentence_node.appendChild(sentence_node_text)
<DOM Text node "'The circum'...">
>>> sentences_node.appendChild(sentence_node)
<DOM Element: sentence at 0x7f9b4c8ba0e0>
>>>
>>> sentences_node=new_dom.createElement('sentences')
>>> root_case_node.appendChild(sentences_node)
<DOM Element: sentences at 0x7f9b4c8ba178>
>>> sentence_node=new_dom.createElement('sentence')
>>> sentence_node.setAttribute('id','s01')
>>> sentence_node_text=new_dom.createTextNode('Its principal business is the sale of broad
cast airtime to advertisers, per medium of commercial radio broadcasting services.')
>>> sentence_node.appendChild(sentence_node_text)
<DOM Text node "'Its princi'...">
>>> sentences_node.appendChild(sentence_node)
<DOM Element: sentence at 0x7f9b4c8ba210>
```

图 5. 39　添加 sentences 节点和子节点 sentence

函数 new_dom. writexml（ ）支持 DOM 对象按照 xml 格式完整地写入到磁盘文件，参数包括文件指针、标签前填充字符、子节点缩进字符、标签后填充字符和编码格式，如图 5. 40 所示：

```
>>> try:
...     with open('case_catchphrase_sentences.xml','w',encoding='UTF-8') as fcase:
...         new_dom.writexml(fcase,indent='',addindent='\t',newl='\n',encoding='UTF-8')
...         print('ok')
... except Exception as err:
...     print('error:{err}'.format(err=err))
...
ok
```

图 5. 40　写入 xml 文件

在图中，fcase 为文件操作指针，indent =´´为每个标签前有两个空格填充，addindent =´\ t´为每个子节点向后缩进一个制表符位置，newl =´\ n´为每个标签结束后填充符号是换行，encoding =´UTF-8´为编码格式是 UTF-8´，即在 XML 文件头部出现的 encoding 属性值，如图 5. 41 所示：

```
<?xml version="1.0" encoding="UTF-8"?>
<case>
    <name>WorldAudio Limited v Australian Communications and Media Authority [2006] FCA 8 (16 January 2006)</name>
    <AustLII>http://www8.austlii.edu.au/cgi-bin/viewdoc/au/cases/cth/FCA/2006/8.html</AustLII>
    <catchphrases>
        <catchphrase id="c00">applicants held radiocommunications apparatus licence for purposes of radio broadcast</catchphrase>
    </catchphrases>
    <catchphrases>
        <catchphrase id="c01">authority refused to vary licence condition</catchphrase>
    </catchphrases>
    <sentences>
        <sentence id="s00">The circumstances of the applicants to the present dispute and the nature and implications of their business</sentence>
    </sentences>
    <sentences>
        <sentence id="s01">Its principal business is the sale of broadcast airtime to advertisers, per medium of commercial radio broadcasting services.</sentence>
    </sentences>
</case>
```

图 5.41　生成 xml 文件的法律文本

5.3　处理原始法律文本

5.3.1　分句

原始法律文本数据一般是以段落形式存在的，如果需要获取其中的句子，可以通过 Python 相关的函数和方法来分句。法律文本数据源是 xml 格式文件，句子分割可以使用 xml. dom. minidom 解析器，根据<sentence>标签获取判决文本句子。如图 5.42 所示：

```
>>> import os
>>> import xml.dom.minidom
>>> from xml.dom.minidom import parse
>>>
>>> os.chdir('/home/zzqzyq//Downloads/dataset/corpus/fulltext')
>>> path='/home/zzqzyq//Downloads/dataset/corpus/fulltext'
>>> filelist=os.listdir(path)
>>> filelist.sort()
>>>
>>> DOMTree=xml.dom.minidom.parse(filelist[0])
>>> sentences_list_xml=DOMTree.getElementsByTagName("sentence")
>>> print(len(sentences_list_xml))
233
>>> for sentence in sentences_list_xml:
...     print(sentence.childNodes[0].data)
...

 Background to the current application

1 The applicants Sharman Networks Ltd ('Sharman Networks'), Sharman License Holdings Ltd ('Sharman License') and Ms Nicola Anne Hemming ('Ms Hemming') are each
```

图 5.42　DOMTree 获取 xml 法律文本

从图中可以看出，DOMTree. getElementsByTagName（" sentence"）返回的结果是数组列表，一共有 233 个句子，使用 for 循环打印输出每个句子。如果法律文本数据源是 http 网页，可以使用 Python 的模块 requests 和 BeautifulSoup 来获取文本和解析数据，对文本的分句可以使用 nltk 的 sent_tokenize 函数，或者使用 polyglot 的 text 方法。如图 5.43 所示：

```
>>> import requests
>>> from bs4 import BeautifulSoup
>>> from requests.exceptions import ReadTimeout, ConnectionError, RequestException
>>> from polyglot.text import Text
>>> from polyglot.text import Word
>>> from nltk.tokenize import sent_tokenize
>>> url="http://www8.austlii.edu.au/cgi-bin/viewdoc/au/cases/cth/FCA/2006/1.html"
>>> headers={"User-Agent":"Mozilla/5.0 (X11; Ubuntu; Linux x86_64; rv:67.0) Gecko/
20100101 Firefox/67.0",
...          "Accept":"text/html,application/xhtml+xml,application/xml;q=0.9,ima
ge/webp,*/*;q=0.8"}
>>> session=requests.Session()
>>> req=session.get(url,headers=headers)

>>> bsObj=BeautifulSoup(req.text)
>>> plaintext=bsObj.get_text()
>>> sentences_list_http_glot=Text(plaintext.replace('\n',' ')).sentences
>>> len(sentences_list_http_glot)
249
>>> sentences_list_http_nltk=sent_tokenize(plaintext.replace('\n',' '))
>>> len(sentences_list_http_nltk)
219
```

图 5.43　polyglot 或者 nltk 获取 http 法律文本

可以看出，对于相同的法律文本内容，DOMTree 方法获得 233 个句子，polyglot 方法获取 249 个句子，而 nltk 方法返回 219 个句子。以 DOMTree 中的序号为 164 的句子为例，在 polyglot 中对应的是序号 181，在 nltk 中对应的是序号 158，如图 5.44 和图 5.45 所示：

```
>>> import re
>>> one_sentence_164_xml=sentences_list_xml[164].childNodes[0].data
>>> i=0
>>> for s in sentences_list_http_glot:
...     i+=1
...     if re.findall(one_sentence_164_xml,s.string):
...         print('ok')
...         break
...
ok
>>> print(i)
181
>>> print(sentences_list_http_glot[i-1])
It was submitted therefore to be an unprincipled exercise of discretion for his Ho
nour to have ordered cross-examination in circumstances where the Music companies
had not convinced his Honour upon either of those conditions which they had raised
.
```

图 5.44　polyglot 中对应的序号

```
>>> i=0
>>> for s in sentences_list_http_nltk:
...     i+=1
...     if re.findall(one_sentence_164_xml,s):
...         print('ok')
...         break
...
ok
>>> print(i)
158
>>> print(sentences_list_http_nltk[i-1])
It was submitted therefore to be an unprincipled exercise of discretion for his Ho
nour to have ordered cross-examination in circumstances where the Music companies
had not convinced his Honour upon either of those conditions which they had raised
.
```

图 5.45　nltk 中对应的序号

5.3.2　大小写转换

在统计词汇数量时，同一个单词需要忽略大小写。一般段落的开始或者句子的首个字母为大写字母，需要将他们改成小写字母，lower（）方法可以将当前的字符串中的大写字母改成小写字母，如图 5.46 所示：

```
>>> print(one_sentence_164_xml)
It was submitted therefore to be an unprincipled exercise of discretion for his Ho
nour to have ordered cross-examination in circumstances where the Music companies
had not convinced his Honour upon either of those conditions which they had raised
.
>>> print(one_sentence_164_xml.lower())
it was submitted therefore to be an unprincipled exercise of discretion for his ho
nour to have ordered cross-examination in circumstances where the music companies
had not convinced his honour upon either of those conditions which they had raised
.
```

图 5.46　大写字母改成小写字母

从图中可以看出，单词“Music”和“Honour”首字母大写不是因为他们处在句首位置，而是由于专有名词的缘故。对于专有名词的首个字母大写是有特殊意义的，一般作为人名、地址或者结构名，不应改成小写。在改成小写字母之前应该由命名实体识别出来，如图 5.47 所示：

```
>>> import nltk
>>> tokens = nltk.word_tokenize(one_sentence_164_xml)
>>> tagged = nltk.pos_tag(tokens)
>>> entities = nltk.chunk.ne_chunk(tagged)
>>> entities
Tree('S', [('It', 'PRP'), ('was', 'VBD'), ('submitted', 'VBN'), ('therefore', 'RB')
, ('to', 'TO'), ('be', 'VB'), ('an', 'DT'), ('unprincipled', 'JJ'), ('exercise', 'N
N'), ('of', 'IN'), ('discretion', 'NN'), ('for', 'IN'), ('his', 'PRP$'), ('Honour',
 'NN'), ('to', 'TO'), ('have', 'VB'), ('ordered', 'VBN'), ('cross-examination', 'NN
'), ('in', 'IN'), ('circumstances', 'NNS'), ('where', 'WRB'), ('the', 'DT'), Tree('
ORGANIZATION', [('Music', 'NNP')]), ('companies', 'NNS'), ('had', 'VBD'), ('not', '
RB'), ('convinced', 'VBN'), ('his', 'PRP$'), ('Honour', 'NNP'), ('upon', 'IN'), ('e
ither', 'DT'), ('of', 'IN'), ('those', 'DT'), ('conditions', 'NNS'), ('which', 'WDT
'), ('they', 'PRP'), ('had', 'VBD'), ('raised', 'VBN'), ('.', '.')])
```

图 5.47　命名实体识别

从图中可以看出，nltk 的 word_tokenize（ ）方法输出词项，pos_tag（ ）方法输出词性标注。ne_chunk（ ）方法输出命名实体，其中，单词“Music”和“Honour”对应的命名实体为“NNP”，意思是专有名词。除专有名词之外，lower（）将其他单词改成小写字母。如图 5.48 所示：

```
>>> s=''
>>> for e in entities:
...     if type(e).__name__=='Tree':
...         w=e[0][0]
...     else:
...         if e[1]=='NNP':
...             w=e[0]
...         else:
...             w=e[0].lower()
...     s+=' '+w
...
>>> print(s)
 it was submitted therefore to be an unprincipled exercise of discretion for his ho
nour to have ordered cross-examination in circumstances where the Music companies h
ad not convinced his Honour upon either of those conditions which they had raised .
```

图 5.48　除专有名词之外改成小写字母

5.3.3　词干提取和词形还原

在统计词汇数量时，可以将词缀不同而词干相同的词语统计到一个词项上，因为它们具有相同的含义。PorterStemmer（）方法可以对当前单词进行词干提取，如图 5.49 所示：

```
>>> from nltk.stem import PorterStemmer
>>> port=PorterStemmer()
>>> print(" ".join([port.stem(i) for i in s.split()]))
it wa submit therefor to be an unprincipl exercis of discret for hi honour to have
order cross-examin in circumst where the music compani had not convinc hi honour up
on either of those condit which they had rais .
```

图 5.49　生成 xml 文件的法律文本

从图中可以看出，词干提取简单地认为词尾的 s 是名词的复数形式，将“was”变成“wa”，这显然是不合理的。一词多义现象要求在输出词项时，需要结合上下文词性，进行词形还原。lemmatize（）方法根据词性对当前单词进行词形还原，参数 pos 指定词性，包括动词、名词、形容词和副词等。如图 5.50 所示：

```
>>> from nltk.stem.wordnet import WordNetLemmatizer
>>> legalword_lem=WordNetLemmatizer()
>>> print(" ".join([legalword_lem.lemmatize(i,pos="v") for i in s.split()]))
it be submit therefore to be an unprincipled exercise of discretion for his honour
to have order cross-examination in circumstances where the Music company have not c
onvince his Honour upon either of those condition which they have raise .
>>>
>>> print(" ".join([legalword_lem.lemmatize(i,pos="n") for i in s.split()]))
it wa submitted therefore to be an unprincipled exercise of discretion for his hono
ur to have ordered cross-examination in circumstance where the Music company had no
t convinced his Honour upon either of those condition which they had raised .
```

图 5.50　指定词性的词形还原

从图中可以看出，按照动词词性将动词的过去式还原成一般形式，然后再按照名词词性将名词复数形式还原成单数形式。在完成词形还原之后，输出的字符串如图 5.51 所示：

```
>>> sv=''
>>> for i in s.split():
...     w=legalword_lem.lemmatize(i,pos="v")
...     sv+=' '+w
...
>>> svn=''
>>> for i in sv.split():
...     w=legalword_lem.lemmatize(i,pos="n")
...     svn+=' '+w
...
>>> print(svn)
 it be submit therefore to be an unprincipled exercise of discretion for his honour
 to have order cross-examination in circumstance where the Music company have not c
onvince his Honour upon either of those condition which they have raise .
```

图 5.51　词形还原后的字符串

5.3.4 停用词

停用词将实际意义不大的高频词或者极少出现的词排除在统计范围之外。例如，to 出现的次数，对自然语言理解作用不大，为了减少模型的复杂度，可以将 and 作为停用词来处理。停用词可以通过 stopwords. words（´english´）方法加载 nltk 提供的列表，如图 5.52 所示：

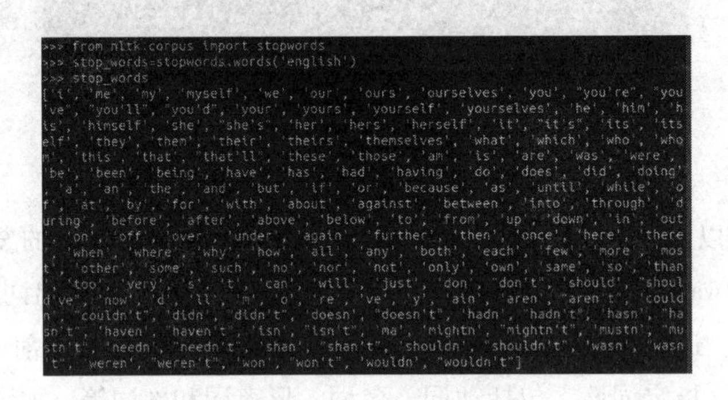

图 5.52　nltk 的停用词

从图中可以看出，字符串中的停用词包括 it、be、to、an、of、for、his、have、in、where、the、not、those、which、they，数量在字符串中将近一半。去除停用词后的结果如图 5.53 所示：

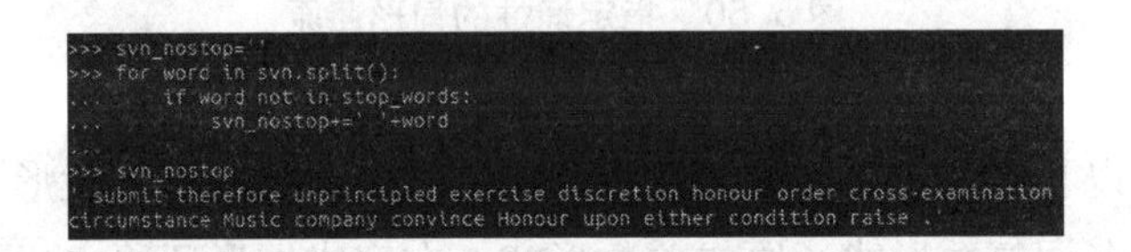

>>> svn_nostop=''
>>> for word in svn.split():
...   if word not in stop_words:
...   svn_nostop+=' '+word
...
>>> svn_nostop
' submit therefore unprincipled exercise discretion honour order cross-examination
circumstance Music company convince Honour upon either condition raise .'

图 5.53　去除停用词的字符串

从图中可以看出，输出的字符串仍然有一些没有具体意义的虚词，例如 therefore、upon、either，这些不在 nltk 提供的停用词列表中。用户可以通过函数 set（ ）自行设定停用词，如图 5.54 所示：

```
>>> stop_words_define=set(["therefore","upon","either"])
>>> svn_nostop_define=''
>>> for word in svn_nostop.split():
...     if word not in stop_words_define:
...         svn_nostop_define+=' '+word
...
>>> svn_nostop_define
' submit unprincipled exercise discretion honour order cross-examination circumstan
ce Music company convince Honour condition raise .'
```

图 5.54　自定义停用词

5.3.5　词条化

lower（）方法将大写改成小写，可以将仅仅是字母大小写区别的两个单词合并到同一个词项，lemmatize（ ）可以将因语法因素产生的异形同义的多个单词合并到同一个词项，停用词列表可以将文本中大量没有实际含义的词去除。通过小写转换、词形还原和停用词去除等预处理操作，大大降低了模型的复杂度。前述的字符串在未预处理之前，输出的词项为 39 个，不同词项 34 个。然而在经过预处理之后，输出的词项为 15 个，不同词项 14 个。如图 5.55 所示：

```
>>> tokens_original = nltk.word_tokenize(one_sentence_164_xml)
>>> tokens_original
['It', 'was', 'submitted', 'therefore', 'to', 'be', 'an', 'unprincipled', 'exercise
', 'of', 'discretion', 'for', 'his', 'Honour', 'to', 'have', 'ordered', 'cross-exam
ination', 'in', 'circumstances', 'where', 'the', 'Music', 'companies', 'had', 'not'
, 'convinced', 'his', 'Honour', 'upon', 'either', 'of', 'those', 'conditions', 'whi
ch', 'they', 'had', 'raised', '.']
>>> len(tokens_original)
39
>>>
>>> tokens_lower_lemmatization_stopwords = nltk.word_tokenize(svn_nostop_define)
>>> tokens_lower_lemmatization_stopwords
['submit', 'unprincipled', 'exercise', 'discretion', 'honour', 'order', 'cross-exam
ination', 'circumstance', 'Music', 'company', 'convince', 'Honour', 'condition', 'r
aise', '.']
>>> len(tokens_lower_lemmatization_stopwords)
15
```

图 5.55　预处理后的词条化

5.4　特征工程

5.4.1　特征工程定义

人类可以理解的自然语言的语料文本，计算机无法直接理解。计算机算法不具备直接处理自然语言能力，因此需要将自然语言文本的表示转换为一系列数值，每个数值对应着原始文本的一部分或者某方面信息。这些数值既可以表示原始语料文本，又可以被机器学习模型所理解。机器学习模型的输出依赖于模型参数和输入信息，可以量化的输入信息称为特征或者属性，特征工程是从原始语料中提取用于构造机器学习模型特征的过程。

自然语言文本的何种信息可以作为机器学习算法的特征，将对模型性能和效果产生很大的影响，特征工程就是为了解决这类问题的。特征工程将提取准确而有效的信息作为模型的特征，对于不同的数据集和自然语言处理目标，准确而有效的信息的含义也不一样。

在生成机器学习模型所需的特征之后，机器学习模型根据输入的特征产生输出预测结果。在训练阶段，通过不断调整模型参数，使得模型对输入特征产生的预测结果与实际结果的偏差最小。经过稳定可靠的训练，模型获得最优参数，称为模型学习。训练后的机器学习模型对新输入特征进行预测输出，预测结果的准确率和效率在很大程度上由原始语料生成的特征决定，产生特征的过程需要计算机知识和自然语言领域知识。

5.4.2　基础特征

为了将预处理的法律文本用于机器学习模型，需要运用特征工程方法构建特征。根据不同的任务和目标，法律文本数据特征可以通过句法分析、词统计特征和词向量等来实现。

句法分析将自然语言表示的句子序列切分为更小的组块，根据语法规则和词语位置，理解每一个组块的语法角色和语义元素，包括依存分析和词性标注。句子中的词语之间的联系通过依存语法决定，从属关系是一个用三元组（关系、支配成分、从属成分）表示的依存语法。前文的“submitted”是该句的根词（root-word），前面是主语子树，后面是宾语子树，而每一个子树同时又是另外一个依存关系树。通过不断的从上到下或者从下到上的迭代，可以获得语法关系三元组，这类语法关系三元组可以作为机器学习模型的输入特征。

词性标注将每个词的含义和他们的词性对应起来，词性决定了某个词在句子中的作用和用法。例如，前文词形还原中的“was”在名词词性的前提下，输出结果为“wa”，在动词词性的前提下，输出结果为“be”。将单词简单编码为特征，机器学习模型无法学习单词的上下文知识。如果将特征和词性结合起来，特征就就能保留了文本中的上下文环境。例如，在没有词性标注标签 POS 的情况下，假设可以将单词“was”编码为 186，不管在动词词性的上下文环境中，还是在名词词性的场景中，输入到机器学习模型的特征值都为 186，无法区分这两种情况的上下文。

在拥有词性标注标签 POS 的情况下，假设可以将动词词性单词“was_VB”编码为 1861，将名词词性单词“was_NN”编码为 1862。在动词词性的上下文环境中，输入到机器学习模型的特征值为 1861。而在名词词性的场景中，输入到机器学习模型的特征值为 1862。因此，结合词性的特征可以区分不同词性的上下文知识。词性标记可以用来帮助去除停用词，例如，一些虚词和介词词性的词汇可以在特征工程中被去除。

命名实体识别是自然语言处理特征工程的重要内容，在自动问答系统和信息检索领域有着广泛应用。命名实体识别根据规则、词典、词性标注和语法依存等方法，从文本中识别出重要的名词短语。利用词性分析和语法从属关系可以将所有名词短语从法律文本中提取出来，然后采用文本分类或者查找字典方法，将获取的名词短语放入到特定的类别中，例如，人名、机构名、地址名和法律条款名等。人类对于前文中的“Music Company”的理解，这是一家音乐公司，属于一种专有名词。目前，一些流行的命名实体识别工具可以识别人名、国别、基础设施名、机构名、城市名、地理位置、物体名、活动名、著作品名、日期时间、币种、百分比、基数词、序数词等。

5.4.3　统计特征

统计特征根据法律语料文本可以直接量化信息，将法律文本表示成数学中标量、向量、矩阵或者张量。单个实数称为标量，一维数组称为向量，矩阵是二维数组，而张量是多维数组。

将语料文本中出现的所有词语构成一个词典，每一个词在词典中对应一个位置，通过词典可以将词语映射为一个整数，也可以映射成一个向量。根据文本中的单词出现的次数、语料库中出现的次数、语料库中一些词共现次数等情况，统计特征方法借助利用代数原理和概率理论，自动生成可以适用于特定机器学习模型的特征，例如词袋模型、one-hot 编码、词嵌入和主题模型。

第 6 章 特征选择和维度约简

6.1 法律文本分类

6.1.1 法律文本分类定义

根据机器学习和人工智能模型，法律文本分类技术是（LTC，Legal Text Classification）通过计算机算法将法律文本自动划分为某个法律类别或者标签的过程。法律文本分类的目标就是寻找和确定一个合适的映射函数，将一个法律文本映射到一个提前定义或者设置好的类别。法律文本分类任务具有如下形式的数学定义：

$$\varphi: D\_L \times C\_L \rightarrow \{T, F\} \tag{6.1}$$

$D\_L = \{d\_l_1, \cdots, d\_l_i, \cdots, d\_l_{|D\_L|}\}$ 表示法律文本数据集，其中，$|D\_L|$ 表示法律文本数据集中的文本总数，d_l_i 表示其中一个法律文本。$C\_L = \{c\_l_1, \cdots, c\_l_j, \cdots, c\_l_{|C\_L|}\}$ 表示提前定义或者设置好的法律类别或者标签的集合，其中，$|C\_L|$ 表示类别集中类别总数，c_l_j 表示其中一个类别或标签。T 值表示对于 $D\_L \times C\_L$ 中的任意一个 $< d\_l_i, c\_l_j >$ 来说，法律文本 d_l_i 属于类别 c_j，F 值表示对于 $D\_L \times C\_L$ 中的任意一个 $< d\_l_i, c\_l_j >$ 来说，法律文本 d_l_i 不属于类别 c_j。一般来说，法律文本分类过程包括法律文本数据准备、法律文本预处理、特征选择维度约简、训练分类模型和评估模型结果，如图 6.1 所示：

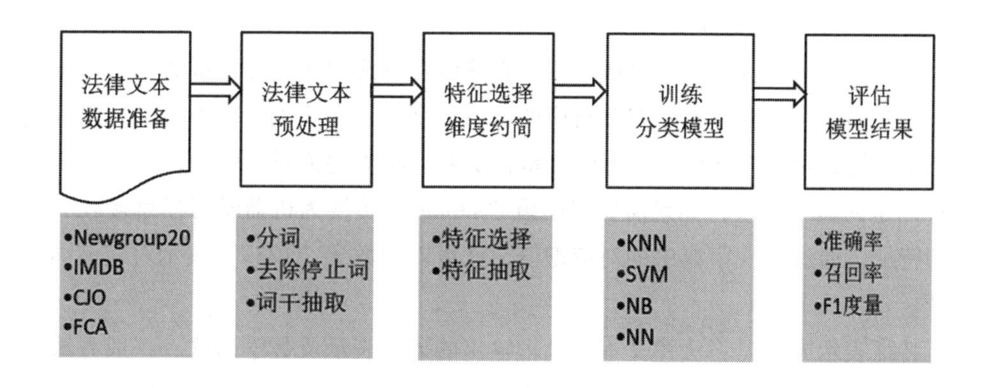

图6.1 文本分类过程

法律文本数据准备为分类模型提供训练数据和测试数据。通用数据集可以公开获取，并为验证模型提供了基准。在通用文本数据挖掘中，具备通用性和公开性原则的数据集有NewsGroup 20语料集、IMDB电影评论集、UCI标准数据集等。作为具有一定广泛性和覆盖率的专业性文本数据集，法律文本语料库包括中国裁判文书网（CJO，Chine Judgements Online）的法律文本，澳大利亚联邦法院（FCA，Federal Court of Australia）的裁决书，等等。

在法律文本预处理阶段，将无法直接输入到机器学习模型的自然语言形式的法律文本转换为能够适合机器学习模型处理的量化数值形式，即特征工程，包括分句、分词、大小写转换、词干提取和词形还原、去除停用词等。分句将词语序列按照语法结构进行切分，去除一些标点符号，为词性标注和语法分析提供依据。词语是最基本的语法功能要素，在不同语言的语料环境中，分词规则有着较大的差异。英语的词语之间存在分隔符号，例如空格、制表符或者换行符，通过检索分隔符就可以实现分词。相对而言，中文分词无法通过检索分隔符来进行分词，需要依靠更为复杂的方式来实现分词，例如查找字典。为了减少输入到机器学习模型的特征数量，需要将一些近义词合并到同一个词项下。词干提取可以去除词语的前缀或后缀，保留决定语义部分的词干，消除时态和语态对词语形态的影响。停用词是一些与语义无关的词语，比如一些助词、连词和冠词等。还有一些高频出现的代词和介词都是语法结构中虚词，对语篇的理解没有具体作用，这类词也可以作为停用词去除。通过法律文本的预处理操作，可以使法律文本语义和主题更加集中和明确。

6.1.2 特征表示方法

在法律文本数据预处理完成以后，自然语言形式的法律文本被切分为词条序列，每个词条可以在字典中找到对应的数值。字典是计算机中由很多二元组构成的数据结构，每个二元组是一对键和键值关系，称为键值对。例如，（“submit”，1289）是词典中一项，如果需要将词语“submit”转换为机器学习模型接收的输入即特征，通过查找字典中的对应键值，就可以用数字“1289”表示对应该词的特征。

特征表示方法是将法律文本预处理输出的词语表示成数学形式，一般方法有布尔模型、向量空间模型以及概率模型。将一个法律文本表示成一个由特征词构成的向量，称为布尔模型（Boolean Model），向量中的元素取值只能为 0 或者 1，元素位置对应词典中的词，1 表示法律文本中出现了该特征词，0 表示法律文本中没有出现该特征词。例如，00001100 01110011 表示法律文本的预处理输出结果是词典中的第 5、6、10、11、12、15、16 位置的词。向量空间模型（Vector Space Model，VSM）不再将特征词取值限制为 0 或者 1，而是赋予特征值一个定义为对法律文本分类有贡献的权值。概率模型对于一个法律文本 d_l_i ，计算各个主题 z_j 的条件概率 $p(z_j \mid d\_l_i)$ ，用在各个主题下的条件概率表示该法律文本的相应的特征值。

6.2 法律文本特征工程

6.2.1 词袋模型与向量空间模型

为了简化自然语言文本表示，可以将一个法律文本看成一个装满单词的袋子，而不考虑词语顺序和语法结构，只是保留相互独立的单词，每个单词的出现并不依赖于其他单词是否出现，称之为词袋模型（Bag of Words，BoW）。法律文本可以是一个句子，也可以是一篇文章。

法律文本 1 为“the suspect robbed the car，the police likes the car”，法律文本 2 为“the police arrested the suspect”。用法律文本中所有出现的单词构建一个列表“[arrested，car，likes，police，robbed，suspect，the]”，这个列表就是词袋。根据词袋可以生成特征，法律文本就可以用特征进行表示，特征值可以取词频。法律文本 1 表示为 [0，2，1，1，1，1，4]，法律文本 2 表示为 [1，0，0，1，0，1，2]。法律文本 1 的单词“car”出现了 2 次，“car”在词袋中的位置是第 1（起始位置为 0）。因此，在特征表示的第 1 位置上的数值为 2。如图 6.2

所示：

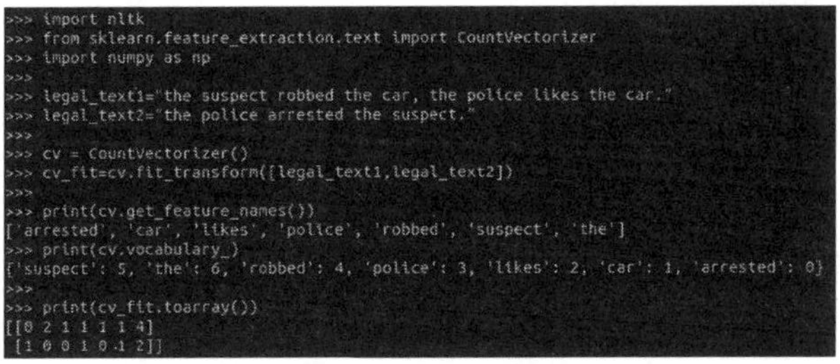

```
>>> import nltk
>>> from sklearn.feature_extraction.text import CountVectorizer
>>> import numpy as np
>>>
>>> legal_text1="the suspect robbed the car, the police likes the car."
>>> legal_text2="the police arrested the suspect."
>>>
>>> cv = CountVectorizer()
>>> cv_fit=cv.fit_transform([legal_text1,legal_text2])
>>>
>>> print(cv.get_feature_names())
['arrested', 'car', 'likes', 'police', 'robbed', 'suspect', 'the']
>>> print(cv.vocabulary_)
{'suspect': 5, 'the': 6, 'robbed': 4, 'police': 3, 'likes': 2, 'car': 1, 'arrested': 0}
>>>
>>> print(cv_fit.toarray())
[[0 2 1 1 1 1 4]
 [1 0 0 1 0 1 2]]
```

图6.2　词袋模型

词袋模型是向量空间模型在文本数据处理上的应用，向量空间模型将一个法律文本看作在高维空间存在的一个点即向量，向量的每一个坐标或者维度都对应着法律文本中的一个特征值或者特征项，而每一个坐标或者维度的取值则反映了该特征项在给定的法律文本中的权重，权重大小则表明该特征项对给定的法律文本的重要程度。换言之，特征项的取值在某种程度上反映了该特征项对给定法律文本分类的影响。

向量是一些实数构成的数组，数组中每个实数是一个特征项，它是向量空间模型中不可再分的基本元素，一般对应法律文本中的词语。一个法律文本就是由它包含的词语对应的特征项所构成的集合：

$$d\_l_i = d\_l_i(f\_t_1, f\_t_2, \cdots, f\_t_k, \cdots, f\_t_n) \tag{6.2}$$

f_t_1 是对应词语 t_1 的特征项，f_t_k 是对应词语 t_k 的特征项，$1 < k < n$，文本 d_l_i 包含 n 个特征项，任意一个特征项 f_t_k 根据一定方法或准则被赋予一个权重值 w_k，用来表示特征项 f_t_k 对于决定法律文本 d_l_i 所属类别的重要性，表示为：

$$d\_l_i = d_i(f\_t_1: w_1, f\_t_2: w_2, \cdots, f\_t_k: w_k, \cdots, f\_t_n: w_n) \tag{6.3}$$

或者：

$$d\_l_i = d\_l_i(w_1, w_2, \cdots, w_k, \cdots, w_n) \tag{6.4}$$

根据词袋模型规则，向量空间模型忽略法律文本中各个词语出现的次序，将法律文本视作特征项的集合 $\{f\_t_1, f\_t_2, \cdots, f\_t_k, \cdots, f\_t_n\}$，每一个特征对应空间一个维度。因此，向量空间模型是一个 n 维空间，其中一个点 $\{w_1, w_2, \cdots, w_k, \cdots, w_n\}$ 为法律文本 d_l_i 在各个维度上的坐标值。按照向量空间模型，第一个法律文本可以表示为 $d\_l_1(w_{11}, w_{12}, \cdots, w_{1k}, \cdots, w_{1n})$，第二个法律文本可以表示为 $d\_l_2(w_{21}, w_{22}, \cdots, w_{2k}, \cdots, w_{2n})$，两个法律文本在空间上的相似度可以用夹角余弦、欧式距离、切比雪夫距离和绝对值距离。

两个法律文本的向量内积表示为：

$$Sim(d\_l_1, d\_l_2) = \sum_{k=1}^{n} w_{1k} \times w_{2k} \tag{6.5}$$

向量内积与每个向量模的大小有关，为了避免向量模的影响，需要进行归一化处理，将向量内积再除以各个向量模，归一化处理结果就是两个向量的夹角余弦，也称为余弦相似度：

$$cos\theta = Sim(d_1, d_2) = \frac{\sum_{k=1}^{n} w_{1k} \times w_{2k}}{\sqrt{\sum_{k=1}^{n} {w_{1k}}^2 \sum_{k=1}^{n} {w_{2k}}^2}} \tag{6.6}$$

欧式距离是将法律文本看作欧式空间中的一个点，两个法律文本的距离就是欧式空间的两点直线距离：

$$SimO(d\_l_1, d\_l_2) = \sqrt{\sum_{k=1}^{n} (w_{1k} - w_{2k})^2} \tag{6.7}$$

切比雪夫距离是一种向量空间的距离度量，将两点之间的距离定义为其各个坐标的数值差的绝对值的最大值：

$$SimQ(d\_l_1, d\_l_2) = \max_k | w_{1k} - w_{2k} | \tag{6.8}$$

绝对值距离定义为其各个坐标的数值差的绝对值之和：

$$SimA(d\_l_1, d\_l_2) = \sum_k | w_{1k} - w_{2k} | \tag{6.9}$$

向量空间模型对特征项 f_t_{ik} 进行赋值 w_{ik} 有着多种方法。在法律文本预处理之后，第 i 个法律文本的同义词合并到同一个特征词 t_k 。按照布尔模型，不论出现几次，都赋值为 1。按照词频方法，统计词项出现次数，赋值给 w_{ik} 。

词频（Term Frequency，TF）是一个简单而实用的方法。一般来说，一个给定的词语在某个法律文本出现频率较高，要比一个频率较低的词语更加重要。为了消除法律文本的篇幅大小的影响，词频统计需要在一篇法律文本中出现词语 t_k 的次数的基础上再除以这篇法律文本的总词数：

$$TF(t_{ik}) = \frac{N_{ik}}{N_i} \tag{6.10}$$

此处，N_i 为第 i 篇法律文本的总词数，N_{ik} 为第 i 篇法律文本中出现词语 t_k 的次数。假设某篇法律文本的总词数是 100，单词“car”出现 2 次，单词“law”出现 10 次。按照公式，$TF(car)$ 为 0.02，而 $TF(law)$ 为 0.1。

逆文档频率（Inverse Document Frequency，IDF）是给每个词在计算词频时的权重，在计算词频 TF 时，考虑的是当前文本，隐含地给每个词赋予了相等的权重。实际上，在一篇文本中高频出现的词，如果在语料库中也高频出现，则说明这个词其实并不重要。例如，法律文本语料库有 10000 篇文本，其中包含“car”的文本有 100 篇，包含“law”的文本有 10000 篇。很显然，单词“car”携带信息量更多，应该赋予更高的权重。

$$IDF(t_k) = \log \frac{N}{N_{t_k}} \tag{6.11}$$

此处，N 为法律语料库的文本总篇数，N_{t_k} 为包含词项 t_k 的法律文本篇数。按照公式，$IDF(car)$ 为 2，而 $IDF(law)$ 为 0。

将词频和逆文档词频两者结合就是 TF-IDF（Term Frequency-Inverse Document Frequency），它是词频与逆文档频率的乘积：

$$TFIDF(t_{ik}) = TF(t_{ik}) \times IDF(t_k) \tag{6.12}$$

通过计算 TF-IDF 可以知道，哪些词语对法律文本更为重要，哪些词语可以看作停用词。例如，$TFIDF(car)$ 为 0.04，而 $TFIDF(law)$ 为 0。与此类似的，很多虚词、助词和连词的 $TFIDF$ 值趋近于 0，可以在特征工程中被视作停用词加以消除。

6.2.2　one-hot 编码

词袋模型使用一个向量表示一个法律文本，向量中的元素代表一个特征词的出现的频率。如果用一个向量表示一个词，包含多个词语的文本就是一个矩阵。假定字典 V 的大小为 $|V|$，采用 one-hot 对单词进行编码，必须建立一个长度为 $|V|$ 的向量。将词典中的第 k 个单词映射为 $|V|$ 维 one-hot 向量，只有第 k 位为 1，其余的位置都为 0。表 6.1 为前述法律文本 1 和法律文本 2 构成的词汇表，即 [" arrested"," car"," likes"," police"," robbed"," suspect"," the"]，索引位置从 0 开始。

表 6.1 one-hot 编码

word	the	police	arrested	the	suspect
index	6	3	0	6	5
one-hot	0000001	0001000	1000000	0000001	0000010

one-hot 编码是一种稀疏表达方式，编码维度是整个词汇表的大小，计算开销较大。各个 one-hot 编码互相正交，余弦相似度为 0，无法反映词语的语义。例如“car”和“vehicle”在语义上是相似的，但是 one-hot 编码无法体现两者的关系远近程度。one-hot 编码适用于将输入数据空间映射成高维特征表示，然后解码器将高维特征表示映射回输入数据空间。更为重要的是，神经网络模型的输入端为某个词的 one-hot 编码格式的信息，输出信息为该词邻近词的 one-hot 编码格式，这种模型就具有了语义信息。

6.2.3 词嵌入模型

自然语言处理的词汇级别的语义包括词汇语义和分布语义，词汇语义是词典中关于该词条定义的含义，分布语义是指与该词条一起出现的上下文词汇具有相似语义。例如，在阅读大量法律语料库文本之后，发现“robbed”经常与“car”“wallet”“suspect”等词共现，即使不知道“robbed”的含义，也可以通过共现词猜测出其部分含义。

机器学习模型将输入数据映射成输出数据，如果输入数据为一个单词，输出数据是这个单词在语料库中的上下文词语。输入词语和输出词语都是采用 one-hot 编码，用语料库样本不断去训练神经网络模型，训练目标不是为了预测某个词的上下文词，而是获得模型参数，即神经网络连接权重，并将模型参数作为输入层的向量化表示。输入层对应一个词的 one-hot 编码，输出层对应共现词的 one-hot 编码，模型参数是输入层到输出层的连接关系，就是这个词在分布语义环境下的词向量（word2vec），称为词嵌入模型（word embedding）。如图 6.3 所示：

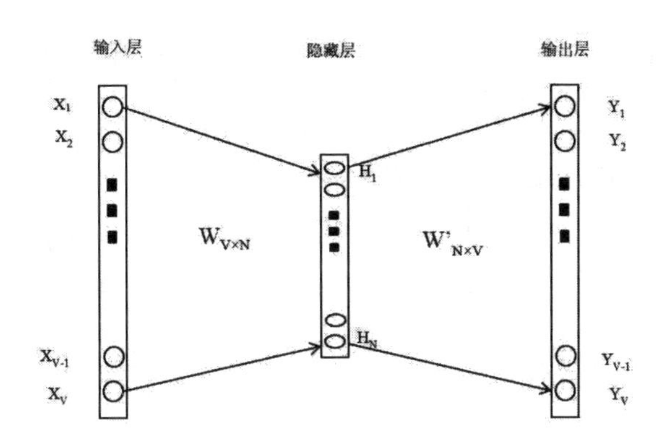

图 6.3　词嵌入模型

经过神经网络的大量训练之后，获得权重参数矩阵 $W_{V\times N}$。词典中的第一个词的 one-hot 编码对应到输入层的 X_1 为 1，其他输入节点都为 0，能够传递到隐藏层的只有 $W_{1\times N}$，即权重参数矩阵 $W_{V\times N}$ 的第一行。同理，词典中的第 k 个词的 one-hot 编码对应到输入层的 X_k 为 1，其他输入节点都为 0，能够传递到隐藏层的只有矩阵 $W_{V\times N}$ 的第 k 行。因此，词的 one-hot 表达可以映射为词向量表达，即该词的索引对应输入节点的连接权重。词向量维度是隐含节点数量，从某种意义上说，word2vec 是一种降维操作，从词汇表长度 V 降到隐藏节点数量 N。

word2vec 分为 skip-gram 和 CBOW。skip-gram 的输入层是一个单词，输出层是这个词的上下文，简单来说就是预测一个词的上下文。CBOW 的输入层是上下文词，输出层是一个词，简单来说就是用上下文预测一个词。

6.2.4　法律文本表示

法律文本包含法律术语和日常用语，可以对法律术语和日常用语分别进行特征工程。使用法律术语词典构建法律术语特征项，使用普通词语构建日常用语特征项。法律术语的特征项可以提高法律文本的语义表达，日常用语特征项可以充分利用机器学习的统计特性。因此，将法律术语特征项和日常用语特征项两者结合起来，从日常词语词袋生成相应于日常用语的特征项，经过特征选择之后构建日常用语词典。不在日常用语词典和法律术语词典中的词语被视作停用词，直接从法律文本中删除。法律文本表示如图 6.4 所示：

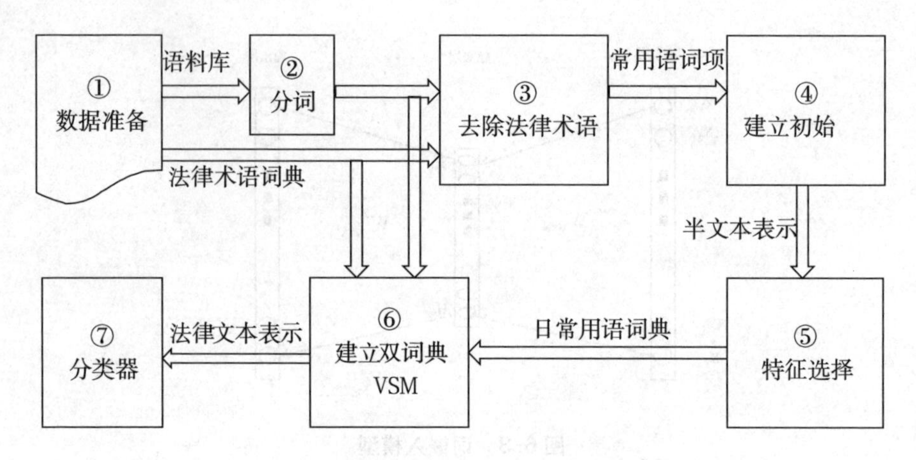

图 6.4　法律文本表示

图中的第①阶段是数据准备输出法律文本语料库和相应法律体系下的法律术语词典，语料库有 CJO 或者 FCA 数据集。第②阶段是对法律文本语料库中的法律文本进行分词，获得全部的输出词项集合。第③阶段根据法律术语词典，获得去除法律术语之后的常用语词项集合。第④阶段根据统计特征方法，建立不包含法律术语的初始向量空间模型，获得半文本表示的特征向量。第⑤阶段对半文本表示的特征向量进行特征选择，构建日常用语词典。第⑥阶段根据日常用语词典和法律术语词典，在全部词项集合中删除没有在上述两个词典中出现的词语，建立双词典的向量空间模型，输出法律文本的全特征向量。第⑦阶段对法律文本特征表示向量进行分类。

6.3　过滤器特征选择

6.3.1　特征选择一般方法

根据一定方法和准则产生特征子集的过程称为特征选择。在特征子集选取阶段，根据一定的准则从初始特征空间中开始选择，较为简单的方法就是穷举选取或者随机选取，不足的地方就是空间和时间上的开销较大。改进的方法有启发式规则，根据贪心思想从特征空间中进行选取，一直到满足某个条件。

穷举选取、随机选取和启发式规则等特征选择方法都保留特征原有值，而有些方法转换特征原有值。例如，主成分分析方法和傅里叶变换通过空间变换，将原有的特征值投射新空间上，改变了特征原值。根据特征子集产生过程是否改变特征原值，可以将维度约简分为特征选择和特征抽取，特征选择所产生的特征子集是原有特征空间的一个子集，而特征抽取所产生的子集是原有特征空间的一个映射，这两种方法都是对特征空间进行降维，如图6.5所示：

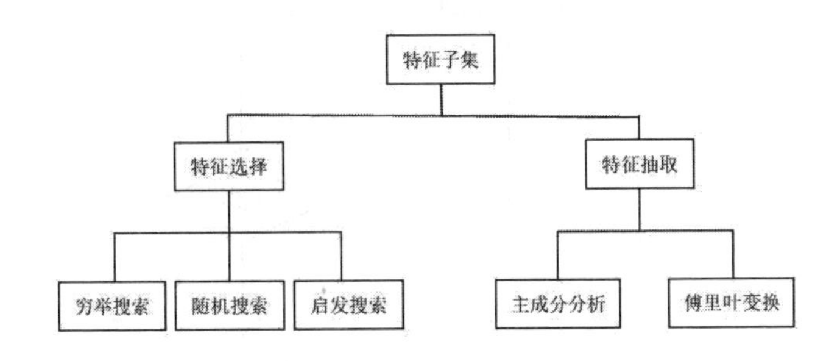

图6.5 特征子集搜寻过程分类

特征子集的选取是否符合要求，这需要对特征子集进行评估，根据不同的需求，评估标准有所不同。例如，特征子集中的特征具有一定的代表性和样本均衡性，或者选取的特征子集使得机器学习模型在测试数据上的性能表现优越。

6.3.2 过滤器选择方法

特征选择减少了一些噪音，使得建立在特征子集上的机器学习模型效果更好，增强模型的泛化能力。特征选择的结果是一个相对较优的特征子集，将经过特征选择后的训练数据输入到机器学习模型进行训练，使得模型在测试数据上有较好的性能表现。

一般来说，进行特征选择需要考虑以下几个问题。其一，从初始特征空间中选取确定数量的特征，能够提高模型准确率；其二，在达成给定的准确率的情况下，选取最小数量的特征子集；其三，在达成模型准确率和减少特征数量之间进行权衡。上述问题都与约束最优化有关，初始特征空间的维度较小时，可以满足计算机时间和空间复杂度要求。但是当维度非常大时，将难以满足时间和空间上的开销，需要寻求一个更加合适的解决方法。

特征选择过程包含选取、评价、停止和验证。选取是指从初始特征空间中按照某种方法选择一个特征子集；评价就是按照某种评估方法对特征子集进行度量；停止是指根据某个准则，在停止当前的特征子集搜索还是继续选取下一个特征子集两者之间进行判断；验证就是对最后选取出来的特征子集进行有效性验证，使模型泛化能力获得提升。如图 6.6 所示：

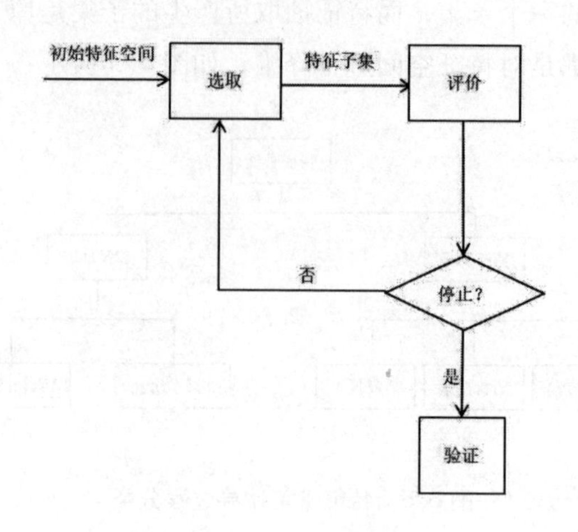

图 6.6　特征选择的过程

特征子集具有其自身特点，如何选取特征子集需要根据实际应用需求。评价函数用来衡量特征子集选取（Feature Subset Selection，FSS）的优劣，可以将评价函数分为过滤器模型（Filter FSS）、封装器模型（Wrapper FSS）和混合模型（Mixture FSS）。采用独立性原则的过滤器模型将训练数据的初始特征空间迭代输出为一个最后特征子集，然后将最后特征子集输入到机器学习算法进行训练，如何产生最后特征子集与机器学习算法无关。过滤器模型利用了训练数据分布的内在特点和规律，可以视作某种程度上的数据预处理。

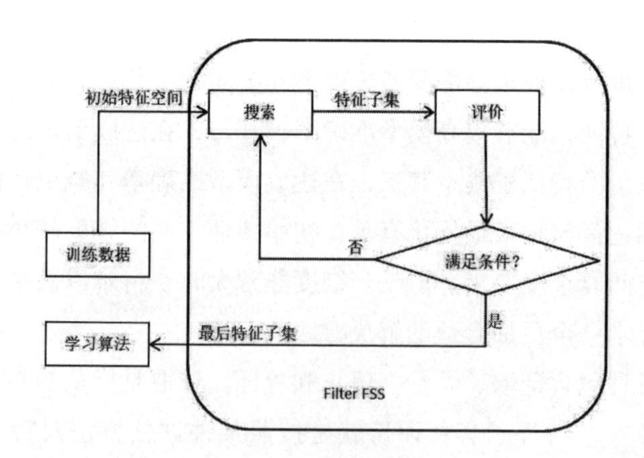

图 6.7　过滤器的原理

6.3.3　基于随机矩阵的评价函数

评价函数是用来评价特征子集选取的好坏，可分为关联性准则和独立性准则。在过滤器模型的特征选择算法中，一般应用独立性准则，尝试通过训练数据的内含规律对所选特征子集进行评价，因此可独立于给定的学习算法。独立性准则包括信息度量、距离度量、关联性度量和一致性度量等，在做比较通用的特征选择时，推荐采用这种方法。由于独立于给定的机器学习算法，独立性准则也适用于大多数后续其他机器学习算法。

矩阵中的元素为随机变量，称为随机矩阵。在引入随机变量后，矩阵元素和特征值都由确定性的值改变为随机变量及其概率分布。根据矩阵形式以及内在特性，随机矩阵用来解决不确定性问题。随机矩阵不是为了取代确定矩阵，而是在结果难以精确计算时，摒弃内在确信机制，从统计特性的角度来描述和处理问题，例如均值和方差。

Wishart 根据一组定义在对称、非负定矩阵的随机矩阵，提出 Wishart 分布。假设随机变量 X_1，X_2，…，X_n 相互独立，服从均值为 0，方差为 1 的正态分布，从一元正态分布中抽取的 n 个独立的样本，那么这些样本的方差应该是服从一个自由度为 n 的 X^2 分布：

$$X^2 = \sum_{i=1}^{n} X_i^2 \tag{6.13}$$

Wishart 分布是从独立多维正态随机向量中所抽取样本的协方差矩阵的分布，也是 X^2 分布在多元上的扩展，可以用来描述多元正态分布样本的协方差矩阵，在多元正态分布的贝叶斯推导中非常重要。用 Wishart 分布描述随机矩阵协方差，按照下式建模：

$$S \sim W(\Sigma, p, n) = \sum_{i=1}^{n} X_i X_i^T \tag{6.14}$$

Wishart 分布 S 的概率密度函数如下：

$$f(S) = \frac{1}{2^{np/2}\Gamma_p\left(\frac{n}{2}\right)|\Sigma|^{n/2}}|S|^{(n-p-1)/2}\exp\left[-\frac{1}{2}trace(\Sigma^{-1}S)\right] \tag{6.15}$$

这里的 $\Gamma_p\left(\frac{n}{2}\right)$ 是一个多元的 Gamma 函数，$trace(\Sigma^{-1}S)$ 是矩阵的迹，也就是矩阵主对角线上元素的和。实际上，这个概率密度的具体形式很少用到。但是它有很大的作用，就是 Wishart 分布经常作为正态分布的协方差矩阵的逆的共轭先验分布，在很多情况下可以用来描述正态分布样本的协方差矩阵，这点与卡方（chi-square）分布描述一元正态分布样本的方差是一致的。当一个对称的正定矩阵的扩散张量正是随机元素的时候，这个分布也很重要。

Wishart 分布最重要的作用是描述多元正态分布样本的协方差。即假设 X_1，…，X_n 是独立同分布的样本，它们都是来自 $N_p(n, \Sigma)$ 。那么，样本的均值和方差分别是：

$$\bar{X} = \frac{1}{n}\sum_{i=1}^{n} X_i \tag{6.16}$$

$$S = \frac{1}{n-1}\sum_{i=1}^{n} (X_i - \bar{X})(X_i - \bar{X})^T \tag{6.17}$$

6.3.4 随机矩阵特征选择 SMFS

根据随机矩阵的特点，由于随机变量的引入，文本向量空间矩阵的元素由确定的值变成了随机变量抽样以及其概率分布。

推论 6.1：W 是 N×N 的 Wishart 矩阵，且：

$$W_{jl} = \sum_{i=1}^{m} t_{ij} t_{il} \tag{6.18}$$

W 矩阵中所有元素由不同的词随机向量的内积所构成，词随机向量的观察值数量就是样本数量 m ，随机变量个数就是词数量 n ，即文本向量空间矩阵为 $m \times n$ 。

推论 6.2：W 的对角线元素，即 W_{ii}，$1 \le i \le N$ 都是独立同分布（independent identical distribution，IID）随机变量，当观察样本值数量特别大时，可以认为近似服从正态分布，并且期望 $\mu(W_{ii})$ 和方差 $\sigma^2(W_{ii})$ 均为有界。

根据推论 6.2 可知，当 W_{ii} 独立同分布时，文本向量空间中的列向量，即词随机列向量也为独立同分布，且近似服从正态分布，类别向量为二项伯努利（Bernoulli）分布。如果词随机向量 t_j 与类别向量 c 相互独立，那么在正类样本（positive samples）中观察到 t_j 分布情况应该与在负类样本（negative samples）中观察到 t_j 分布情况是相同的或者差异较小。这表示 t_j 的总体分布不随着样本类别取值不同而所有改变，t_j 的观察值与类别无关，是一个独立于类别的随机变量。相反，如果在正类样本中观察到的 t_j 分布情况与在负类样本中观察到的 t_j 分布情况出现较大的差别，这表明 t_j 的总体分布与样本类别之间存在较大的相关性。因此，我们可以从正类样本 t_j 观察值和负类样本 t_j 观察值的分布差异来估计词语与类别之间的相关性。

m 个样本在词随机向量 t_j 上观察值为：

$$t_j = (t_{1j}, t_{2j}, \cdots, t_{mj})^T \tag{6.19}$$

T 为向量转置，$m \times n$ 矩阵按照正类样本和负类样本划分为两个子集。其中，TP 为正类样本构成的文本向量空间矩阵，TN 为负类样本构成的文本向量空间矩阵。$(1, 2, \cdots, r-1)$ 为正类样本在整个样本集中的序号，词向量 t_j 在正类上的样本观察值为 $(t_{1j}, t_{2j}, \cdots, t_{(r-1)j})^T$。$(r, r+1, \cdots, m)$ 为负类样本在整个样本集中的序号，词向量 t_j 在负类上的样本观察值为 $(t_{tj}, t_{(t+1)j}, \cdots, t_{mj})^T$。

TP 矩阵描述如下：

$$TP = \begin{bmatrix} t_{11} & \cdots & t_{1n} \\ \vdots & \ddots & \vdots \\ t_{(r-1)1} & \cdots & t_{(r-1)n} \end{bmatrix} \tag{6.20}$$

TN 矩阵描述如下：

$$TN = \begin{bmatrix} t_{r1} & \cdots & t_{rn} \\ \vdots & \ddots & \vdots \\ t_{m1} & \cdots & t_{mn} \end{bmatrix} \tag{6.21}$$

推论 6.3：随机向量 t_j 的期望用样本观察值的均值来估计，方差用离差平方的均值来估计。

根据式（6.20）和（6.21），随机向量 t_j 在正类样本中分布的期望为 $\mu_p(t_j)$：

$$\mu_p(t_j) = \frac{1}{r-1} \sum_{i=1}^{r-1} t_{ij} \tag{6.22}$$

在正类样本中分布的方差为 $\sigma^2{}_p(t_j)$：

$$\sigma^2{}_p(t_j) = \frac{1}{r-2} \sum_{i=1}^{r-1} (t_{ij} - \mu_p(t_j))^2 \tag{6.23}$$

同样地，随机向量 t_j 在负类样本中分布的期望为 $\mu_n(t_j)$：

$$\mu_n(t_j) = \frac{1}{m-r+1} \sum_{i=r}^{m} t_{ij} \tag{6.24}$$

在负类样本中分布的方差为 $\sigma^2{}_n(t_j)$：

$$\sigma^2{}_n(t_j) = \frac{1}{m-r} \sum_{i=r}^{m} (t_{ij} - \mu_n(t_j))^2 \tag{6.25}$$

推论 6.4：随机向量 t_j 在类别上的分布不均衡性等于不同类别上分布的期望之差和方差之差的平方和，用 γ_{t_j} 来反映分布词语 t_j 在类别上的不均衡度（imbalance degree）：

$$\gamma_{t_j}=(\mu_p(t_j)-\mu_n(t_j))^2+({\sigma^2}_p(t_j)-{\sigma^2}_n(t_j))^2 \tag{6.26}$$

定理 6-1：假设词语 t_1 的不均衡度 γ_{t_1} 大于词语 t_2 的不均衡度 γ_{t_2}，则有词语 t_1 的条件概率 $p(c\mid t_1)$ 大于词语 t_2 的条件概率 $p(c\mid t_2)$。

证明：将词语 t_1 拿走后的 Wishart 矩阵记为 $S(\bar{t}_1)$，将词语 t_2 拿走后的 Wishart 矩阵记为 $S(\bar{t}_2)$，根据 Wishart 矩阵的概率密度函数，拿走词语 t_1 后的概率为：

$$f(S(\bar{t}_1))=\frac{1}{2^{mk/2}\Gamma_{k-1}\left(\frac{m}{2}\right)\mid\Sigma\mid^{m/2}}\mid S(\bar{t}_1)\mid^{(m-k-2)/2}\exp\left[-\frac{1}{2}trace(\Sigma^{-1}S(\bar{t}_1))\right] \tag{6.27}$$

而拿走词语 t_2 后的概率为：

$$f(S(\bar{t}_2))=\frac{1}{2^{mk/2}\Gamma_{k-1}\left(\frac{m}{2}\right)\mid\Sigma\mid^{m/2}}\mid S(\bar{t}_2)\mid^{(m-k-2)/2}\exp\left[-\frac{1}{2}trace(\Sigma^{-1}S(\bar{t}_2))\right] \tag{6.28}$$

由于：

$$\gamma_{t_1}>\gamma_{t_2} \tag{6.29}$$

根据式（6.28）和（6.29）：

$$trace(\Sigma^{-1}S(\bar{t}_2))>trace(\Sigma^{-1}S(\bar{t}_1)) \tag{6.30}$$

所以有：

$$p(t_1\mid c)>p(t_2\mid c) \tag{6.31}$$

根据贝叶斯公式：

$$p(c\mid t)=\left(\frac{p(t\mid c)\,p(c)}{p(t\mid c)\,p(c)+p(t\mid\bar{c})\,p(\bar{c})}\right)^{c}\left(\frac{p(t\mid\bar{c})\,p(\bar{c})}{p(t\mid c)\,p(c)+p(t\mid\bar{c})\,p(\bar{c})}\right)^{1-c} \tag{6.32}$$

故此：

$$p(c\mid t_1)>p(c\mid t_2) \tag{6.33}$$

$$p(c \mid t_j) \propto p(t_j \mid c)\, p(c) + p(t_j \mid \bar{c})\, p(\bar{c}) \propto$$
$$(\mu_{xp}(t_j) - \mu_{xn}(t_j))^2 + (\sigma^2{}_{xp}(t_j) - \sigma^2{}_{xn}(t_j))^2 \tag{6.34}$$

推论 6.5：当 γ_{t_j} 超过一定的阈值，认为词语 t_j 对于分类具有一定相关性，对类别有着一定的影响。小于阈值的词语 t_j 可以认为对于分类不具有相关性，如果将该词语从矩阵中去除，对分类结果没有影响。

随机矩阵特征选择方法（Stochastic Matrix for Feature Selection，SMFS）是根据随机矩阵特点，计算每个词的不均衡度，按照大小进行排序，设定一个阈值，按照阈值进行特征选择。

算法 6.1（SMFS）给定输入：文本空间矩阵 $X = \{((t_{i1}, \cdots, t_{ij}, \cdots, t_{in}, y_i))\}_{i=1}^{m}$，样本数量为 m，词语数量为 n，设定阈值为收敛速度 η；输出：特征选择集 $SMFS$。SMFS 算法包含以下过程：

1：function Fun_SMFS（X，η）

2：　　$SMFS \leftarrow [\ ]$

3：　　$XP \leftarrow [X \mid y_i = c]$

4：　　$XN \leftarrow [X \mid y_i = \bar{c}]$

5：　　for　$j \leftarrow 1, \cdots, n$ do

6：　　　　$tmp \leftarrow 0$

7：　　　　for　$i \leftarrow 1, \cdots, count(y_i = c \mid XP)$ do

8：　　　　　　$tmp \leftarrow tmp + XP_{ij}$

9：　　　　end for

10：　　　　$\mu_{xp}(t_j) \leftarrow \dfrac{tmp}{count(y_i = c \mid XP)}$

11：　　　　$tmp \leftarrow 0$

12：　　　　for　$i \leftarrow 1, \cdots, count(y_i = \bar{c} \mid XN)$ do

13：　　　　　　$tmp \leftarrow tmp + XN_{ij}$

14：　　　　end for

15：　　　　$XPZ \leftarrow XP(:, t_j) - \mu_{xp}(t_j)$

16：　　　　$\sigma^2{}_{xp}(t_j) \leftarrow \dfrac{1}{count(y_i = c) - 1} XPZ^T * XPZ$

17：　　　　$XNZ \leftarrow XN(:, t_j) - \mu_{xn}(t_j)$

18： $\sigma^2_{xn}(t_j) \leftarrow \frac{1}{count(y_i = c) - 1} XNZ^T * XNZ$

19： $\gamma_{t_j} \leftarrow (\mu_{xp}(t_j) - \mu_{xn}(t_j))^2 + (\sigma^2_{xp}(t_j) - \sigma^2_{xn}(t_j))^2$

20： $SMFS.append(\gamma_{t_j})$

21： end for

22： *SMFS. sorted*(*reverse*)

23： $index \leftarrow 0$

24： for $j \leftarrow 1, \cdots, n$ do

25： if $SMFS(j) - SMFS(j+1) < \eta$ then

26： $index \leftarrow j$

27： return

28： end if

29： end for

30： *SMFS. remove*(*index*：*n*)

31： $Set \leftarrow [\,]$

32： for $j \leftarrow 1, \cdots, length(SMFS)$ do

33： $indice \leftarrow SMFS[j]$

34： *Set. append*(*X*[*indice*])

35： end for

36： return *Set*

37：end function

6.4 封装器特征选择

6.4.1 基于特征抽取的启发式封装器模型

从某种角度来说，特征选择过程实际上是从特征空间集合搜索特征子集的过程。在法律文本处理中，很多特征存在各种相关性，比如词语“合同”与“违约”就存在很大相关性。法律文本数据具有高维特点，如果从所有词语构成的特征空间进行完全搜索，空间复杂度和时间复杂度将会非常大，实用意义不大。在求解问题时，往往很难达到最优解，在这种情况下，可以退而求其次，寻求次优解。贪心算法就是通过初始解出发，根据某个优化准则，一步一步地求取局部最优解。每次只考虑子问题，通过局部最优解，实现整体的次优解。启发式方法根据贪心思想，从特征子集为空集开始，每次选择一个使得特征评价函数最优的特征加入，直到某个评价函数到达阈值。评价函数描述选取的特征子集优劣程度的一个测度，根据不同的评价目标，评价函数的选择会有所不同。例如，有的评价函数根据数据集分布是否均衡进行设计，有的评价函数依据机器学习模型的分类性能进行评估，所以要综合考虑数据集的内在特征和学习模型等应用场景。如果根据数据集内在结构特性，利用其内在特征评价函数，将特征选择作为一个数据预处理阶段，并且独立于学习模型和算法，这种称为过滤器模型。在前文中使用的评价函数独立于分类结果，就是过滤器模型。如果根据机器学习模型的分类结果来验证数据集的选取是否合适，分类结果评估依赖于学习算法和数据集的选取，固定学习算法，可以通过分类结果来评估特征子集的好坏，这种称为封装器模型。

封装器模型采用的是关联性原则，处理过程如图 6.8 所示。封装器模型根据特征选择方法选取一个特征子集，然后将该特征子集输入到学习算法，计算学习算法的分类性能，以分类性能的优劣作为评价特征子集的好坏的标准。将分类精度满足目标的那个特征子集作为最终特征子集，很显然，同样的数据集在不同的分类算法上的分类精度是不一样的。因此，用封装器模型选择特征子集与学习算法有关。在搜索特征空间时，对于是否继续产生下一个特征子集，需要考虑停止准则。对于不同的评价函数，停止准则也不一样。停止搜索条件可设为一个阈值，如果评价函数的数值达到这个阈值后，就不再产生新的特征子集。例如，过滤器的停止条件可以是按照样本平均覆盖原则，选取平均间距最大的特征组合。封装器的停止条件可以是在验证集上返回最高准确率的特征子集。数据集可以分为训练集、验证集和测试集：首先，用训练集的特征子集训练学习算法参数，在验证集上计算学习算法分类性能。然后，根据验证集上的最好分类性能选取特征子集。最后，用测试数据来检验特征子集选取的有效性。训练集、验证集和测试集的划分要避免数据耦合和重叠。可以将上述的过滤器和封装器方法组合起来使用，例如，在结合准确率、召回率和 F1 度量情况下，采用启发式特征搜索方法。

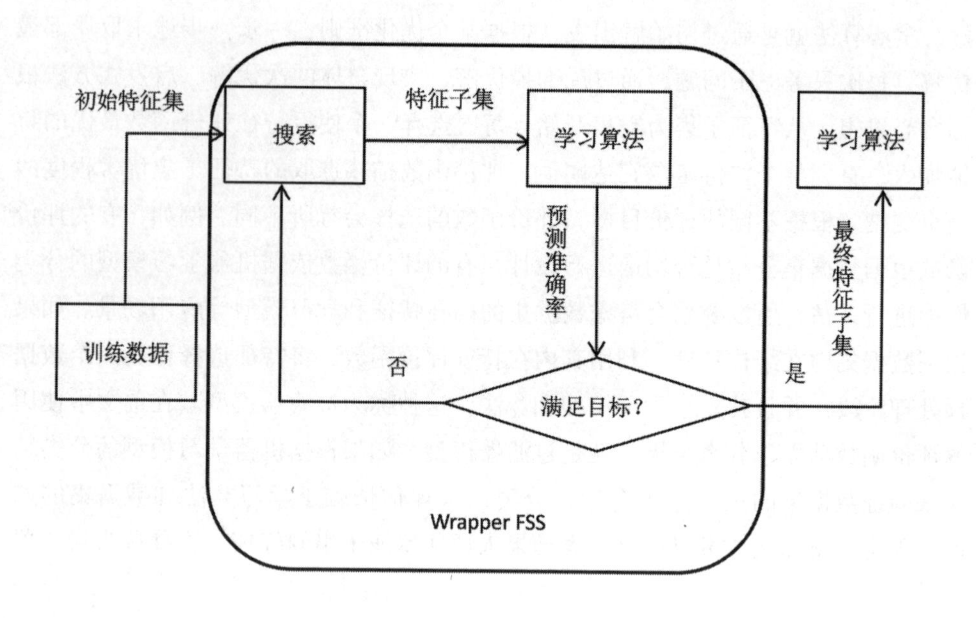

图 6.8 封装器原理

特征抽取方法将高维的原始空间映射到低维的特征子集空间。主成分分析方法是一种坐标变换方法，可以去除冗余特征。具体特征变换过程中，去掉较小的特征值，从而达到去噪、去除相关性和特征减少的目的。小波也是一种特征空间变换的方法，相较于傅立叶变换，小波变换能更好地适应剧烈的变换。

6.4.2 基于主成分分析的封装器模型

通过矩阵变换，将原始特征空间投影到主成分空间，虽然在保留原始信息的前提下实现了维度降低，但是主成分变换改变了原有特征空间的数据信息结构。因此，并非所有的主成分对分类结果都有正面贡献作用，需要进行主成分的选择。

因为每个主成分的特征值已经包含了数据集的内在结构方面的测度，主成分选择的评价函数应该侧重于关联性准则。用分类器所选取的主成分子集对样本集进行分类，分类的精度是用来评价主成分子集的优劣的依据，当达到某个分类精度时就停止对主成分子集进行搜索。分类精度可以包括准确率、召回率和 F1 度量等，基于效果评价的主成分选择封装器模型（Principal Components Subset Selection，PCSS）如图 6.9 所示：

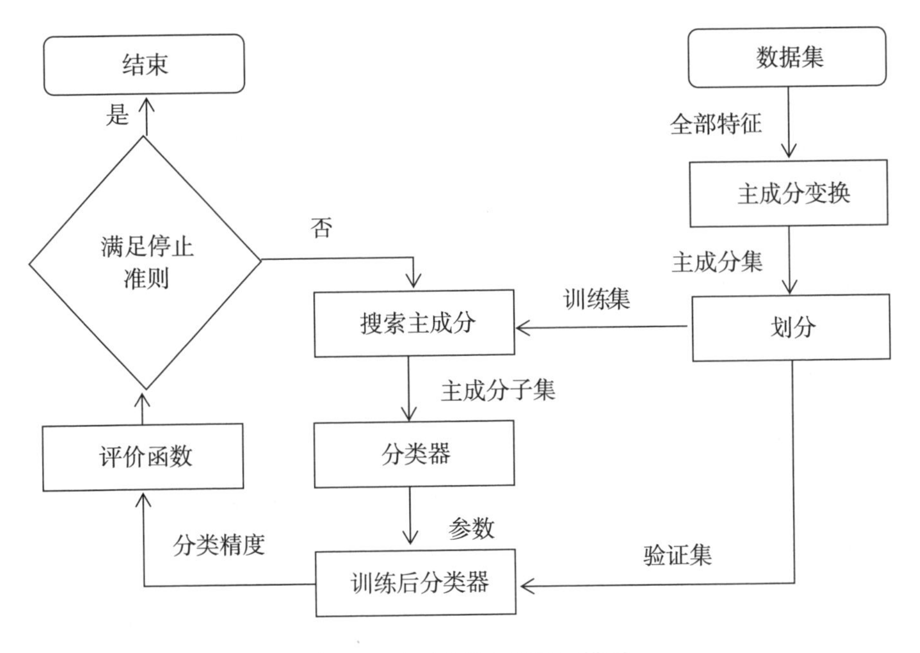

图 6.9　主成分选择封装器模型

高维度的法律文本需要在不损失原始信息的情况下，进行空间降维，这就需要一种特征抽取方法。在统计问题中，为了客观地研究问题，需要综合考虑各种影响因素，诸多因素构成了高维度向量。这些高维向量都在不同程度上反映了研究数据的某些信息，当两个空间向量存在一定相关关系时，可以认为这两个向量包含一定的重叠信息。根据正交变换，主成分分析（Principal Component Analysis，PCA）将具有相关性的高维向量转换成为一组线性不相关的低维向量。主成分分析方法是一种特征抽取方法，虽然是一种降维方法，但是每一个原始特征空间的特征都在新空间上的新维度上（称为主成分）有投射。因此，与一般特征选择方法不同，主成分分析方法最大保留了原始特征空间信息。换言之，主成分分析方法通过一个正交变换，将在原始特征空间维度上不易区分的向量投射到另外一个正交空间，原始数据在变换后的正交空间的维度上差异较大，因此，也就较易区分。

通过一个正交变换，主成分分析法将其分量相关的高维空间原始向量转化成其分量不相关的低维空间新向量，在代数上的表现是将原随机向量的协方差矩阵转换为对角形阵。用 x_i 表示原始向量空间模型中的第 i 个文本的特征向量，原始

特征向量具有 n 维，x_i 表示为：

$$x_i = (x_{i1}, x_{i2}, \cdots, x_{ij}, \cdots, x_{in}) \tag{6.35}$$

式中 x_{ij} 为词典中的特征词 j 的在样本 i 中的取值，数据集的标准化转换包括求均值和方差：

$$\overline{x_j} = \frac{\sum_{i=1}^{m} x_{ij}}{m} \tag{6.36}$$

$$s_j^{\,2} = \frac{\sum_{i=1}^{m} (x_{ij} - \overline{x_j})^2}{m - 1} \tag{6.37}$$

其中，数据集中的样本数量为 m，$\overline{x_j}$ 为具有高维的原始向量空间模型的第 j 维上的数值均值，$s_j^{\,2}$ 为该维度上的数值方差，进行标准化操作：

$$Z_{ij} = \frac{x_{ij} - \overline{x_j}}{s_j}, \ i = 1, 2, \cdots, m; \ j = 1, 2, \cdots, n \tag{6.38}$$

主成分分析方法在原始向量空间模型中寻求一个向量或者方向，将所有样本投影到该向量方向上，产生的方差为最大值。假定能够产生最大方差的投影方向单位向量为 v，目标函数可以表示为：

$$\underset{v}{argmax} \frac{1}{2} \sum_{i=1}^{m} \frac{1}{m-1} (Z_i v)^2 \tag{6.39}$$

同时还需满足约束条件：

$$v^T v = 1 \tag{6.40}$$

式中为 v^T 是 v 的转置，由目标函数和约束条件构成拉格朗日乘子式：

$$L(v) = \frac{1}{2} \sum_{i=1}^{m} \frac{1}{m-1} (Z_i v)^2 + \lambda (1 - v^T v) \tag{6.41}$$

使：

$$Cov = \sum_{i,\,j=1}^{m} \frac{1}{m-1} (Z_i ? \ Z_j^{\,T}) \tag{6.42}$$

拉格朗日乘子式取得最大值时，需要满足偏导数为零：

$$|Cov - \lambda I| = \overrightarrow{0} \tag{6.43}$$

由式（6.42）和（6.43）可见，产生最大方差的投影方向与标准化数据集的协方差矩阵特征向量有关。协方差矩阵 Cov 是一个 $n \times n$ 方阵，假设协方差矩阵的秩为 k：

$$Rank(Cov) = k \tag{6.44}$$

协方差矩阵的特征向量个数为 n，特征值不为 0 的特征向量数量为 k，且：

$$\lambda_1 \geq \lambda_2 \geq \cdots \geq \lambda_k > \lambda_{k+1} \cdots \lambda_n = 0 \tag{6.45}$$

$$V = [v_1 v_2 \cdots v_k v_{k+1} \cdots v_n] \tag{6.46}$$

由此可见，特征值 λ_1 对应特征向量 v_1，特征值 λ_2 对应特征向量 v_2，以此类推。将数据集投影到特征向量 v_1 上的方差最大，特征向量 v_2 次之，逐渐递减。从分类任务来看，同类的间隔小，而不同类的间隔大。因此，投影到特征向量 v_1 上的方差最大，这一特性有利于分类，这表明主成分变换在分类任务上的信息丢失最少。

从旋转和缩放的角度，一个矩阵变换就是旋转，沿着坐标轴缩放，然后再旋转回来。根据协方差矩阵的特征值和特征向量关系，矩阵表示如下：

$$\frac{Z^T Z}{m-1} V = V\Sigma \tag{6.47}$$

Σ 是由特征值 $\lambda_1 \geq \lambda_2 \geq \cdots \geq \lambda_k$ 构成的对角矩阵，假定 U 是 $m \times m$ 正交矩阵，S 是 $m \times k$ 矩阵，可以使得：

$$(US)^T US = (m-1)\Sigma \tag{6.48}$$

其中：

$$U = [u_1 u_2 \cdots u_k u_{k+1} \cdots u_m] \tag{6.49}$$

另外：

$$S = \sqrt{(m-1)\Sigma} \tag{6.50}$$

将式（6.50）代入式（6.48）中，可以得到：

$$\frac{Z^T Z}{m-1} = \frac{(USV^T)^T USV^T}{m-1} \tag{6.51}$$

根据式（6.47），可知：

$$Z = USV^T \tag{6.52}$$

如果样本数量 m 大于特征数量 n，使用下式来进行投影：

$$ZV = US \tag{6.53}$$

如果样本数量 m 小于特征数量 n，使用下式来进行投影：

$$Z^T U = VS^T \tag{6.54}$$

文本特征的选取一般与词语有关，普通文本或叙事性文本的词语根据表达需要，可以进行适时调整，较为灵活。而法律文本是比较规范的书面语，反映了统治阶级意志，具有很强的权威性和严肃性。例如，法律文本中不会出现好人或坏人这类口语化的词语。为了表达严谨而确切的含义，法律文本存在大量法律术语，即法律词汇。法律术语用于表达特定的法律现象和内容，例如，合同、表见代理、无效、撤销、证据、上诉等。这些法律术语有着特定的使用范围，不得任意解释或者用其他词汇替代。法律词汇还包括一些来自于普通词汇但又与法律活动密切相关的词语，用于规范法律行为和体现法律特征，例如“禁止”“应当”和“可以”。

法律文本特征抽取过程如图 6.10 所示。第①阶段为数据准备阶段，提供 FCA 或者 CJO 数据集，按照附录 A 中内容提供法律术语词典，日常用语词典是除去法律术语和停用词之外的一般性词语。第②阶段对语料集中的法律文本进行分词，不考虑词语在文本中顺序，建立相应文本的词袋集合。第③阶段按照法律术语词典和日常用语词典，分别建立法律术语 VSM 模型和日常用语 VSM 模型。第④阶段按照法律主题所对应主成分数量，进行主成分变换，获得相对法律主题的主成分。第⑤阶段通过主成分分析，将日常用语特征集转换为日常用语主成分集。第⑥阶段将日常用语主成分集划分为训练集、验证集和测试集，保留训练集和验证集。第⑦阶段将训练集输入到分类器上，进行训练，获得分类器模型参数。第⑧阶段通过验证集来评价已经训练好的分类器性能，由此判断主成分选择是否得当，如果不满足目标，可进入第⑥阶段，重新选择主成分，直到在验证集上的性能满足目标。第⑨阶段将日常用语主成分子集和法律术语主成分子集进行合并，获得法律文本语料库在空间上映射的抽取结果。

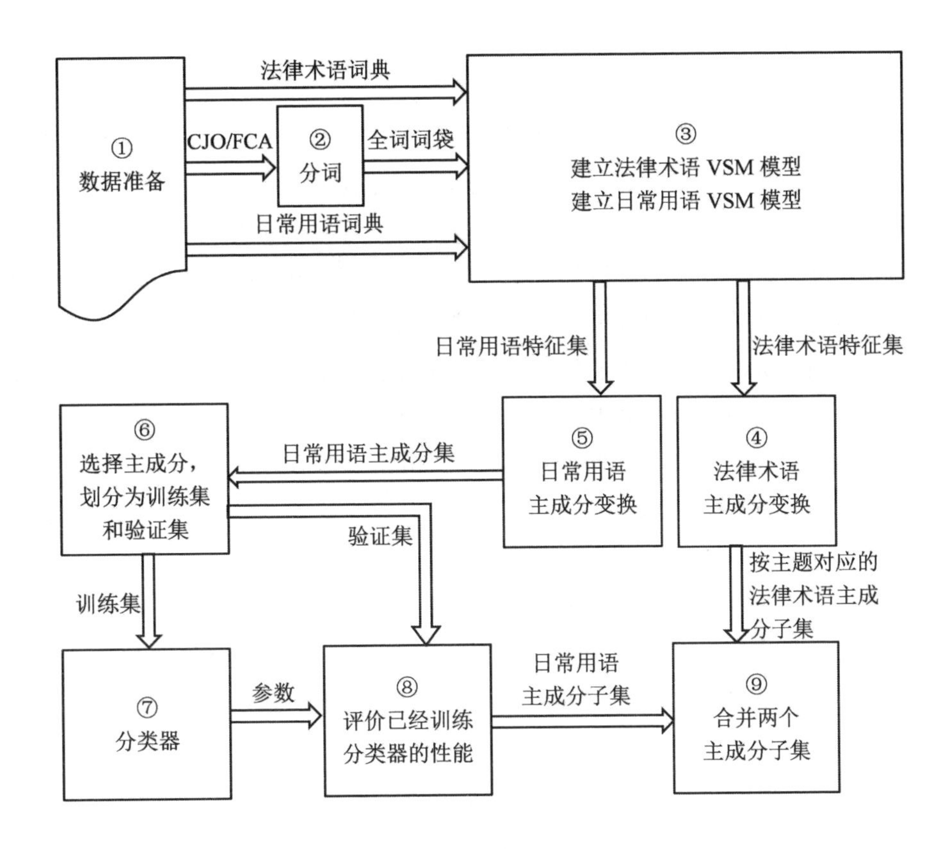

图 6.10　主成分分析法律文本特征抽取

根据式（6.46）计算前几个主成分累计贡献率，确保累计贡献率达到一个较高的水平，即高维特征降维后的保有的信息量须保持在一个较高水平上。定义信息的累计方差贡献率（Accumulative Contribution Rate，ACR）：

$$ACR(p)=\frac{\sum_{i=1}^{p}\lambda_i}{\sum_{i=1}^{n}\lambda_i},\ p=1,\ 2,\ \cdots,\ n \tag{6.55}$$

提取主成分的个数一方面确保原始向量空间利于分类的信息，另一方面考虑噪声的影响。当累计贡献率达到一定水平后，原始向量空间中的分类间隔被最大化保留下来，也可能存在引入了对分类起到误导的噪声和情况。在主成分训练集上，按照主成分分析特征抽取方法，将原始高维特征空间映射到 k 维主成分空间：

$$Y = XV = [Xv_1 Xv_2 \cdots Xv_i \cdots Xv_k] \tag{6.56}$$

因此，主成分选择一般采用某种评价函数对 n 维主成分逐一进行评价或者整体进行评价，保留对分类有提升作用的主成分，剔除对分类具有干扰的主成分，得出的结果是 n 维主成分集的一个子集，本质上是对主成分数量进行约简。

通常情况下，主成分的解释其含义一般多少带有点模糊性，不像原始向量的含义那么清楚和确切。利用效果评估函数求解最优主成分组合，一般来说，求最优解或近似最优解的传统方法主要有枚举法和启发式搜索算法。主成分组合取值是离散值，可以枚举出所有主成分的组合，以求出达到最佳分类性能的主成分组合情形的最优解，最优解不可能落到所有主成分组合情形之外。

$$Y_p = XV_p = [Xv_1 Xv_2 \cdots Xv_i \cdots Xv_p] \tag{6.57}$$

Y_p 为 n 维主成分空间的 p 维子空间，$p = 1, 2, \cdots, n$，p 维子空间选择根据信息累计贡献率 $ACR(p)$ 递增来进行。如果随着 $ACR(p)$ 递增，效果评价函数表现出递减，则表明在最大化原有空间信息前提下，新加入的主成分对分类起到干扰作用。将起干扰作用的主成分 v_r 从 p 维主成分子空间中删减：

$$v_r = V(:, r) = [\,] \tag{6.58}$$

经过主成分映射和主成分选择后的特征降维后的新样本向量空间为 Y_{n-r}。根据式（6.57）和式（6.58），构造主成分子集搜索函数 f_{pcs}：

$$f_{pcs}(K) = \{\,\} + \bigcup_{p=1}^{n} \{f_e(ACR(p))\} \tag{6.59}$$

K 为集合 $\{1, 2, \cdots, n\}$，$ACR(p)$ 为累计贡献率，随着 p 增加而增加，是 f_e 返回使效果评估函数（准确率、召回率和 F1 度量）增加的 p 值集合，如果效果评估函数值不增加则返回空集合。$\cup \{\,\}$ 为集合并操作。

算法 6.2（PCSS）给定输入：文本空间矩阵 $X = \{((t_{i1}, \cdots, t_{ij}, \cdots, t_{in}, y_i))\}_{i=1}^{m}$，样本数量为 m，词语数量为 n；输出：特征选择子集 $PCSS$。PCSS 算法包含以下过程：

1：function Fun_PCSS（X）

2：　$Z \leftarrow [\,]$

3：　for　$j \leftarrow 1, \cdots, n$ do

4：　　$tmp \leftarrow 0$

5：　　for　$i \leftarrow 1, \cdots, m$ do

6:　　　　　$tmp \leftarrow tmp + X_{ij}$

7:　　　end for

8:　　　$\mu_x(t_j) \leftarrow \frac{tmp}{m}$

9:　　　$XZ \leftarrow X(:, t_j) - \mu_x(t_j)$

10:　　　${\sigma^2}_x(t_j) \leftarrow \frac{1}{m-1} XZ^T * XZ$

11:　　　for $i \leftarrow 1, \cdots, m$ do

12:　　　　$Z_{ij} \leftarrow \frac{X_{ij} - \mu_x(t_j)}{\sigma_x(t_j)}$

13:　　　end for

14:　　end for

15:　　$Cov \leftarrow [\,]$

16:　　for $j \leftarrow 1, \cdots, n$ do

17:　　　for $i \leftarrow 1, \cdots, n$ do

18:　　　　$Cov_{ij} \leftarrow \frac{{Z^T}_i ?\ Z_j}{m-1}$

19:　　　end for

20:　　end for

21:　　$eigvectors, eigvalues \leftarrow eig(Cov)$

22:　　$V \leftarrow eigvectors$

23:　　$S \leftarrow \sqrt{(m-1) * eigvalues}$

24:　　$U \leftarrow ZVS^T$

25:　　$PCSS \leftarrow [\,]$

26:　　if　$m \leqslant n$ then

27:　　　$PCSS \leftarrow V$

28:　　else

29:　　　$PCSS \leftarrow U$

30:　　end if

31:　　return $PCSS$

32: end function

6.5 混合特征选择

6.5.1 混合器选择方法

特征选择混合器模型将过滤器方法和封装器方法结合起来，对特征空间进行两次降维处理。第一次降维处理采用过滤器方法，第二次降维采用封装器方法。过滤器采用独立性准则，评价特征子集的方法就是根据数据的内在特性，例如观察理论值和实际值的偏差、特征值与类别的相关性以及样本之间的距离差异等等。封装器采用关联性准则，首先确定一个具体的机器学习算法，然后该机器学习算法用给定的特征子集对样本集进行分类，评价函数用分类精度来衡量特征子集的优劣。如果分类性能不满足目标，重新选择特征子集，需要多次调用学习算法，时间复杂度较大，适合特定的学习算法，可能不适合其他一些学习算法。常见的过滤器方法有卡方检验、相关性、距离和信息增益率等，常见的封装器方法有分类器准确率、召回率以及 F1 度量等，过滤器和封装器的优缺点和适用情况如表 6.2 所示：

表 6.2 两种类型的评价函数的优缺点和适用情况

准则	优点	缺点	适用性
独立性	通用	性能一般	过滤器
关联性	局限于特定算法	性能较好	封装器

卡方检验最基本的思想就是通过观察实际值与理论值的偏差来确定理论的正确与否。具体做法通常是先假设两个变量确实是独立的，称为原假设。实际值称为观察值，理论值是在两者确实独立的情况下应该有的值。观察实际值与理论值的偏差程度，如果偏差足够小，可以认为误差是很自然的样本误差，由于测量手段不够精确导致或者偶然发生的，两者确实是独立的，应该接受原假设。如果偏差大到一定程度，使得这样的误差不太可能是偶然产生或者测量不精确所致，可以认为两者实际上是相关的，应该否定原假设。理论值为 E，实际值为 x，偏差程度的计算公式为：

$$Bias = \sum_{i=1}^{n} \frac{(x_i - E)^2}{E} \tag{6.60}$$

上式是卡方检验所使用的差值衡量公式，将提供的数个样本的观察值 x_1，x_2，…，x_n 代入到式中就可以求得卡方值，用这个值与事先设定的阈值比较，如果大于阈值，即偏差很大，就可以认为原假设不成立。反之，则认为原假设成立。

相关性度量的基本思想是好的特征子集所包含的特征应该是与分类类别的相关度较高，差的特征子集所包含的特征应该是与分类类别的相关度较低，而且两个特征之间的相关度是较低的。可以使用线性相关系数来衡量特征向量之间线性相关度：

$$R(i)=\frac{cov(X_i,\ Y)}{\sqrt{var(X_i)\ var(Y)}} \tag{6.61}$$

距离度量的基本思想是类别内的样本之间距离尽可能小，不同类别间的样本距离应该尽可能大。距离度量又称相似性度量，常用的距离度量包括欧氏距离、标准化欧氏距离和马氏距离等。

$$D(X_1,\ X_2)=\sqrt{\sum_{i=1}^{n}(X_{1i}-X_{2i})^2} \tag{6.62}$$

过滤器由于与具体的分类算法无关，因此其在不同的分类算法之间的推广能力较强，计算量也较小。而封装器由于在评价的过程中应用了具体的分类算法进行分类，因此其推广到其他分类算法的效果可能较差，而且计算量也较大。

在设计机器学习和分类算法时，可以根据实际情况，综合采用独立性准则和关联性度量方法，这样能更好地和应用场景中分类方法相结合，找到能够使分类性能更好的特征子集。

6.5.2　信息增益率

好的特征子集中属于同一类的那些特征值应当要单一，属于不同类的那些特征值要离散。对于一个特征，特征空间有这个特征和没有这个特征的两种情况下，数据集的信息量分别是多少，计算这两种情况下的差值就是这个特征所包含的信息量。包含这个特征的信息量称为信息熵，不包含这个特征的信息量称为条件熵。信息熵会倾向于特征取值较多的特征，信息增益率可以避免特征值过多导致的问题。

根据熵度量原理，信息增益率采用 $E(DS)$ 表示数据集 DS 被划分为几个类别的确定性，例如正类和负类。$E(DS)$ 值越小，表示将一个样本判定为特定的类别的确定性越高：

$$E(DS) = \sum_{l=1}^{|L|} -p_l log_2 p_l = -\sum_{l=1}^{|L|} \frac{|DS_l|}{|DS|} log_2 \frac{|DS_l|}{|DS|} \tag{6.63}$$

其中，p_l 为类别 l 的概率。例如，p_1 表示数据集 DS 中属于类别或者标签 1 的概率，p_2 为数据集 DS 中属于类别或者标签 2 的概率，等等。$|DS|$ 为数据集 DS 的样本总数，即 m 。DS_l 为类别 l 上的数据子集，即 $|DS_1| + |DS_2| + \cdots |DS_L| = m$ 。数据集按照属性或者特征划分，$E(DS, f_i)$ 表示按照特征 f_i 划分数据集 DS 产生的期望熵：

$$E(DS, f_i) = \sum_{vf\_i \in Values(f_i)} \frac{|DS_{vf\_i}|}{|DS|} E(DS_{vf\_i}) \tag{6.64}$$

其中，$Values(f_i)$ 为特征 f_i 在数据集 DS 上的所有取值，DS_{vf_i} 为特征 f_i 取值为 v 的那些样本所组成的数据子集，$|DS_{vf\_i}|$ 为数据子集 DS_{vf_i} 的样本数量。$SplitInfo(DS, f_i)$ 表示按照特征 f_i 划分数据集 DS 的均匀度：

$$SplitInfo(DS, f_i) = -\sum_{vf\_i \in Values(f_i} \frac{|DS_{vf\_i}|}{|DS|} log_2 \frac{|DS_{vf\_i}|}{|DS|} \tag{6.65}$$

信息增益采用特征划分数据集前后的熵降 $Gain(DS, f_i)$ 来表示，用以描述数据集 DS 按照特征 f_i 划分数据空间后的信息熵下降的度量：

$$Gain(DS, f_i) = E(DS) - E(DS, f_i) \tag{6.66}$$

信息增益率采用某一特征划分数据集前后的信息增益除以该特征均匀度的商 $GainRatio(L, v_i)$ 来描述：

$$GainRatio(DS, f_i) = \frac{Gain(DS, f_i)}{SplitInfo(DS, f_i)} \tag{6.67}$$

6.5.3 混合特征选择 HFS

实际上，在法律文本向量空间模型上构建的原始特征向量具有成千上万的维度，用于法律文本分类的特征或词语非常多，既有法律术语，也有一般词语。过高的维度不仅带来噪音，也产生多余的计算开销。因此，需要降低法律文本分类的数据表示维度。

综合运用信息增益率和 PCA 方法，通过三步构建混合特征选择模型。第一步数据预处理（Preprocessing）；第二步建立特征初选子集（Preliminary Feature Subset，PFS）；第三步构建特征再选子集（Second Feature Subset，SFS）。混合特征选择（Hybrid Feature Selection，HFS）模型可以概括为数据预处理、特征选择和特征抽取，过程如图 6.11 所示：

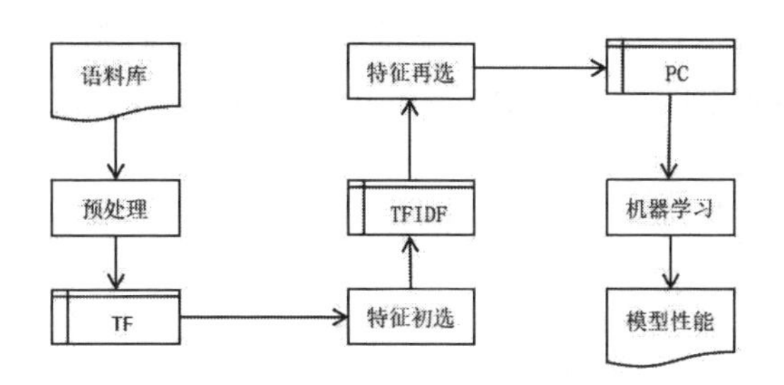

图 6.11　混合特征选择模型

（1）预处理

在预处理阶段，根据词典 *Voc* 对法律文本进行分词，并统计法律文本中词语出现的词频。词频 TF 重视词语在法律文本中的出现次数，而忽略其出现的次序。经过预处理之后，输出为词频文本向量空间模型：

$$TF=\begin{bmatrix} tf_{11}, & \cdots & tf_{1n} \\ \vdots & tf_{ij} & \vdots \\ tf_{m1} & \cdots & tf_{mn} \end{bmatrix} \tag{6.68}$$

词典包括很多词语和相应的索引，通过词典可以将词语表述为数字，词典大小为 n ，语料集大小为 m ，tf_{ij} 为第 i 个文本第 j 个词的统计词频，法律文本标签 Y 为：

$$Y=\begin{bmatrix} y_1 \\ \vdots \\ y_i \\ \vdots \\ y_m \end{bmatrix} \tag{6.69}$$

其中，y_i 是分类任务中的监督信息或者类别 1，2，…，$|L|$ 之一。

（2）特征初选

在特征初选子集阶段，根据式（6.67）计算 *TF* 矩阵中每一列或者特征的信息增益率。每个特征词语的信息增益率表述为：

$$[rig_1, \cdots, rig_n] \tag{6.70}$$

其中，rig_1 是词典中的第 1 个词语在语料库上的统计词频（即第 1 列）的信息增益率，较低的信息增益率反映较低的分类作用。设置阈值并标记矩阵中低于阈值的特征词，然后从词典中将该词删除，获得更新词典 Voc_new ，新的词典大小为 p 。根据词典 Voc_new ，按照 TF-IDF 思想，重新建立文本向量空间模型 TFIDF：

$$TFIDF = \begin{bmatrix} tfidf_{11} & \cdots & tfidf_{1p} \\ \vdots & \ddots & \vdots \\ tfidf_{m1} & \cdots & tfidf_{mp} \end{bmatrix} \tag{6.71}$$

预处理输出 TF 矩阵的值 tf_{ij} 是第 i 篇文本第 j 个特征的词频，缺少考虑该特征在其他文本出现的情况。特征初选输出的 TF-IDF 矩阵的值 $tfidf_{ij}$ 与特征词在第 i 篇文本中出现的频率成正比，与出现该特征词的文本篇数成反比。TF 矩阵的维度为 n ，$TFIDF$ 矩阵的维度为 p ，第一次降维所减少的维度是 $n-p$ 。

（3）特征再选

在特征再选阶段，通过 PCA 方法将特征初选输出的 $TFIDF$ 矩阵映射为主成分矩阵。$TFIDF$ 是一个 $m \times p$ 的矩阵，通过 z 标准化操作获得 Z 矩阵，使得均值和标准差符合要求。将 Z 的协方差矩阵记为 $CovZ$ ，存在 n 阶正交矩阵 V，使得：

$$V^T \cdot CovZ \cdot V = \begin{bmatrix} \lambda_1 & \cdots & 0 \\ \vdots & \ddots & \vdots \\ 0 & \cdots & \lambda_p \end{bmatrix} \tag{6.72}$$

上式中的右侧为三角矩阵 Σ ，其主对角线元素 $\lambda_1 \cdots \lambda_n$ 所对应的特征向量构成了正交矩阵 V 。三角矩阵 Σ 的秩为 k ，根据式（6.50），S 与特征值的关系可以描述为：

$$S = \begin{bmatrix} \sigma_1 \cdots & 0 & \cdots 0 \\ \vdots \ddots & \vdots & \ddots \vdots \\ 0 \cdots & \sigma_k & \cdots 0 \\ \vdots \ddots & \vdots & \ddots \vdots \\ 0 \cdots & 0 & \cdots 0 \end{bmatrix} \tag{6.73}$$

其中：

$$\sigma = \sqrt{(m-1)\lambda} \tag{6.74}$$

单位矩阵记为 I ，存在一个 m 阶正交矩阵 U ，使得：

$$U^T \cdot U = I \tag{6.75}$$

根据式（6.53），如果 Z 矩阵的行数 m 大于列数 p ，可以将 Z 矩阵投影到矩阵 V 上，即 $Z \cdot V$ 。根据式（6.54），如果 Z 矩阵的行数 m 小于列数 p ，可以将 Z 矩阵投影到矩阵 U 上，即 $Z^T \cdot U$ 。

特征初选子集矩阵 TFIDF 的标准化 Z 矩阵既可以投影到列向量 V ，也可以投影到行向量 U ，这取决于新词典 Voc_new 特征词数量 m 的和数据集样本 p 的大小关系。换言之，如果不考虑选取部分主成分这种情况，第二次降维所减少的维度至少为：

$$|m - p| + \min(m, p) - k \tag{6.76}$$

假定降维是在列向量方向上进行，$m \leq p$ ，$k \leq p$ ，由于 σ_{k+1}，$\sigma_{k+2}\cdots$，$\sigma_m = 0$，根据公式（6.54）推导出：

$$V \cdot S^T = V \cdot S = [\sigma_1 v_1, \ \sigma_2 v_2, \ \cdots, \ \sigma_k v_k] = Z \cdot V_k \tag{6.77}$$

主成分矩阵 PC 是特征初选子集 TFIDF 的标准化矩阵 Z 在 λ_1 到 λ_k 共 k 个特征值对应的特征向量组成的矩阵 V_k 上的投影：

$$PC = Z \cdot V_k = [pc_1, \ \cdots, \ pc_k] \tag{6.78}$$

在特征再选阶段，输出的结果为 PC 矩阵，每一列称为一个主成分，总共有 k 个主成分，即 pc_1，$\cdots$，pc_k 。按照特征值的排列，方差最大的是第一主成分 pc_1，第二主成分 pc_2 次之，依此类推。

由预处理模块、特征初选模块和特征再选模块构成的混合特征选择模型实现了两次降维。预处理模块输出的矩阵 TF ，维度为 n 。将矩阵 TF 输入到特征初选模块，输出矩阵 $TFIDF$ ，维度为 p 。将矩阵 $TFIDF$ 输入到特征再选模块，输出矩阵 PC ，维度为 k 。或者，从 $[pc_1, \cdots, pc_k]$ 矩阵中选取部分主成分，即从第一主成分开始选取的部分主成分，构成矩阵 PCS 。然后，将 PC 或者 PCS 输入到机器学习模型进行训练。

算法 6.3（HFS）给定输入：文本空间矩阵 $X = \{((t_{i1}, \cdots, t_{ij}, \cdots, t_{in}, y_i))\}_{i=1}^{m}$，样本数量为 m ，词语数量为 n ，第一次降维后保留的特征数 $first\_n$ ，第二次降维后保留的特征数 $second\_n$ ；输出：特征选择子集 HFS 。HFS 算法包含以下过程：

```
1: function Fun_HFS (X, first_n , second_n )
2:     m ← X.shape[0]
3:     n ← X.shape[1]
```

```
4:  if   first_n ≥ n or second_n ≥ n or second_n ≥ first_n then
5:          return "The number of retaining features is error"
6:  end if
7:  X_samples ← X( : , 0: n)
8:  Y_labels ← X( : , n)
9:  IGR ← Fun_IGR(X_samples, Y_labels)
10:  IGR_Sorted ← sorted(IGR)
11:  threshold ← IGR_Sorted[first_n]
12:  PFS ← []
13:  for    j ← 1, ⋯, n do
14:          if   IGR[j] ≥ threshold then
15:                  PFS.append(X( : , j) )
16:  Z ← []
17:  for    j ← 1, ⋯, first_n do
18:          tmp ← 0
19:          for   i ← 1, ⋯, m do
20:                  tmp ← tmp + PFS_ij
21:          end for
22:          μ_PFS(t_j) ← tmp / m
23:          PFSZ ← PFS( : , t_j) − μ_PFS(t_j)
24:          σ²_PFS(t_j) ← 1/(m − 1) PFSZ^T * PFSZ
25:          for i ← 1, ⋯, m do
26:                  Z_ij ← (PFS_ij − μ_PFS(t_j)) / σ_PFS(t_j)
27:      end for
28:  end for
29:  Cov ← []
30:  for    j ← 1, ⋯, first_n    do
31:      for    i ← 1, ⋯, n    do
```

```
32:                 Cov_ij ← (Z^T_i ? Z_j) / (m - 1)
33:             end for
34:         end for
35:         eigvectors, eigvalues ← eig(Cov)
36:         V ← eigvectors
37:         S ← √((m - 1) * eigvalues)
38:         U ← ZVS^T
39:         SFS ← [ ]
40:         if  m ≤ n then
41:             SFS ← V( :, 0: second_n)
42:         else
43:             SFS ← U( :, 0: second_n)
44:         end if
45:         HFS ← SFS
46:         return HFS
47: end function
```

第7章 法律文本无监督主题学习

7.1 基于法律术语的特征表示

7.1.1 中文法律文本

根据相关规定，最高人民法院设立中国裁判文书网（China Judgements Online，CJO），统一公布各级人民法院的生效裁判文书。通过编撰的法律词汇和查询关键钥匙码，建立法律术语词汇表，名称为 CJO_legal_terms 的文本文件，收录包括合同、本案、反诉、原告、被告、履行、约定、违约金等 1171 个法律词汇，每个词汇占据一行，如图 7.1 所示：

```
合同
本案
反诉
原告
被告
履行
约定
违约金
```

图 7.1 法律术语词汇表

Python 的 codecs. open（）函数的第一个参数指定打开的路径和文件名，第二个参数指定打开模式，缺省为只读方式，第三个参数指定文件编码格式，utf-8 为 Unicode 的一种可变长度字符编码，第四个参数指定错误处理方式。readlines（）方法一次读取整个文件，然后按行读取为一个列表。strip（）方法移除字符串头尾指定的字符。split（）方法按照指定字符切割字符串。如图 7.2 所示：

```
>>> import sys
>>> import os
>>> import codecs
>>> os.chdir('/home/zzqzyq/Downloads/dataset/preprocessing_CJO')
>>> word_list=[]
>>> file_name_legalterms='./CJO_legal_terms.txt'
>>> with codecs.open(file_name_legalterms,encoding='utf-8',errors='ignore') as o
netxt:
...     legalwords_lines=onetxt.readlines()
...     for legalword in legalwords_lines:
...         item=legalword.strip('\r\n').split('\t')
...         word_list.append(item[0])
```

图 7.2 打开法律术语词汇表文件

Python 字典（Dictionary）的 setdefault（）函数的第一个参数指定查找的键，第二个参数指定键值。如果键不在字典中，添加该键，并指定键值。如果键在字典中，不会设置指定的键值，返回已有的键值。法律术语字典中的键“合同”的值为 0，键“原告”的值为 3，如图 7.3 所示：

```
>>> legal_terms_vocabulary = {}
>>> indices = []
>>> for word in word_list:
...     index = legal_terms_vocabulary.setdefault(word, len(legal_terms_vocabula
ry))
...     indices.append(index)
...
>>> legal_terms_vocabulary['合同']
0
>>> legal_terms_vocabulary['原告']
3
```

图 7.3　法律词典的键值

法律术语词典可以按照键获取其键值，键为法律词汇，键值是词语的数字化表示，在特征工程中用来表示对应的词语。legal_terms_vocabulary 是法律术语词典，其长度为 1171，词典中部分键值如图 7.4 所示：

```
>>> len(legal_terms_vocabulary)
1171
>>> legal_terms_vocabulary
{'刑侦局': 471, '对外劳务': 1057, '知名商标': 277, '专利技术': 201, '补偿金': 92
0, '公款': 593, '适用法律': 47, '律师费': 213, '保险合同': 59, '公证机关': 371,
'债权人': 388, '著名商标': 261, '法定': 122, '婚生子': 155, '证据不足': 228, '保
管': 1151, '危害': 643, '取保候审': 340, '解除': 289, '玩忽职守': 523, '责任': 1
6, '结婚': 150, '透支': 1040, '补助金': 1058, '保费': 789, '滞报': 846, '追诉':
758, '发包人': 898, '股份公司': 1095, '海事': 867, '股金': 1075, '假释': 570, '
录用': 1013, '代位权': 1102, '损害': 57, '供应商': 1056, '工商登记': 157, '判案'
: 743, '监护权': 359, '从宽处理': 518, '证券法': 634, '国际贸易': 797, '务工': 1
086, '商业秘密罪': 698, '瑕疵': 361, '恶劣影响': 653, '刑事拘留': 333, '融资': 9
42, '议付': 1043, '履行': 5, '证券公司': 1072, '合同书': 401, '徇私舞弊罪': 687,
'消费者': 998, '航海': 977, '股本': 1033, '仲裁法': 870, '看守所': 455, '事实清
楚': 355, '诉至': 208, '二审': 10, '标的物': 44, '财险': 1109, '物证': 162, '抗
辩权': 217, '代理人': 17, '发明专利': 299, '主合同': 988, '情节恶劣': 482, '违约
': 24, '书证': 241, '贿赂': 603, '民法通则': 76, '另案': 252, '汇票': 1076, '份
额': 936, '过错责任': 106, '代理服务': 103, '质证': 71, '居间': 1116, '监禁': 47
0, '商品房': 1133, '伪劣产品': 635, '劳动人事': 970, '非法经营': 330, '职务犯罪'
```

图 7.4　法律术语词典

Python 的 Jieba 是支持中文分词的第三方库，借助中文词库和汉语词语关联

概率进行词语的切分。jieba. analyse. extract_tags（）函数返回切分后的词语和统计词频，第一个参数 content 指定要进行分词的文本，第二个参数 topK 指定需要返回的高频词的数量，第三个参数 withWeight 指定每个词语的权重即词频，第四个参数 allowPOS 指定允许提取的词性，取值可以为 ns（地名）、n（名词）、vn（动名词）、v（动词）等。如图 7.5 所示：

```
>>> import jieba
>>> import jieba.analyse
>>> def doc_word_cut(file):
...     with codecs.open(file,'r',encoding='gb2312',errors='ignore') as onetxt:
...         lines=onetxt.readlines()
...         onedoc=''
...         for line in lines:
...             onedoc+=line
...         content=onedoc.strip('\n\r')
...         keywords = jieba.analyse.extract_tags(content, topK=300, withWeight=
True, allowPOS=())
...         for item in keywords:
...             if item[0] in legal_terms_vocabulary:
...                 st=item[0]+':'+str(item[1])
...                 word_list.append(st)
```

图 7.5　使用 Jieba 提取法律文本中的法律术语

doc_word_cut 函数定义为从法律文本中提取法律术语，对语料库中每一篇法律文本调用该函数，获取法律术语的词频统计结果并保存。open（）函数创建一个可以访问磁盘文件的文件对象，第一个参数指定访问的文件名，第二个参数 mode 指定访问模式，w 为以写方式打开，r 为以读方式打开，第三个参数 encoding 指定编码格式。如图 7.6 所示：

```
>>> fp=open('CJO based legalterms feature representation.txt', mode='w', encodin
g='utf-8')
>>> os.chdir('/home/zzqzyq//Downloads/dataset/CJO')
>>> path='/home/zzqzyq//Downloads/dataset/CJO'
>>> filelist=os.listdir(path)
>>> errorfile=[]
>>> for file_name in filelist:
...     word_list=[]
...     doc_word_cut(path+'/'+file_name)
...     if len(word_list)==0:
...         errorfile.append(file_name)
...     for word in word_list:
...         fp.write(word+'\t')
...     fp.write('\r\n')
...
2
>>> fp.flush()
>>> fp.close()
```

图 7.6　对语料库进行分词和保存

对语料库按照法律术语进行词频统计，如图 7.7 所示。在第一篇法律文本中，“公司”既出现在法律术语词典中，又出现在法律文本中，并且出现的次数为 208。在同样情况下，“损失”出现的次数为 47，“合同”出现的次数为 35，

“赔偿”出现的次数为 25，“违约”和“违约金”总计出现的次数为 22。由此可以推测出，该篇法律文本的主题大概是与公司有关的合同违约赔偿案件。

```
1 公司:208   损失:47 合同:35 本案:27 赔偿:25 销售:25 反诉:18 交付:15 原告:13 被告:13 商品:12 履行:12 约定:11 人民
  法院:11 违约金:11   判决:10 有限公司:10   二审:10 货物:10 签订:9 损害赔偿:9   承运人:9   举证:8 应
  当:8   原审:8 法院:8 义务:8 进口:7 合同法:7   代理人:7   责任:7 证据:6 瑕疵:6 消费者:6   赔偿
  损失:6 庭审:6 审理:6 代理:6 认定:6 中级:6 依照:5 辩称:5 定金:5 一审:5 违约:5 评估:4 审判:4 本诉:4 告
  知:4   审判员:4   诉讼:4 请求:4 判决书:4   根据:4 补充协议:4   判令:4 举证责任:4   生效:4 承
  运:4   案外人:4   履行合同:3   诉请:3 处置:3 案件:3 诉讼请求:3   驳回:3 合同纠纷:3   审结:3 违
  反:3   查明:3 当事人:3   标的物:3   赔付:3 起诉:2 托运人:2   民事:2 限制:2 上诉人:2   案
  由:2   决定:2 法律:2 涉诉:2 受理费:2   审判长:2   解除:2 法定代表:2
2 涉案:83 原告:68 责任:52 交通事故:51   责任险:41   支公司:39   赔偿:36 被告:34 条款:26 应当:19 证据:18 认
  定:17 免责:16 被保险人:16   伤残:16 损害:16 保险合同:15   理赔:14 人民法院:13   投保:13 财产损失:12   本
  案:11   保险人:11   依法:10 根据:10 约定:9 被上诉人:8   适用:8 有限公司:8   构成:7 股份:6 保险条款:
  6   法院:6 法律:6 财产保险:6   一审判决:6   损害赔偿:6   上诉人:5   请求:5 损失:5 中级:5 二
  审:5   重伤:4 抚慰金:4   伤害:4 诉讼请求:4   依照:3 审查:3 事故责任:3   审理:3 公司:3 合同:3 认定
  书:3   民事:3 辩称:3 适用法律:3   案件:3 判决:3 雇佣:2 鉴定:2 一审:2 保险法:2   生命权:2   驳回
  上诉:2 赔偿金:2   事实清楚:2   最高人民法院:2 给付:2
```

图 7.7　获取法律术语统计词频

7.1.2　英文法律文本

澳大利亚法律信息研究院（Australian Legal Information Institue，AustLII）提供对联邦法院判决数据（Federal Court of Australia，FCA）的公开访问。为了有效快速有序地检索相应的法律实务，将法律语料分为 9 个法律领域（National Practice Areas，NPA），包括商业和公司、就业和劳资关系、行政宪法人权、海事、所有权、犯罪、知识产权、税收、其他。根据法律实务领域和法律查询要点，建立英文法律术语词汇表，名称为 FCA_legal_terms 的文本文件，收录包括 bankrupt、Act、evidence、statement、assessment、costs、applicants、taxation 等 1259 个法律词汇，每个词汇占据一行，如图 7.8 所示：

```
bankrupt
Act
evidence
bankruptcy
statement
assessment
costs
applicants
taxation
Solicitor
Judgment
sentences
action
decision
```

图 7.8　英文法律术语词汇表

使用 Python 的 codecs. open（）函数打开英文法律术语词汇表文件。按行读取文件，将法律术语添加到数组中，如图 7.9 所示：

```
>>> import os
>>> import sys
>>> import codecs
>>> os.chdir('/home/zzqzyq/Downloads/dataset/preprocessing_FCA')
>>> word_list=[]
>>> file_name_legalterms='./FCA_legal_terms.txt'
>>> with codecs.open(file_name_legalterms,encoding='utf-8',errors='ignore') as o
netxt:
...     legalwords_lines=onetxt.readlines()
...     for legalword in legalwords_lines:
...         item=legalword.strip('\r\n').split('\t')
...         word_list.append(item[0])
```

图 7.9　打开英文法律术语词汇表文件

将英文法律术语数组元素添加到词典 legal_terms_vocabulary 中，如图 7.10 所示。英文法律术语字典中的键“bankrupt”的值为 0，键“Act”的值为 1。

```
>>> legal_terms_vocabulary = {}
>>> indices = []
>>> for word in word_list:
...     index = legal_terms_vocabulary.setdefault(word, len(legal_terms_vocabula
ry))
...     indices.append(index)
...
>>> legal_terms_vocabulary['bankrupt']
0
>>> legal_terms_vocabulary['Act']
1
```

图 7.10　英文法律词典的键值

利用 len 函数获取英文法律术语词典 legal_terms_vocabulary 的长度，返回值为 1259，词典中部分键值如图 7.11 所示。

```
>>> len(legal_terms_vocabulary)
1259
>>> legal_terms_vocabulary
{'': 669, 'bonus': 722, 'notaries': 198, 'Item': 104, 'completion': 1037, 'revoc
ation': 186, 'offense': 894, 'precedent': 278, 'shipping': 779, 'rehearsal': 121
3, 'reputation': 331, 'penalty': 146, 'salvage': 777, 'gazette': 612, 'acceptor'
: 752, 'tort': 373, 'governance': 691, 'indemnification': 939, 'group': 662, 'li
mitation': 399, 'hearing': 34, 'confiscation': 990, 'conditional': 369, 'violati
on': 914, 'returns': 810, 'grounds': 36, 'guaranty': 553, 'goods': 103, 'witness
es': 830, 'securities': 470, 'privacy': 332, 'visitation': 334, 'disclosure': 12
23, 'Practices': 30, 'meeting': 345, 'trial': 162, 'merger': 689, 'omission': 30
3, 'forest': 490, 'decision': 13, 'section': 1165, 'several': 484, 'protectionis
m': 993, 'accuser': 860, 'Constitution': 1142, 'entrusted': 259, 'gross': 378, '
former': 1204, 'audit': 981, 'law': 277, 'execution': 245, 'Investor': 1222, 'su
e': 849, 'equal': 298, 'clerical': 1209, 'management': 493, 'extenuating': 827,
'Indigenous': 39, 'demonstrative': 250, 'money': 550, 'collision': 786, 'upheld'
```

图 7.11　英文法律术语词典

定义 doc_word_cut 函数，形式参数为法律文本文件名，读取文本内容，过滤换行符号，借助 jieba. analyse. extract_tags 方法提取文本中的英文法律术语和词频。如图 7.12 所示：

```
>>> import jieba
>>> import jieba.analyse
>>> def doc_word_cut(file):
...     with codecs.open(file,'r',encoding='utf-8',errors='ignore') as onetxt:
...         lines=onetxt.readlines()
...         onedoc=''
...         for line in lines:
...             onedoc+=line
...         content=onedoc.strip('\n\r')
...         keywords = jieba.analyse.extract_tags(content, topK=300, withWeight=
True, allowPOS=())
...         for item in keywords:
...             if item[0] in legal_terms_vocabulary:
...                 st=item[0]+':'+str(item[1])
...                 word_list.append(st)
```

图 7.12　提取英文法律文本中的法律术语

通过 open（）函数创建一个文件对象，然后循环调用 doc_word_cut 函数处理 FCA 语料库，每次调用的返回结果保存为文件中的一行。如图 7.13 所示：

```
>>> os.chdir('/home/zzqzyq//Downloads/dataset/FCA')
>>> fp=open('FCA_based_legalterms_feature_representation.txt', mode="w", encodin
g="utf-8")
>>> path='/home/zzqzyq//Downloads/dataset/FCA'
>>> filelist=os.listdir(path)
>>> errorfile=[]
>>> for file_name in filelist:
...     word_list=[]
...     doc_word_cut(path+'/'+file_name)
...     if len(word_list)==0:
...         errorfile.append(file_name)
...     for word in word_list:
...         fp.write(word+'\t')
...     fp.write('\r\n')
...
2
>>> fp.flush()
>>> fp.close()
```

图 7.13　对 FCA 语料库进行分词和保存

对 FCA 语料库提取的法律术语和词频如图 7.14 所示。在第一篇法律文本中，“benefit” 出现的次数为 32，“evidence” 出现的次数为 24，“application” 出现的次数为 18，“bankrupt” 和 “bankruptcy” 总计出现的次数为 50。由此可以推测出，该篇法律文本的主题大概是与公司破产程序和申诉有关。

```
1 sentence:350    id:183  Mr:152  Skalkos:92      was:81  Nicols:49       his:46  he:42   any:38  benefit:32
  bankrupt:31     Act:28  had:27  2008:26 made:26 Road:25 were:24 evidence:24     provided:24     Vaucluse:20
  him:20  bankruptcy:19   application:18  would:18        statement:18    2005:17 affairs:17      New:16  South:
  16      2004:16 income:16       Head:16 30:16   catchphrase:16  31A:16  Glebe:16        per:15  assessment:15
  Court:15        25:15   April:14        rent:14 free:13 June:13 time:13 been:13 under:13        during:13
  circumstances:12        should:12       week:12 also:12 address:12      living:11       sought:11       other:
  11      assessments:11  there:11        contribution:11 no:11   reference:10    accepted:10     case:10 February:
  10      estate:10       period:10       Pty:10  whether:9       value:9 present:9       make:9  power:9 trustee:
  9       August:9        Inspector:8     assessed:8      Point:8 General:8       139L:8  property:8      October:
  8       pay:8   January:8       proceedings:8   1996:8  counsel:8       required:8      178:8   decision:7
  FCA:7   139ZA:7 000:7   relief:7        2006:7  so:7    Bankruptcy:7    July:7  material:7      need:7  matter:
  7       before:7        review:7        Bond:7  necessary:7     until:7 2009:7  who:7   such:7  business:7
  given:7 Counsel:6       suggested:6     those:6 three:6 200:6   person:6        following:6     services:6
  contributions:6 why:6   Limited:6       legal:6 provision:6     did:6   clear:6 only:6  Cooper:6        issued:
  6       do:6    upon:6  Minas:5 way:5   10:5    least:5 respect:5       139J:5  Bank:5  discretion:5    within:
  5       where:5 further:5       without:5       information:5   relation:5      employment:5    me:5    31:5
  Cunick:5        explanation:5   There:5 taken:5 Traffic:5       out:5   Roads:5 will:5  statutory:5     paid:5
  first:5 No:5    each:5  onus:5  Ltd:5   Although:4      part:4  issues:4        Press:4 money:4 provisions:4
  either:4        family:4        what:4  basis:4 even:4  consistent:4    object:4        Those:4 kind:4  wrote:4
  solicitors:4    1992:4  appeal:4        exercised:4     grant:4 fringe:4        included:4      lodged:4
  1994:4  reassessments:4 effect:4        attention:4     after:4 payment:4       gave:4  doubt:4 remained:4
  satisfied:4     although:4      15:4    shortly:4       very:4  request:4       re:4    my:4    about:4 relevant:
  4       available:4     provider:4      now:4   explain:4       Regulations:4   au:4    addresses:4     asserted:
  4       March:4 May:4   accept:4        home:4  course:4        Authority:4     construction:4  discharged:4
  company:4       third:4 extension:4     statements:3    meeting:3       support:3       Thomas:3        2003:3
  earlier:3       discretionary:3 amendments:3    Ricketty:3      suggestion:3    identified:3    Mascot:3
  Walsh:3 meaning:3       makes:3 clearly:3       position:3      provides:3      order:3 40:3    towards:3
  respondent:3    informed:3      affidavit:3     fact:3  may:3   director:3      permission:3    context:3
  Section:3       see:3   contended:3     He:3    However:3       AustLII:3       question:3      employer:3
  346:3   judgment:3      Benefits:3      advising:3      stamped:3       left:3  received:3      17:3    commenced:
  3       knew:3  show:3  Street:3        sworn:3 into:3  last:3  against:3       used:3  take:3  said:3  Each:3
  inference:3     provide:3       residence:3     same:3  liable:3        assisted:3      regarded:3      orders:
  3       than:3  therefore:3     called:3        dated:3 NSWLR:3 does:3  returns:3       accommodation:3
  accordance:3    note:3  behalf:3
```

图 7.14 FCA 法律术语统计词频

7.1.3 基于法律术语的中文文本向量空间模型

对于法律文本的处理，分别建立基于法律术语的特征空间，以及基于一般词语的特征空间。前述的中文法律文本语料库 CJO 按照法律术语进行词频统计的文件为 CJO_based_legalterms_feature_representation. txt（见图 7.13）。借助 Python 的第三方库正则表达式 re 和稀疏矩阵 scipy. sparse 建立向量空间模型。如图 7.15 所示：

图 7.15 导入 re 和 scipy. sparse

向量空间模型一般为稀疏矩阵，函数 csr_matrix（）通过三个数组来存储原始矩阵。第一个参数 data 为稀疏矩阵中的所有非零数值，第二个参数 indices 为所有非零数值的列索引，第三个参数 indptr 为每一行的非零数值在 data 中的索引。例如，第一行非零数值为 data［indptr［0］：indptr［1］］，其列索引为 indices［0：（indptr［1］－indptr［0］）］。以此类推，第二行非零数值为 data［indptr ［1］：indptr ［2］ ］，其列索引为 indices ［ （indptr ［1］ - indptr ［0］ ）：（ indptr ［2］ - indptr ［1］ ） ］。如图 7. 16 所示：

```
>>> with codecs.open('CJO_based_legalterms_feature_representation.txt','r',encoding='utf-8',errors='ignore') as onetxt:
...     lines=onetxt.readlines()
...     for line in lines:
...         item=line.strip('\r\n').split('\t')
...         for wordfreq in item:
...             wordc=re.findall("(\w+):",wordfreq)
...             if len(wordc)==0:
...                 continue
...             else:
...                 word=wordc[0]
...             freqc=re.findall(":(\d+)",wordfreq)
...             if len(freqc)==0:
...                 continue
...             else:
...                 freq=int(freqc[0])
...             for i in range(freq):
...                 index = vocabulary.setdefault(word, len(vocabulary))
...                 indices.append(index)
...                 data.append(1)
...         indptr.append(len(indices))
...
>>> vsmtf=csr_matrix((data, indices, indptr), dtype=int).toarray()
```

图 7. 16　CJO 基于法律术语的特征向量空间

vocabulary 为词典类型数据，setdefault 为读取的法律术语赋予一个索引 index，即该法律术语进入词典时的次序，在特征空间中用索引表示该法律术语。如果该法律术语已经在词典中出现，不会添加索引，只返回已有的法律术语的索引。vsmtf 为向量空间模型，特征数量为 1154。通过词典和一个循环，可以将特征空间转换为法律术语文本表示。如图 7. 17 所示：

```
>>> vsmtf.shape
(1103, 1154)
>>> for i in range(len(vsmtf)):
...     onetxt=''
...     for j in range(len(vsmtf[i])):
...         if vsmtf[i][j]>0:
...             for item in vocabulary.items():
...                 if item[1]==j:
...                     onetxt+=item[0]+'\t'
...     print(str(i)+'\r\n'+onetxt)
...
0
公司	损失	合同	本案	销售	赔偿	反诉	交付	原告	被告	履行	商品	违约金	约定	人民法
院	货物	二审	判决	有限公司	承运人	损害赔偿	签订	原审	举证	法院	义务	应当
责任	合同法	代理人	进口	消费者	证据	瑕疵	代理	中级	认定	庭审	赔偿损失	审理	一审
定金	违约	辩称	依照	生效	判决书	诉讼	本诉	根据	举证责任	案外人	承运	审判员	评估
请求	判令	补充协议	告知	审判	履行合同	审结	查明	违反	合同纠纷	诉请	诉讼请
求	驳回	标的物	案件	当事人	赔付	处置	适用法律	解除	事务所律师	诉称	诉讼费	民事
1
公司	损失	合同	本案	赔偿	原告	被告	约定	人民法院	二审	判决	有限公司	损害赔
偿	法院	应当	责任	证据	中级	认定	审理	一审	辩称	依照	根据	请求	诉讼请求
案件	适用法律	民事	涉案	交通事故	责任险	支公司	条款	被保险人	免责	损害	伤残
保险合同	理赔	投保	财产损失	保险人	依法	被上诉人	适用	构成	法律	财产保险
股份	保险条款	一审判决	上诉人	重伤	抚慰金	伤害	事故责任	认定书	审查	事实清楚
驳回上诉	生命权
```

图 7. 17　将 CJO 法律术语特征空间转换为文本

7. 1. 4　基于法律术语的英文文本向量空间模型

前述的英文法律文本语料库 FCA 按照法律术语进行词频统计的文件为 FCA

_based_legalterms_feature_representation. txt（见图 7. 13）。建立 FCA 法律术语向量空间模型，如图 7. 18 所示：

```
>>> os.chdir('/home/zzqzyq/Downloads/dataset/FCA')
>>> word_list=[]
>>> indptr = [0]
>>> indices = []
>>> data = []
>>> vocabulary = {}
>>> with codecs.open('FCA_based_legalterms_feature_representation.txt','r',encoding='utf-8',errors='ignore') as onetxt:
...     lines=onetxt.readlines()
...     for line in lines:
...         item=line.strip('\r\n').split('\t')
...         for wordfreq in item:
...             wordc=re.findall("(\w+):",wordfreq)
...             if len(wordc)==0:
...                 continue
...             else:
...                 word=wordc[0]
...             freqc=re.findall(":(\d+)",wordfreq)
...             if len(freqc)==0:
...                 continue
...             else:
...                 freq=int(freqc[0])
...             for i in range(freq):
...                 index = vocabulary.setdefault(word, len(vocabulary))
...                 indices.append(index)
...                 data.append(1)
...         indptr.append(len(indices))
...
>>> vsmtf=csr_matrix((data, indices, indptr), dtype=int).toarray()
```

图 7. 18　FCA 基于法律术语的特征向量空间

FCA 法律术语向量空间的特征数量为 1086。vocabulary 为包含 1086 个法律术语和索引的二元组的词典，vocabulary. items（）返回所有的二元组，items［0］为键名称，items s［1］为键值。将特征向量空间转换为英文法律术语文本表示。如图 7. 19 所示：

```
>>> vsmtf.shape
[illegible]
>>> for i in range(len(vsmtf)):
...     onetxt=''
...     for j in range(len(vsmtf[i])):
...         if vsmtf[i][j]>0:
...             for item in vocabulary.items():
...                 if item[1]==j:
...                     onetxt+=item[0]+'\t'
...     print(str(i)+'\r\n'+onetxt)
...
0
sentence        bankrupt        Act     evidence        bankruptcy      statement       assessment      Court   time    fr
ee      circumstances   address contribution    other   case    estate  period  reference       trustee present power   val
ue      pay     required        proceedings     counsel property        material        decision        necessary       reli
ef      review  business        FCA     following       clear   services        provision       person  issued  Limitedlega
l       will    discretion      first   statutory       Ltd     information     satisfied       kind    course  re      accept
        extension       relevant        company money   basis   discharged      construction    available       third   solicit
ors     request object  Authority       appeal  payment family  residence       meeting question        affidavit
        director        respondent      liable  sworn   show    received        identified      dated   purposes        orde
r       employer        judgment        behalf  returns
1
sentence        evidence        circumstances   other   case    power   proceedings     FCA     clear   will    discreti
on      satisfied       course  accept  relevant        available       Authority       question        affidavit       swo
rn      order   costs   applicants      taxation        sum     gross   notice  judicial        process Solicitor       bill
        seized  exercise        associated      rule    ordered seizure suffered        Respondents     catchphrases    partn
ership  cases   sentences       involved        Judgment        Policy  warrant name    significant     cost    loss
        conferred       4       common  Federal give    namely  personal        possession      Reasons Management      referred
        work    Australia       alternative     Justice certificate     Rules   parties exercising      Associate       una
ble     necessity       procedure       certify Copyright       jurisdiction    deposes
```

图 7. 19　将 CJO 法律术语特征空间转换为文本

7.2　基于一般词语的特征表示

7.2.1　中文法律文本

Python 的 jieba. analyse. set_stop_words（）函数设置停用词，可以将法律术语设置为停用词，这样在提取法律文本特征词时，可以排除法律法律术语，提取结果只含有一般词语特征。如图 7.20 所示：

```
>>> import os
>>> import codecs
>>> import jieba
>>> import jieba.analyse
>>> os.chdir('/home/zzqzyq/Downloads/dataset/preprocessing_CJO')
>>> jieba.analyse.set_stop_words('./CJO_legal_terms.txt')
>>> def doc_word_cut(file):
...     with codecs.open(file,'r',encoding='gb2312',errors='ignore') as onetxt:
...         lines=onetxt.readlines()
...         onedoc=''
...         for line in lines:
...             onedoc+=line
...         content=onedoc.strip('\n\r')
...         keywords = jieba.analyse.extract_tags(content, topK=300, withWeight=
True, allowPOS=())
...         for item in keywords:
...             st=item[0]+':'+str(item[1])
...             word_list.append(st)
```

图 7.20 将 CJO 法律术语设置为停用词

循环调用 doc_word_cut（）函数读取语料库中的法律文本，在排除法律术语之后，将读取的一般词语词频存储为 fp 指向的磁盘文件。如图 7.21 和图 7.22 所示：

```
>>> os.chdir('/home/zzqzyq//Downloads/dataset/CJO')
>>> fp=open('CJO_based_commonwords_feature_representation.txt', mode="w", encodi
ng="utf-8")
>>> path='/home/zzqzyq//Downloads/dataset/CJO'
>>> filelist=os.listdir(path)
>>> os.chdir(path)
>>> errorfile=[]
>>> for file_name in filelist:
...     word_list=[]
...     doc_word_cut(path+'/'+file_name)
...     if len(word_list)==0:
...         errorfile.append(file_name)
...     for word in word_list:
...         fp.write(word+'\t')
...     fp.write('\r\n')
...
2
>>> fp.flush()
>>> fp.close()
```

图 7.21　提取 CJO 语料库一般词语

```
1 泰富:104      安吉:94 日邮:94 车辆:91 该车:48 运输:45 汽车:25 受损:25 修复:24 承担:24 实际:24 双方:19 无法:19 价
  值:18   新科:18 支付:17 客户:17 造成:16 上述:16 未能:14 2005:13 不能:12 其他:11 要求:11 存在:11 无锡市:11      问
  题:11   订购:11 江苏省:10       认为:10 委托:10 事实:10 运输费:10       所涉:10 予以:9  万元:9  心理:9  时间:8  规
  定:8    产生:8  本院:8  事故:8  损坏:8  价格:8  实现:8  行为:8  部分:8  客观:8  证明:8  特定:7  作为:7
  258000:7        进行:7  价位:7  发生:7  达成:7  情况:7  无锡:7  风景:7  11:7    雷诺:7  特殊:6  以下:6  同时:6  采
  购:6    合理:6  包括:6  导致:6  市场:6  利息:6  以及:6  维修:6  处理:6  此种:6  费用:6  及其:5  4000:5  滨湖区:
  5       途中:5  理应:5  2006:5  认可:5  支持:5  消费:5  直接:5  可以:5  依据:5  购买:5  加急:5  主张:5  取得:5  上
  海:5    服务:5  而言:5  不予:5  收取:5 ' 一定:5 鉴于:5  原先:5  确定:4  因此:4  282000:4        立即:4  解决:4  致
  使:4    范围:4  购车:4  简称:4  交付给:4        最大:4  书面:4  此类:4  形成:4  出售:4  一致:4  预见到:4        货物
  运输:4  过程:4  事实上:4        赔偿额:4        法国:4  车损:4  售出:4  作出:4  具有:4  相应:4  三辆:4  搁置:4  影
  响:4    一般:4  因素:4  不应:4  修理:3  对于:3  综上:3  确认:3  显然:3  较为:3  安全:3  其次:3  基本:3  200:3   一
  十:3    指定:3  一致意见:3      群体:3  资金:3  由此:3  必然:3  交货:3  严重:3  车型:3  合同价:3        车价:3  至
  今:3    提取:3  已损:3  已经:3  变现:3  第三:3  关系:3  首先:3  理由:3  由于:3  对方:3  提出:3  目前:3  擅自:3  进口
  车:3    降价:3  20000:3 自行:3  550:3   并非:3  计算:3  延误:3  角度:3  或者:3  原价:3  主动:3  一条:3  及时:3  一
  份:3    基础:2  继续:2  一项:2  其不应:2        第三百一十二条:2        货损:2  上诉:2  积极:2  自己:2  毁损:2  迟
  迟:2    具体:2  弥补:2  未果:2  两辆车:2        地点:2  特殊要求:2      按原:2  2200:2  特殊性:2        并未:2  灭
  失:2    银行利息:2      拒收:2  协商:2  锡民二终:2      应予:2  利益:2  应于:2  至于:2  错误:2  国外:2  应对:2  观
  点:2    进而:2  虽经:2  颜色:2  原则:2  现为:2  车而:2  订立:2  车况:2  双倍:2  趋势:2  对此:2  正常:2  现有:2  系
  争:2    是否:2  结论:2  争议:2  不再:2  方案:2  修理费:2        车中:2  0438:2  三条:2  所购:2  合计:2  明确:2  组
  成:2    数额:2  下降:2  一方:2  从而:2  属性:2  14:2    考虑:2  通过:2  预交:2  明显:2  此外:2  一辆:2  客观存在:
  2       售价:2  10:2    形式:2  变化:2  回笼:2  成立:2  可能:2  然而:2  降低:2  人员:2  后果:2  特定物:2        状
  态:2    第一款:2        运费:2  通知:2  以此:2  拒绝:2  中华人民共和国:2        业务:2  限度:2  方法:2  款式:2  处
  于:2    一直:2  如下:2  标准:2  有关:2  利润:2  处理意见:2      但是:2  亦不例外:1      类型:1  经过:1  将车:1  不
  得:1    1070:1  第六十一条:1    现存:1  最大化:1        随后:1  当天:1  首部:1
```

图 7.22 将 CJO 一般词语特征向量转换为文本

7.2.2 英文法律文本

借助 jieba. analyse. set_stop_words（）函数，将英文法律术语设置为停用词，对 FCA 语料库提取特征，结果只包含一般词语特征。如图 7.23 所示：

```
>>> import os
>>> import sys
>>> import codecs
>>> import jieba
>>> import jieba.analyse
>>> os.chdir('/home/zzqzyq/Downloads/dataset/preprocessing_FCA')
>>> jieba.analyse.set_stop_words('./FCA_legal_terms.txt')
>>> def doc_word_cut(file):
...     with codecs.open(file,'r',encoding='utf-8',errors='ignore') as onetxt:
...         lines=onetxt.readlines()
...         onedoc=''
...         for line in lines:
...             onedoc+=line
...         content=onedoc.strip('\n\r')
...         keywords = jieba.analyse.extract_tags(content, topK=300, withWeight=
True, allowPOS=())
...         for item in keywords:
...             st=item[0]+':'+str(item[1])
...             word_list.append(st)
```

图 7.23 将 FCA 法律术语设置为停用词

doc_word_cut（）函数对输入的法律文本进行分词切分，循环读取 FCA 语料库中的每一个法律文本，在将 FCA 法律术语设置为停用词之后，提取的特征词为一般词语，并将其存储到 fp 指向的磁盘文件。如图 7.24 和图 7.25 所示：

```
>>> os.chdir('/home/zzqzyq//Downloads/dataset/FCA')
>>> fp=open('FCA_based_commonwords_feature_representation.txt', mode="w", encodi
ng="utf-8")
>>> path='/home/zzqzyq//Downloads/dataset/FCA'
>>> filelist=os.listdir(path)
>>> errorfile=[]
>>> for file_name in filelist:
...     word_list=[]
...     doc_word_cut(path+'/'+file_name)
...     if len(word_list)==0:
...         errorfile.append(file_name)
...     for word in word_list:
...         fp.write(word+'\t')
...     fp.write('\r\n')
...
2
>>> fp.flush()
>>> fp.close()
```

图 7.24 提取 FCA 语料库一般词语

```
1 id:183  Mr:152  Skalkos:92      was:81  Nicols:49       his:46  he:42   any:38  benefit:32      had:27  2008:26
  made:26 provided:24     were:24 Vaucluse:20     him:20  would:18        application:18  affairs:17      2005:17
  30:16   catchphrase:16  income:16       New:16  South:16        Head:16 Glebe:16        31A:16  2004:16 25:15
  Court:15        per:15  rent:14 April:14        been:13 June:13 during:13       under:13        also:12 should:
  12      week:12 sought:11       living:11       no:11   assessments:11  there:11        Pty:10  February:10
  accepted:10     whether:9       make:9  August:9        assessed:8      139L:8  Point:8 1996:8  178:8   October:
  8       January:8       Inspector:8     so:7    need:7  who:7   given:7 2006:7  FCA:7   July:7  until:7 139ZA:7
  matter:7        before:7        2009:7  such:7  000:7   only:6  do:6    did:6   Cooper:6        suggested:6
  200:6   upon:6  those:6 why:6   three:6 contributions:6 within:5        least:5 taken:5 Cunick:5        further:
  5       139J:5  There:5 relation:5      Ltd:5   onus:5  out:5   paid:5  Traffic:5       where:5 No:5    Roads:5
  explanation:5   Minas:5 each:5  respect:5       10:5    way:5   employment:5    without:5       31:5    me:5
  reassessments:4 lodged:4        shortly:4       wrote:4 attention:4     issues:4        either:4        explain:
  4       asserted:4      provider:4      very:4  home:4  doubt:4 consistent:4    what:4  about:4 15:4
  provisions:4    au:4    fringe:4        May:4   Although:4      Those:4 March:4 1992:4  1994:4  although:4
  Regulations:4   remained:4      now:4   effect:4        addresses:4     even:4  included:4      after:4 exercised:
  4       Press:4 gave:4  grant:4 my:4    part:4  He:3    therefore:3     Benefits:3      days:3  clearly:3
  knew:3  17:3    support:3       suggestion:3    than:3  permission:3    accordance:3    amendments:3    346:3
  earlier:3       provide:3       could:3 left:3  does:3  2003:3  into:3  Mascot:3        Street:3        last:3
  makes:3 note:3  AustLII:3       40:3    inference:3     regard:3        see:3   contended:3     Ricketty:3
  stamped:3       NSWLR:3 funds:3 informed:3      said:3  advising:3      same:3  regarded:3      drawn:3 assisted:
  3       against:3       Thomas:3        used:3  discretionary:3 Each:3  may:3   fact:3  statements:3    position:
  3       However:3       towards:3       meaning:3       accommodation:3 provides:3      called:3        Walsh:3
  take:3  file:3  context:3       commenced:3     while:2 Division:2      represented:2   lived:2 treated:2
  www:2   19:2    Aid:2   http:2  September:2     prevent:2       includes:2      persuade:2      some:2  6.12:2
  Carr:2  incorrect:2     proceeded:2     amounts:2       step:2  renovations:2   Amongst:2       beginning:2
  passport:2      benefits:2      cth:2   however:2       showed:2        11:2    reason:2        Cth:2   related:
  2       reg:2   showing:2       Such:2  Nichols:2       2002:2  correct:2       receipt:2       two:2
  commencing:2    means:2 modifications:2 drew:2  Drummond:2      continued:2     factual:2       amp:2
  Furthermore:2   lodging:2       various:2       must:2  bore:2  later:2 despite:2       regardless:2
  benefaction:2   development:2   place:2 avoid:2 far:2   friends:2       but:2   ended:2 continuing:2
  unfettered:2    carried:2       contained:2     years:2 due:2   signed:2        Bridgemoon:2    places:2
  30.3:2  notices:2       include:2       quite:2 inaccurate:2    original:2      because:2       48:2    1986:2
  require:2       others:2        Fringe:2
```

图 7.25　将 FCA 一般词语特征向量转换为文本

7.2.3　基于一般词语的中文文本向量空间模型

前述的中文法律文本语料库 CJO 按照一般词语进行词频统计的文件为 CJO_based_commonwords_feature_representation. txt（见图 7. 24）。函数 readlines（）读取所有行，每一行为一篇法律文本的一般词语的词频统计，词与词频之间的分割符号为冒号，wordfreq 为一个词频项，两个词频项之间的分割符号为制表符。函数 re. findall（“（\ w+）:”，wordfreq）提取词频项中的词语，re. findall（“:（\ d +）”，wordfreq）提取词频项中的词频。如图 7. 26 所示：

```
>>> word_list=[]
>>> indptr = [0]
>>> indices = []
>>> data = []
>>> vocabulary = {}
>>> with codecs.open('CJO_based_commonwords_feature_representation.txt','r',encoding='utf-8',errors='ignore') as onetxt
:
...     lines=onetxt.readlines()
...     for line in lines:
...         item=line.strip('\r\n').split('\t')
...         for wordfreq in item:
...             wordc=re.findall("(\w+):",wordfreq)
...             if len(wordc)==0:
...                 continue
...             else:
...                 word=wordc[0]
...             freqc=re.findall(":(\d+)",wordfreq)
...             if len(freqc)==0:
...                 continue
...             else:
...                 freq=int(freqc[0])
...             for i in range(freq):
...                 index = vocabulary.setdefault(word, len(vocabulary))
...                 indices.append(index)
...                 data.append(1)
...         indptr.append(len(indices))
...
>>> vsmtf=csr_matrix((data, indices, indptr), dtype=int).toarray()
```

图 7.26 CJO 基于一般词语的特征向量空间

中文法律文本的一般词语向量空间模型的特征数量为 41 623，可以看出，一般词语特征空间维度远远超过法律术语特征空间。通过 vocabulary 词典和一个 for 循环，可以将特征空间转换为一般词语文本表示。如图 7.27 所示：

```
>>> vsmtf.shape
(1103, 41623)
>>> for i in range(len(vsmtf)):
...     onetxt=''
...     for j in range(len(vsmtf[i])):
...         if vsmtf[i][j]>0:
...             for item in vocabulary.items():
...                 if item[1]==j:
...                     onetxt+=item[0]+'\t'
...     print(str(i)+'\r\n'+onetxt)
...
0
泰富	安吉	日邮	车辆	该车	运输	汽车	受损	承担	实际	修复	双方	无法	新科	价值
支付	客户	上述	造成	未能	2005	不能	要求	其他	问题	无锡市	订购	存在	江苏省	认为
事实	委托	运输费	所涉	万元	心理	予以	客观	规定	价格	实现	行为	时间	损坏	本院
[illegible]
情况	市场	此种	同时	包括	特殊	处理	以及	导致	以下	费用	维修	利息	合理	采购
而言	及其	不予	上海	途中	4000	一定	认可	鉴于	加急	支持	购买	原先	消费	2006
直接	理应	取得	主张	服务	滨湖区	依据	可以	收取	三辆	范围	作出	过程	致使	因此
法国	立即	搁置	影响	最大	因素	解决	此类	书面	出售	形成	车损	一般	售出	简称
一致	预见到	交付给	不应	事实上	购车	282000	赔偿额	货物运输	具有	确定	相应	车型	200
综上	原价	自行	理由	由此	及时	变现	擅自	20000	主动	指定	修理	进口车	对于	第三
确认	严重	交货	计算	至今	或者	已经	550	较为	提出	由于	首先	其次	一致意见
关系	一十	降价	必然	提取	显然	角度	资金	一份	延误	已损	一条	群体	目前	基本
对方	车价	并非	安全	合同价	14	第三百一十二条	颜色	明显	自己	客观存在	一辆	属性
观点	趋势	降低	原则	应予	至于	售价	正常	方案	一项	系争	中华人民共和国	变化	锡民二
终	其不应	以此	订立	车中	基础	不再	通知	利润	此外	可能	处于	现为	继续	按原
人员	具体	但是	车况	毁损	拒收	进而	方法	业务	国外	现有	后果	处理意见	数额
```

图 7.27 将 CJO 一般词语特征向量空间转换为文本

7.2.4 基于一般词语的英文文本向量空间模型

前述的英文法律文本语料库 FCA 按照一般词语进行词频统计的文件为 FCA_based_commonwords_feature_representation. txt（见图 7.24）。建立 FCA 一般词语向量空间模型，如图 7.28 所示：

```
>>> word_list=[]
>>> indptr = [0]
>>> indices = []
>>> data = []
>>> vocabulary = {}
>>> with codecs.open('FCA_based_commonwords_feature_representation.txt','r',encoding='utf-8',errors='ignore') as onetxt:
...     lines=onetxt.readlines()
...     for line in lines:
...         item=line.strip('\r\n').split('\t')
...         for wordfreq in item:
...             wordc=re.findall("(\w+):",wordfreq)
...             if len(wordc)==0:
...                 continue
...             else:
...                 word=wordc[0]
...             freqc=re.findall(":(\d+)",wordfreq)
...             if len(freqc)==0:
...                 continue
...             else:
...                 freq=int(freqc[0])
...             for i in range(freq):
...                 index = vocabulary.setdefault(word, len(vocabulary))
...                 indices.append(index)
...                 data.append(1)
...         indptr.append(len(indices))
...
>>> vsmtf=csr_matrix((data, indices, indptr), dtype=int).toarray()
```

图 7.28　FCA 基于一般词语的特征向量空间

FCA 一般词语向量空间的特征数量为 43 663。vocabulary 为包含 43 663 个一般词语和索引的二元组的词典。将特征向量空间转换为英文一般词语文本表示。如图 7.29 所示：

```
>>> vsmtf.shape
(3886, 43663)
>>> for i in range(len(vsmtf)):
...     onetxt=''
...     for j in range(len(vsmtf[i])):
...         if vsmtf[i][j]>0:
...             for item in vocabulary.items():
...                 if item[1]==j:
...                     onetxt+=item[0]+'\t'
...     print(str(i)+'\r\n'+onetxt)
...
0
id      Mr      Skalkos was     Nicols  his     he      any     benefit had     2008    made    provided        were    V
aucluse him     would   application     affairs 2005    30      catchphrase     income  New     South   Head    Glebe   3
1A      2004    25      Court   per     rent    April   been    June    during  under   also    should  week    sought  l
iving   no      assessments     there   Pty     February        accepted        whether make    August  assessed        1
39L     Point   1996    178     October January Inspector       so      need    who     given   2006    FCA     July    u
ntil    139ZA   matter  before  2009    such    000     only    do      did     Cooper  suggested       200     upon    t
hose    why     three   contributions   within  least   taken   Cunick  further 139J    There   relation        Ltd     o
nus     out     paid    Traffic where   No      Roads   explanation     Minas   each    respect 10      way     employme
nt      without 31      me      reassessments   lodged  shortly wrote   attention       issues  either  explain asserted
provider        very    home    doubt   consistent      what    about   15      provisions      au      fringe  May     A
lthough Those   March   1992    1994    although        Regulations     remained        now     effect  addresses       e
ven     included        after   exercised       Press   gave    grant   my      part    He      therefore       Benefits
```

图 7.29　将 FCA 一般词语特征空间转换为文本

7.3　LDA 主题模型

7.3.1　法律文本的概率生成

多项分布的多变量参数符合狄利克雷分布形式，而且后验和先验分布具有相同的分布形式，即共轭分布。在生成法律文本的一个词语时，先以一定概率选取了某个方面的主题，然后又以一定概率从该主题中选取某个词，不断重复上述过程就产生了一篇法律文本。

根据文本到主题和主题到词的贝叶斯概率假设，三层主题模型生成一篇法律文本。每个词生成概率在统计上服从参数分布，根据共轭的后验分布，对参数估计进行调整并逐步迭代。根据一篇法律文本中的所有词而生成服从多项分布的潜在主题分布，主题模型是一种词袋模型，即具有相同词语而词序不同的文本，其主题分布一样。法律术语比一般词语信息量更大，如果不对这类词进行特别处理，只是以统计和概率抽取词，这将会使主题分布忽略法律语义背景。应当在法律文本中，赋予法律术语一个更高的权重和地位。

7.3.2　LDA 原理

LDA 是一种从潜在主题中不断重复实验而产生词的概率模型，其生成过程如图 7.30 描述。图中 $w_{m,i}$ 为在第 m 篇文本的第 i 个词位置生成的词，α 是文本到主题分布的狄利克雷超参数，文本总数为 M，θ_m 是第 m 篇文本独立实验的主题多项分布参数。第 m 篇文本的第 i 个词位置的潜在主题编号为 $z_{m,i}$ 。主题数为 K，φ_k 为在第 i 个词位置上潜在主题为 k 的多项分布独立重复实验的参数，主题到词的狄利克雷超参数为 β 。图中所示的箭头表示服从某种概率分布的条件概率，隐含变量包括 θ_m 、$z_{m,i}$ 和 φ_k 。方框 M 表示进行 M 次独立重复实验，每次产生一篇法律文本。方框 N_m 表示第 m 篇文本需要进行 N_m 次独立重复实验，每次实验产生一个词。

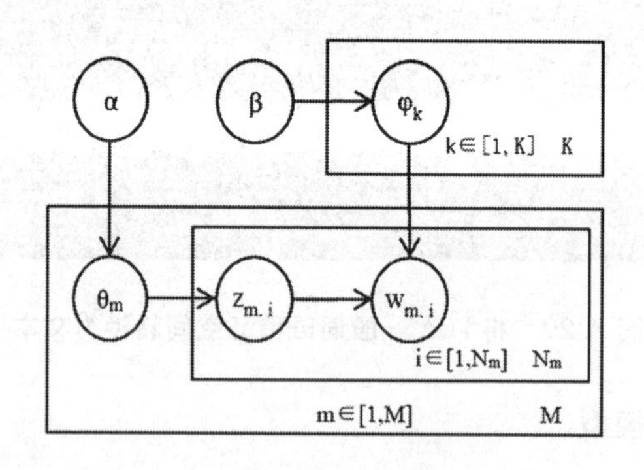

图 7.30　LDA 模型

用 $\overrightarrow{\theta_m}$ 表示第 m 篇文本在主题编号从 1 到 K 上的主题分布，所有的文本包括从第 1 篇到第 M 篇的主题分布构成 $\overrightarrow{\theta}$ 矩阵，大小为 M×K。用 $\overrightarrow{\varphi_k}$ 表示编号为 k 主题在各个词上的词分布，所有的主题，包括从编号为 1 ~ K 的词分布，构成 $\overrightarrow{\varphi}$ 矩阵，大小为 K×V，V 是词典的词数量。$\overrightarrow{\theta_m}$ 和 $\overrightarrow{\varphi_k}$ 分别服从参数为 $\overrightarrow{\alpha}$ 和 $\overrightarrow{\beta}$ 的 Dirichlet 分布。

LDA 主题模型通过隐藏主题连接文本和词，根据贝叶斯后验概率，生成整个文本的所有单词的概率可以通过边缘概率密度和贝叶斯公式来计算：

$$p(\overrightarrow{w}) = \sum_{z} p(\overrightarrow{w}, \overrightarrow{z}) = \prod_{i=1}^{N_m} \sum_{k=1}^{K} p(w_i \mid z_i = k)\, p(z_i = k) \tag{7.1}$$

上式涉及贝叶斯全概率公式，参数估计比较困难。吉布斯采样用于在难以直接采样时从某一多变量概率分布中近似抽取样本序列以求解目标，在 K 维主题中，每个维度轮流采用完全条件概率，以循环方式进行迭代直至收敛：

$$p(z_i = k \mid \overrightarrow{z_{\neg i}}, \overrightarrow{w}) = \frac{p(\overrightarrow{w}, \overrightarrow{z})}{p(\overrightarrow{w}, \overrightarrow{z_{\neg i}})} = \frac{n_{k,\neg i}^{(t)} + \beta}{\sum_{t=1}^{V} n_{k,\neg i}^{(t)} + V \cdot \beta} \cdot \frac{n_{m,\neg i}^{(k)} + \alpha}{\sum_{k=1}^{K} n_{m,\neg i}^{(k)} + K \cdot \alpha} \tag{7.2}$$

表达式 $\neg i$ 是指在第 m 篇文本中取走第 i 词位置的词之后的计数。$n_{k,i}^{(t)}$ 是指在第 i 词位置的词语 t 在主题编号 k 下的计数数字，$n_{k,\neg i}^{(t)}$ 为取走词语 w_i 后的统计计数，也就是 $n_{k,i}^{(t)}$ 减去 1。从主题到词的狄利克雷分布超参数记为 β，每个词对应的分项原本不同，为了简化而采用了相同值。$\sum_{t=1}^{V} n_{k,\neg i}^{(t)}$ 表示在取走第 i 词位置的词语 w_i 后隶属主题 k 的所有词语的计数。显然，第 i 词位置的词语 w_i 在主题编号为 k 之下的概率为式（7.2）的前部分，即 $p(w_i \mid \varphi_k, \beta, \theta_m)$ ：

$$\frac{n_{k,\neg i}^{(t)} + \beta}{\sum_{t=1}^{V} n_{k,\neg i}^{(t)} + V \cdot \beta} = p(w_i \mid \varphi_k, \beta, \theta_m) \tag{7.3}$$

式（7.2）的后部分中的 $n_{m,i}^{(k)}$ 为在第 m 篇文本中主题编号为 k 的词计数，$n_{m,\neg i}^{(k)}$ 为在取走单词 w_i 之后的统计，也就是 $n_{m,i}^{(k)}$ 减去 1。从文本到主题的狄利克雷分布超参数记为 α，为了简化而采用了相同值。$\sum_{k=1}^{K} n_{m,\neg i}^{(k)}$ 表示在取走第 i 词位置的词语 w_i 后的第 m 篇文本的词计数。显然，编号为 k 的主题在第 m 篇文本下的概率为式（7.2）的后部分，即 $p(z_i = k \mid \theta_m, \alpha)$ ：

$$\frac{n_{m,\neg i}^{(k)} + \alpha}{\sum_{k=1}^{K} n_{m,\neg i}^{(k)} + K \cdot \alpha} = p(z_i = k \mid \theta_m, \alpha) \tag{7.4}$$

按照式（7.3）和式（7.4）进行吉布斯采样，对第 m 篇文本的第 i 词位置

的词语 w_i 的潜在主题标记为 $z_{m,i}$，根据后验分布和伪计数进行概率参数估计：

$$E(p_{m,k}) = \frac{n_m^k + \alpha}{N_m + K\alpha}, \ k \in [1, K] \tag{7.5}$$

n_m^k 为在第 m 篇文本中编号为 k 的主题之下的词计数，第 m 篇文本的所有词语数记为 N_m 。根据式（7.5）可以生成文本到主题分布矩阵 $\overrightarrow{\theta}$ 。

$$E(p_{k,w}) = \frac{n_k^w + \beta}{N_k + V\beta}, \ k \in [1, K], \ w \in [1, V] \tag{7.6}$$

n_k^w 为在编号为 k 的主题之下的词语 w 的统计数，编号为 k 的主题下的所有词语数记为 N_k 。根据式（7.6）可以生成主题到词分布矩阵 $\overrightarrow{\varphi}$ 。

7.3.3 文本相似度

衡量向量空间模型中的两个文本之间相似度，可以使用欧式距离、绝对值距离以及夹角余弦等。根据两个文本在主题分布的差异，可以计算两个法律文本之间的余弦相似度：

$$docsim(d_i, d_j) = \sum_{k=1}^{K} (\theta_{ik} \times \theta_{jk}) \tag{7.7}$$

$docsim(d_i, d_j)$ 是法律文本 d_i 和文本 d_j 之间的余弦相似度。假定第 0 篇文本为需要匹配的新文本，计算与其余每一篇法律文本的余弦相似度，返回余弦相似度值最大的法律文本 d_{max} ：

$$d_{max} = \underset{i}{argmax} docsim(d_i, d_0) \tag{7.8}$$

余弦相似度值最大的法律文本是为最相似的文本，在 θ 矩阵中找到第 d_{max} 行，获得该法律文本主题分布中的各个主题编号。

7.4 中文法律文本的 LDA 主题分析

7.4.1 中文法律术语 LDA 模型

语料数据来自于中国法院裁判文书网（China Judgement Online），简称为 CJO 数据集，共选取了 1103 份法院判决书，采用 Python 自然语言工具包进行分词，获取 42 777 个词语，规定的法律术语词语有 1154 个（见附录 A），余下的 41 623 个词语属于一般性词语。

语料库 CJO 的法律术语特征向量矩阵为 vsmtf_legalterms_CJO，其行数为 1103，列数为 1154。从 slda.topic_models 中导入 LDA 模块，初始化 LDA 各个参

数。K 为主题数，我国法律主领域一般 10 个左右，子领域大概几十个。根据经验将 K 设置为 15。alpha 为将一篇法律文本表述为主题多项分布的参数，设置为 1。beta 为将某个主题表述为词多项分布的参数，设置为 0.01。V 为词语数，即法律术语特征向量矩阵的列数。如图 7.31 所示：

```
>>> vsmtf_legalterms_CJO=vsmtf
>>> vsmtf_legalterms_CJO.shape
(1103, 1154)
>>>
>>> from slda.topic_models import LDA
>>> import numpy as np
>>>
>>> K=15
>>> alpha=np.repeat(1.,K)
>>> V=vsmtf_legalterms_CJO.shape[1]
>>> beta=np.repeat(0.01,V)
>>> n_iter=100
```

图 7.31　初始化 CJO 法律术语 LDA 模型

迭代次数 n_iter 为 100，lda.fit 训练函数采用吉布斯采样和伪计数方法为 vsmtf_legalterms_CJO 法律术语特征向量空间中的每个词的产生赋予隐含主题。在 CPU 主频 2.8GHz 和内存 8GB 的系统中，训练时间开销大约 5 秒。如图 7.32 所示：

```
>>> lda=LDA(K,alpha,beta,n_iter=100,seed=42)
>>> lda.fit(vsmtf_legalterms_CJO)
2020-12-26 17:49:04.915461 start iterations
2020-12-26 17:49:05.553066 0:00:00.637605 elapsed, iter   10, LL -2211759.6755,
31.02% change from last
2020-12-26 17:49:06.083757 0:00:01.168296 elapsed, iter   20, LL -2092092.0845,
5.41% change from last
2020-12-26 17:49:06.597332 0:00:01.681871 elapsed, iter   30, LL -2062264.0381,
1.43% change from last
2020-12-26 17:49:07.109827 0:00:02.194366 elapsed, iter   40, LL -2045779.7029,
0.80% change from last
2020-12-26 17:49:07.623908 0:00:02.708447 elapsed, iter   50, LL -2037576.7733,
0.40% change from last
2020-12-26 17:49:08.137033 0:00:03.221572 elapsed, iter   60, LL -2033002.4985,
0.22% change from last
2020-12-26 17:49:08.647607 0:00:03.732146 elapsed, iter   70, LL -2028803.8431,
0.21% change from last
2020-12-26 17:49:09.157249 0:00:04.241788 elapsed, iter   80, LL -2026852.6139,
0.10% change from last
2020-12-26 17:49:09.671189 0:00:04.755728 elapsed, iter   90, LL -2024486.7828,
0.12% change from last
```

图 7.32　CJO 法律术语 LDA 模型训练过程

在 lda.fit（vsmtf_legalterms_CJO）训练完成后，返回的 lda.theta 矩阵为各个法律文本在 15 个主题上的分布，行数为法律文本篇数，列数为主题数 15。lda.theta［0］为第一篇法律文本的主题分布，在各个主题上的数值累计为 1，主题分布的数值可以理解为各个主题在该篇法律文本中的占比情况。占比最大的主题是编号为 5 的主题，其实是第 6 个主题，因为主题编号从 0 开始。如图 7.33

所示：

```
>>> lda.theta.shape
(1103, 15)
>>> lda.theta[0]
array([0.00121507, 0.00243013, 0.00607533, 0.00243013, 0.00243013,
       0.30498177, 0.10085055, 0.11421628, 0.26123937, 0.07654921,
       0.00243013, 0.07533414, 0.04738761, 0.00121507, 0.00121507])
>>> sum(lda.theta[0])
0.9999999999999999
>>> max(lda.theta[0])
0.30498177399756987
>>> lda.theta[0][5]
0.30498177399756987
```

图 7.33　CJO 法律术语 LDA 模型的文本到主题的分布

在 lda. fit 完成训练后，另外一个返回值 lda. phi 矩阵为各个主题在 1154 个词语上的分布，行数为主题数，列数为法律术语数 1154。lda. phi［0］为第一个主题上的词分布，在各个词语上的数值累计为 1，词分布的数值可以理解为各个词语在该主题上的占比情况。占比最大的词语是编号为 321 的法律术语，通过遍历词典，该法律术语为“被告人”。如图 7. 34 所示：

```
>>> lda.phi.shape
(15, 1154)
>>> lda.phi[0]
array([2.56255583e-07, 2.56255583e-07, 2.56255583e-07, ...,
       2.56255583e-07, 2.56255583e-07, 2.56255583e-07])
>>> sum(lda.phi[0])
1.0000000000000149
>>> max(lda.phi[0])
0.13709699325074048
>>> words_distribution_rank_index=lda.phi[0].argsort()
>>> words_distribution_rank_index[-1]
321
>>> lda.phi[0][words_distribution_rank_index[-1]]
0.13709699325074048
>>> for item in vocabulary.items():
...     if item[1]==words_distribution_rank_index[-1]:
[illegible]
...
被告人
```

图 7. 34　CJO 法律术语 LDA 模型的主题到词的分布

通过循环每个主题到词的分布，即 lda. phi 矩阵的每一行，按照数值从大到小排列，找到每个主题下的前 20 个词语。如图 7. 35 所示：

```
>>> for i in range(len(lda.phi)):
...     index=lda.phi[i].argsort()
...     top20_a=index[1134:]
...     top20=list(top20_a)
...     top20.reverse()
...     top20_words=''
...     for j in range(len(top20)):
...         ind=top20[j]
...         for item in vocabulary.items():
...             if item[1]==ind:
...                 top20_words+=item[0]+'\t'
...     print('The Topic:'+str(i)+'\r\n'+top20_words+'\r\n')
...
The Topic:0
被告人	被害人	有期徒刑	犯罪	判处	人民法院	处罚	构成	审理	辩护人	公诉
指控	刑法	刑事	公安机关	案件	依法	从轻	人民检察院	本案

The Topic:1
协议	租赁	签订	分公司	约定	经营	认定	履行	法律	所有权	转让	二审	判决
协议书	本案	违反	申请	再审	离婚	发行

The Topic:2
被告人	职务	辩护人	构成	收受	证言	人民检察院	人民法院	指控	受贿罪	犯罪
证人	工作	非法	依法	有限公司	辩护	处罚	刑法	受贿

The Topic:3
土地	转让	股东	股权	投资	使用权	出资	协议	总公司	股份	变更	决议	董事会
批准	法律	有限公司	企业	证券	国有土地应当

The Topic:4
人民法院	审理	法院	案件	中级	申请	判决	裁判	民事	登记	起诉	法律
纠纷案	案号	诉讼	案情	驳回	本案	生效	案由
```

图 7.35　CJO 法律术语 LDA 模型的主题 0~4 的前 20 词语

可以看出，编号为 0 的主题大概与公诉案件和刑法有关，编号为 1 的主题大概与租赁协议和所有权有关，编号为 5 的主题大概与公司与代理合同有关，编号为 6 的主题大概与保险和交通责任有关，编号为 7 的主题大概与国际贸易和代理有关，编号为 8 的主题大概与合同和违约有关，等等。

```
The Topic:5
公司	有限公司	本案	法定代表	证据	认定	诉讼	鉴定	审理	代理人	合同	判决
	企业	法院	原审	高级人民法院	签订	经营	有限责任	诉讼请求

The Topic:6
赔偿	责任	损失	死亡	损害	交通事故	应当	过错	保险公司保险合同	本案	根
据	被保险人	认定	条款	义务	损害赔偿保险人	支公司	民事

The Topic:7
货物	涉案	有限公司	损失	船舶	法院	发票	货款	国际	提单	合同	代理	承运
人	证据	本案	根据	集装箱	进口	支票	海事

The Topic:8
合同	约定	签订	履行	当事人	义务	甲方	乙方	一审	商品房	法院	违约金	请求	认定
	本案	解除	损失	违约	合同法	判决

The Topic:9
二审	上诉人	人民法院	原审	一审	被上诉人	证据	法院	中级	判决	认定	审判
	代理人	审理	审结	审判员	律师	事务所律师	判决书	诉讼

The Topic:10
集团	债权	借款	贷款	债务	合同	本案	有限公司	转让	协议	拍卖	责任	约定
	法院	履行	判决	签订	股份	质押	原审

The Topic:11
销售	商标	商品	注册商标	有限公司	侵权	构成	侵犯	消费者	企业	食品	法院
	上诉人	经营	行政处罚	侵权行为	认定	被上诉人	应当	正当竞争

The Topic:12
被告	原告	有限公司	人民法院	证据	义务	辩称	诉讼请求案件	案由	根据	本
案	审理	名誉权	律师	法律	纠纷案	应当	典当	审判机关

The Topic:13
权利	专利	涉案	侵权	侵犯	专利权	证据	申请	本案	有限公司根据	请求	法院	审
查	应当	认定	构成	判决	被控	信用卡

The Topic:14
劳动	劳动合同	仲裁	工作	工资	解除	职工	企业	签订	法院	申请	有限公司
	用人单位	劳动者	劳务	补偿金	决定	请求	人民法院	违反
```

图 7.36　CJO 法律术语 LDA 模型的主题 5~14 的前 20 词语

以第一篇法律文本为参照，原始特征向量维度为1154，通过表述为主题分布，即lda.theta［0］，维度约减到15。此外，可以通过排序，输出第一篇法律文本为主题编号5、8和7等方面的内容。如图7.37所示：

```
>>> lda.theta[0]
array([0.00121507, 0.00243013, 0.00607533, 0.00243013, 0.00243013,
       0.30498177, 0.10085055, 0.11421628, 0.26123937, 0.07654921,
       0.00243013, 0.07533414, 0.04738761, 0.00121507, 0.00121507])
>>> topic_distritution_index=lda.theta[0].argsort()
>>> top15_topicID=list(topic_distritution_index)
>>> top15_topicID.reverse()
>>> top15_topicID
[5, 8, 7, 6, 9, 11, 12, 2, 10, 4, 3, 1, 14, 13, 0]
>>> top15_topicID[:3]
[5, 8, 7]
```

图7.37　CJO法律术语LDA模型的法律文本的主题表述

在法律文本的主题表述的基础上，文本相似度不再以原始特征空间来计算，而是以主题表述来计算余弦相似度。以第一篇法律文本为参照，分别计算与第1篇~第1103篇法律文本之间的余弦相似度，获得1103个值。按照降序排列，选取前10个值的索引，该索引是向量空间模型矩阵的行号，也是法律文本的编号。如图7.38所示，可以看出，编号0是指第一篇法律文本与第一篇法律文本最相似，需要将返回的第一个索引排除。因此，与第一篇法律文本最为相似的一篇是编号为936的法律文本，即第937篇文本。

```
>>> doc_cossim=[]
>>> for i in range(len(lda.theta)):
...     dt=np.dot(lda.theta[i],lda.theta[0])
...     dis_a=np.sqrt(np.dot(lda.theta[i],lda.theta[i]))
...     dis_b=np.sqrt(np.dot(lda.theta[0],lda.theta[0]))
[illegible]
...     doc_cossim.append(dt)
...
>>> doc_cossim=np.array(doc_cossim)
>>> index_cossim=doc_cossim.argsort()
>>> top10_cossim_a=index_cossim
>>> top10_cossim=list(top10_cossim_a)
>>> top10_cossim.reverse()
>>> top10_cossim[:10]
[0, 936, 1053, 312, 804, 253, 11, 283, 225, 204]
```

图7.38　CJO法律术语LDA模型的余弦相似度计算

7.4.2　中文一般词语LDA模型

语料库CJO的一般词语特征向量矩阵为vsmtf_commonwords_CJO，其行数为1103，列数为41 623。如图7.39所示：

>>> vsmtf_commonwords_CJO=vsmtf
>>> vsmtf_commonwords_CJO.shape
(1103, 41623)
>>> from slda.topic_models import LDA
>>> import numpy as np

图 7.39　CJO 一般词语特征向量矩阵

在导入 LDA 模块后，准备初始化 LDA 各个参数。根据经验将 K 设置为 100，alpha 设置为 1，beta 设置为 0.01，V 为 41 623，迭代次数 n_iter 为 100。lda.fit 的训练时间开销大约 1 分 29 秒，如图 7.40 所示：

```
>>> K=100
>>> alpha=np.repeat(1.,K)
>>> V=vsmtf_commonwords_CJO.shape[1]
>>> beta=np.repeat(0.01,V)
>>> n_iter=100
>>> lda=LDA(K,alpha,beta,n_iter=100,seed=42)
>>> lda.fit(vsmtf_commonwords_CJO)
2020-12-26 18:54:02.101087 start iterations
2020-12-26 18:54:13.000459 0:00:10.899372 elapsed, iter   10, LL 28618396.1593, 14.94% change from last
2020-12-26 18:54:22.786416 0:00:20.685329 elapsed, iter   20, LL 28909990.2411, 1.02% change from last
2020-12-26 18:54:32.535214 0:00:30.434127 elapsed, iter   30, LL 29040357.1206, 0.45% change from last
2020-12-26 18:54:42.290811 0:00:40.189724 elapsed, iter   40, LL 29123085.4125, 0.28% change from last
2020-12-26 18:54:52.058612 0:00:49.957525 elapsed, iter   50, LL 29184811.2753, 0.21% change from last
2020-12-26 18:55:01.836667 0:00:59.735580 elapsed, iter   60, LL 29230746.2185, 0.16% change from last
2020-12-26 18:55:11.595184 0:01:09.494097 elapsed, iter   70, LL 29268596.4766, 0.13% change from last
2020-12-26 18:55:21.377164 0:01:19.276077 elapsed, iter   80, LL 29295468.3767, 0.09% change from last
2020-12-26 18:55:31.121431 0:01:29.020344 elapsed, iter   90, LL 29316112.7178, 0.07% change from last
```

图 7.40　CJO 一般词语 LDA 模型训练过程

在 lda.fit（vsmtf_commonwords_CJO）训练完成后，返回的 lda.theta 矩阵为各个法律文本在 100 个主题上的分布，行数为法律文本篇数 1103，列数为主题数 100。lda.theta［0］为第一篇法律文本分别在 100 个主题上的分布，占比最大的主题是编号为 9 的主题。如图 7.41 所示：

```
>>> lda.theta.shape
(1103, 100)
>>> lda.theta[0]
array([0.00260281, 0.00052056, 0.00052056, 0.00052056, 0.00052056,
       0.00052056, 0.00052056, 0.00052056, 0.05153566, 0.43779282,
       0.00520562, 0.00104112, 0.00104112, 0.23112962, 0.00104112,
       0.00052056, 0.00104112, 0.00052056, 0.00052056, 0.00052056,
       0.00052056, 0.00104112, 0.00572618, 0.00156169, 0.00052056,
       0.00052056, 0.00104112, 0.00052056, 0.00156169, 0.00052056,
       0.00052056, 0.00104112, 0.00104112, 0.00052056, 0.00052056,
       0.00052056, 0.00052056, 0.00052056, 0.00156169, 0.00052056,
       0.00156169, 0.00052056, 0.00104112, 0.00052056, 0.00052056,
       0.00052056, 0.00104112, 0.00052056, 0.00052056, 0.00104112,
       0.00104112, 0.00052056, 0.00052056, 0.00104112, 0.00052056,
       0.00312337, 0.00208225, 0.00156169, 0.0510151 , 0.00052056,
       0.00104112, 0.00104112, 0.00052056, 0.00260281, 0.00052056,
       0.00052056, 0.00104112, 0.00052056, 0.00104112, 0.00052056,
       0.00052056, 0.09213951, 0.00104112, 0.00104112, 0.00104112,
       0.00052056, 0.00052056, 0.00572618, 0.00052056, 0.00052056,
       0.00052056, 0.00104112, 0.00052056, 0.00052056, 0.03487767,
       0.00104112, 0.00052056, 0.0041645 , 0.00052056, 0.00052056,
       0.00104112, 0.00052056, 0.00052056, 0.00208225, 0.00104112,
       0.00156169, 0.00104112, 0.00052056, 0.00156169, 0.0041645 ])
>>> sum(lda.theta[0])
1.0000000000000018
>>> max(lda.theta[0])
0.4377928162415408
>>> lda.theta[0][9]
0.4377928162415408
```

图 7.41　CJO 一般词语 LDA 模型的文本到主题的分布

lda. phi 矩阵为各个主题在 41 623 个词语上的分布，行数为主题数 100，列数为一般词语数 41 623。lda. phi［0］为第一个主题上的词分布，占比最大的词语是编号为 2257 的一般词语，通过遍历词典，该词语为“置业”。如图 7. 42 所示：

```
>>> lda.phi.shape
(100, 41623)
>>> lda.phi[0]
array([1.52829719e-06, 1.52829719e-06, 1.52829719e-06, ...,
       1.52829719e-06, 1.52829719e-06, 1.52829719e-06])
>>> sum(lda.phi[0])
1.0000000000009526
>>> max(lda.phi[0])
0.036680660774571584
>>> words_distribution_rank_index=lda.phi[0].argsort()
>>> words_distribution_rank_index[-1]
2257
>>> lda.phi[0][words_distribution_rank_index[-1]]
0.036680660774571584
>>> for item in vocabulary.items():
...     if item[1]==words_distribution_rank_index[-1]:
...         print(item[0])
...
置业
```

图 7. 42　CJO 一般词语 LDA 模型的主题到词的分布

通过循环 lda. phi 矩阵的每一行，按照数值从大到小排列，找到每个主题下的前 20 个词语。如图 7. 43 所示：

```
>>> for i in range(len(lda.phi)):
...     index=lda.phi[i].argsort()
...     top20_a=index[len(lda.phi[0])-20:]
...     top20=list(top20_a)
...     top20.reverse()
...     top20_words=''
...     for j in range(len(top20)):
...         ind=top20[j]
...         for item in vocabulary.items():
...             if item[1]==ind:
...                 #top20_words+=str(item[1])+':'+item[0]+'\t'
[illegible]
...     print('The Topic:'+str(i)+'\r\n'+top20_words+'\r\n')
...
The Topic:0
置业    支付    万元    富沃    大兴    上海    委托    持有    各方    以下    广厦    创业    日期    期
限      化妆品  吕净    简称    浙江    要求    利润

The Topic:1
国家    资金    水泥厂  国有资产        管理    审计    电气    学生    国有    无锡市  关于    资本金  行
为      徐建良  北塘区  部门    国有企业        文件    同意    转为

The Topic:2
晨光    针织    长沙    新远    桥北    扬子    山东省  汇富    广田    方正    石油    轮胎    提供    董
事长    刘航    湖州市  2001    数码    宋德明  勘院
```

图 7. 43　CJO 一般词语 LDA 模型的主题 0~2 的前 20 词语

以第一篇法律文本为参照，原始特征向量维度为 41 623，通过主题分布表述，即 lda. theta［0］，维度约减到 100。通过降序，输出第一篇法律文本的主题占比的排序情况，并且占比最大的三个主题编号为 9、13 和 71。如图 7. 44 所示：

```
>>> lda.theta[0]
array([0.00260281, 0.00052056, 0.00052056, 0.00052056, 0.00052056,
       0.00052056, 0.00052056, 0.00052056, 0.35154568, 0.45779[illegible],
       0.00520562, 0.00104112, 0.00104112, 0.23112962, 0.00104112,
       0.00052056, 0.00104112, 0.00052056, 0.00052056, 0.00052056,
       0.00052056, 0.00104112, 0.00572618, 0.00156169, 0.00052056,
       0.00052056, 0.00104112, 0.00052056, 0.00156169, 0.00052056,
       0.00052056, 0.00104112, 0.00104112, 0.00052056, 0.00052056,
       0.00052056, 0.00052056, 0.00052056, 0.00156169, 0.00052056,
       0.00156169, 0.00052056, 0.00104112, 0.00052056, 0.00052056,
       0.00052056, 0.00104112, 0.00052056, 0.00052056, 0.00104112,
       0.00104112, 0.00052056, 0.00052056, 0.00104112, 0.00052056,
       0.00312337, 0.00208225, 0.00156169, 0.0510151 , 0.00052056,
       0.00104112, 0.00104112, 0.00052056, 0.00260281, 0.00052056,
       0.00052056, 0.00104112, 0.00052056, 0.00104112, 0.00052056,
       0.00052056, 0.09213951, 0.00104112, 0.00104112, 0.00104112,
       0.00052056, 0.00052056, 0.00572618, 0.00052056, 0.00052056,
       0.00052056, 0.00104112, 0.00052056, 0.00052056, 0.03487767,
       0.00104112, 0.00052056, 0.0041645 , 0.00052056, 0.00052056,
       0.00104112, 0.00052056, 0.00052056, 0.00208225, 0.00104112,
       0.00156169, 0.00104112, 0.00052056, 0.00156169, 0.0041645 ])
>>> topic_distritution_index=lda.theta[0].argsort()
>>> top100_topicID=list(topic_distritution_index)
>>> top100_topicID.reverse()
>>> top100_topicID
[9, 13, 71, 8, 58, 84, 22, 77, 10, 99, 87, 55, 63, 0, 56, 93, 57, 95, 98, 40, 38, 23, 28, 31, 53, 50, 46, 3
2, 85, 60, 21, 16, 14, 94, 12, 11, 96, 26, 42, 61, 66, 81, 74, 73, 72, 68, 49, 90, 25, 62, 75, 76, 20, 19,
18, 17, 88, 15, 78, 79, 80, 91, 82, 83, 97, 7, 6, 5, 4, 3, 2, 1, 24, 52, 51, 27, 65, 64, 48, 47, 67, 45, 44
, 43, 86, 41, 54, 39, 69, 37, 36, 35, 34, 33, 70, 89, 59, 29, 92, 30]
>>> top100_topicID[:3]
[9, 13, 71]
```

图 7.44　CJO 一般词语 LDA 模型的法律文本的主题表述

以第一篇法律文本为参照，分别计算与第 1 篇~第 1103 篇法律文本之间的余弦相似度，获得 1103 个值。按照降序排列，选取余弦相似度数值最大的前 10 个值的索引。如图 7.45 所示，除了自身之外，与第一篇法律文本最为相似的是编号为 631 的文本。

```
>>> doc_cossim=[]
>>> for i in range(len(lda.theta)):
...     dt=np.dot(lda.theta[i],lda.theta[0])
...     dis_a=np.sqrt(np.dot(lda.theta[i],lda.theta[i]))
...     dis_b=np.sqrt(np.dot(lda.theta[0],lda.theta[0]))
...     dt=dt/(dis_a*dis_b)
...     doc_cossim.append(dt)
...
>>> doc_cossim=np.array(doc_cossim)
>>> index_cossim=doc_cossim.argsort()
>>> top10_cossim_a=index_cossim
>>> top10_cossim=list(top10_cossim_a)
>>> top10_cossim.reverse()
>>> top10_cossim[:10]
[0, 631, 439, 462, 784, 905, 450, 441, 699, 569]
```

图 7.45　法律术语 LDA 模型的余弦相似度计算

7.5　英文法律文本的 LDA 主题分析

7.5.1　英文法律术语 LDA 模型

语料数据来自于澳大利亚联邦法院（Federal Court of Australia），简称为 FCA 数据集，共选取了 3886 份法院判决书，采用 Python 自然语言工具包进行分词，获取 44 749 个词语，规定的法律术语词语有 1086 个（见附录 A），余下的 43 663 个词语属于一般性词语。

语料库 FCA 的法律术语特征向量矩阵为 vsmtf_legalterms_FCA，其行数为

3886，列数为 1086。如图 7.46 所示：

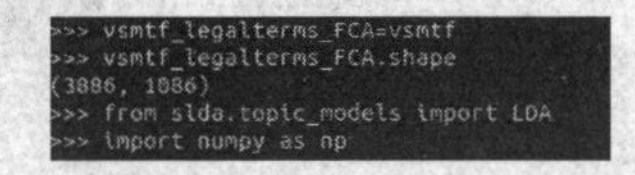

>>> vsmtf_legalterms_FCA=vsmtf
>>> vsmtf_legalterms_FCA.shape
(3886, 1086)
>>> from slda.topic_models import LDA
>>> import numpy as np

图 7.46　初始化 CJO 法律术语 LDA 模型

在导入 LDA 模块后，准备初始化 LDA 各个参数。依据澳大利亚衡平法和制定法的经验，将 K 设置为 10，alpha 设置为 1，beta 设置为 0.01，V 为 1086，迭代次数 n_iter 为 100。lda.fit 的训练时间开销大约 33 秒，如图 7.47 所示：

```
>>> K=10
>>> alpha=np.repeat(1.,K)
>>> V=vsmtf_legalterms_FCA.shape[1]
>>> beta=np.repeat(0.01,V)
>>> n_iter=100
>>> lda=LDA(K,alpha,beta,n_iter=100,seed=42)
>>> lda.fit(vsmtf_legalterms_FCA)
2020-12-26 19:11:32.659087 start iterations

2020-12-26 19:11:37.628816 0:00:04.969729 elapsed, iter   10, LL -25567848.7652, 18.38% change from last
2020-12-26 19:11:41.732866 0:00:09.073779 elapsed, iter   20, LL -23693950.3155, 7.33% change from last
2020-12-26 19:11:45.791289 0:00:13.132202 elapsed, iter   30, LL -23353505.6849, 1.44% change from last
2020-12-26 19:11:49.846208 0:00:17.187121 elapsed, iter   40, LL -23208103.0714, 0.62% change from last
2020-12-26 19:11:53.879176 0:00:21.220089 elapsed, iter   50, LL -23106844.9412, 0.44% change from last
2020-12-26 19:11:57.899211 0:00:25.240124 elapsed, iter   60, LL -23058582.2048, 0.21% change from last
2020-12-26 19:12:01.937175 0:00:29.278088 elapsed, iter   70, LL -23015345.2099, 0.19% change from last
2020-12-26 19:12:05.972237 0:00:33.313150 elapsed, iter   80, LL -22998540.0175, 0.07% change from last
2020-12-26 19:12:10.005261 0:00:37.346174 elapsed, iter   90, LL -22979857.0032, 0.08% change from last
```

图 7.47　FCA 法律术语 LDA 模型训练过程

在 lda.fit（vsmtf_legalterms_FCA）训练完成后，返回的 lda.theta 矩阵为各个法律文本在 10 个主题上的分布，行数为法律文本篇数 3886，列数为主题数 10。lda.theta［0］为第一篇法律文本的主题分布，占比最大的主题是编号为 2 的主题。如图 7.48 所示：

```
>>> lda.theta.shape
(3886, 10)
>>> lda.theta[0]
array([0.04880582, 0.00207684, 0.24402908, 0.09657321, 0.14641745,
       0.03530633, 0.00207684, 0.22429907, 0.19937695, 0.00103842])
>>> sum(lda.theta[0])
1.0
>>> max(lda.theta[0])
0.24402907580477673
>>> lda.theta[0][2]
0.24402907580477673
```

图 7.48　FCA 法律术语 LDA 模型的文本到主题的分布

在 lda.fit 完成训练后，另外一个返回值 lda.phi 矩阵为每个主题在词语上的分布情况，行数为主题数 10，列数为法律术语数 1086。lda. phi ［0］ 为第一个主题上的词分布，占比最大的词语是编号为 0 的法律术语，通过遍历词典，该法律术语为“sentence”。如图 7. 49 所示：

```
>>> lda.phi.shape
(10, 1086)
>>> lda.phi[0]
array([1.84979803e-01, 2.13854404e-08, 2.13854404e-08, ...,
       2.13854404e-08, 8.57556158e-06, 2.13854404e-08])
>>> sum(lda.phi[0])
0.9999999999999662
>>> max(lda.phi[0])
0.18497980337627343
>>> words_distribution_rank_index=lda.phi[0].argsort()
>>> words_distribution_rank_index[-1]
0
>>> lda.phi[0][words_distribution_rank_index[-1]]
0.18497980337627343
>>> for item in vocabulary.items():
...     if item[1]==words_distribution_rank_index[-1]:
...         print(item[0])
...
sentence
```

图 7. 49　FCA 法律术语 LDA 模型的主题到词的分布

通过循环每个主题到词的分布，即 lda. phi 矩阵的每一行，按照数值从大到小排列，找到每个主题下的前 20 个词语。如图 7. 50 和图 7. 51 所示：

```
>>> for i in range(len(lda.phi)):
...     index=lda.phi[i].argsort()
...     top20_a=index[len(lda.phi[0])-20:]
...     top20=list(top20_a)
...     top20.reverse()
...     top20_words=''
...     for j in range(len(top20)):
...         ind=top20[j]
...         for item in vocabulary.items():
...             if item[1]==ind:
...                 #top20_words+=str(item[1])+':'+item[0]+'\t'
...                 top20_words+=item[0]+'\t'
...     print('The Topic:'+str(i)+'\r\n'+top20_words+'\r\n')
...
The Topic:0
sentence        Court   order   proceedings     orders  FCA     proceeding      Federal case    appeal  jud
gment   hearing Honour  costs   cases   Applicant       Ltd     parties notice  party

The Topic:1
sentence        business        Australia       Ltd     trade   Scheme  use     goods   Act     products        o
ther    product sale    will    market  conduct sales   case    name    relevant

The Topic:2
sentence        evidence        other   time    claim   case    will    first   patent  information     rel
evant   referred        claims  work    examination     question        person  affidavit       accept  mig
ht

The Topic:3
sentence        agreement       contract        Agreement       work    conduct terms   other   will    mee
ting    parties time    pay     letter  evidence        rights  employees       employee        case    Ltd
```

图 7. 50　FCA 法律术语 LDA 模型的主题 0~3 的前 20 词语

```
The Topic:4
sentence        company Commissioner    Act     interest        property        tax     shares  Ltd     wil
l       creditors       scheme  financial       other   trustee payment assets  time    trust   business

The Topic:5
sentence        documents       information     Commission      document        legal   evidence        ser
vice    privilege       other   material        access  relevant        purpose will    services        dis
closure reasonable      production      case

The Topic:6
sentence        group   claim   title   rights  native  land    Act     interests       applicants      oth
er      right   law     determination   persons country evidence        Council Court   Australia

The Topic:7
sentence        respondent      applicant       costs   claim   applicants      first   case    Act     act
ion     Ltd     order   claims  statement       party   proceeding      bankruptcy      third   plaintiff n
otice

The Topic:8
sentence        Act     applicant       decision        person  Minister        law     power   relevant        n
otice   case    respondent      circumstances   other   section time    Court   question        review  Aus
tralia

The Topic:9
sentence        Tribunal        appellant       decision        applicant       appeal  Minister        vis
a       evidence        Federal review  Magistrate      hearing information     Immigration     Court   rea
sons    case    Affairs protection
```

图 7.51　FCA 法律术语 LDA 模型的主题 4~9 的前 20 词语

以第一篇法律文本为参照，原始特征向量维度为 1086，通过表述为主题分布，即 lda. theta [0]，维度约减到 10。通过降序，输出第一篇法律文本的主题占比的排序情况，占比最大的三个主题编号分别为 2、7 和 8。如图 7.52 所示：

```
>>> lda.theta[0]
array([0.04880582, 0.00207684, 0.24402908, 0.09657321, 0.14641745,
       0.03530633, 0.00207684, 0.22429907, 0.19937695, 0.00103842])
>>> topic_distritution_index=lda.theta[0].argsort()
>>> top10_topicID=list(topic_distritution_index)
>>> top10_topicID.reverse()
>>> top10_topicID
[2, 7, 8, 4, 3, 0, 5, 6, 1, 9]
>>> top10_topicID[:3]
[2, 7, 8]
```

图 7.52　FCA 法律术语 LDA 模型的法律文本的主题表述

以第一篇法律文本为参照，分别计算与第 1 篇 ~ 第 3886 篇法律文本之间的余弦相似度，获得 3886 个值。按照降序排列，选取余弦相似度数值最大的前 10 个值的索引。如图 7.53 所示，除了自身之外，与第一篇法律文本最为相似的是编号为 1917 的文本。

```
>>> doc_cossim=[]
>>> for i in range(len(lda.theta)):
...     dt=np.dot(lda.theta[i],lda.theta[0])
...     dis_a=np.sqrt(np.dot(lda.theta[i],lda.theta[i]))
...     dis_b=np.sqrt(np.dot(lda.theta[0],lda.theta[0]))
...     dt=dt/(dis_a*dis_b)
...     doc_cossim.append(dt)
...
>>> doc_cossim=np.array(doc_cossim)
>>> index_cossim=doc_cossim.argsort()
>>> top10_cossim_a=index_cossim
>>> top10_cossim=list(top10_cossim_a)
>>> top10_cossim.reverse()
>>> top10_cossim[:10]
[0, 1917, 2226, 2608, 2791, 3136, 863, 2650, 336, 1971]
```

图 7.53　FCA 法律术语 LDA 模型的余弦相似度计算

7.5.2　英文一般词语 LDA 模型

语料库 FCA 的一般词语特征向量矩阵为 vsmtf_commonwords_FCA，其行数为 3886，列数为 43 663。如图 7.54 所示：

```
>>> vsmtf_commonwords_FCA=vsmtf
>>> vsmtf_commonwords_FCA.shape
(3886, 43663)
>>> from slda.topic_models import LDA
>>> import numpy as np
```

图 7.54　FCA 一般词语特征向量矩阵

在导入 LDA 模块后，准备初始化 LDA 各个参数。根据经验将 K 设置为 250，alpha 设置为 1，beta 设置为 0.01，V 为 43 663，迭代次数 n_iter 为 100。lda.fit 的训练时间开销大约 26 分 58 秒，如图 7.55 所示。

```
>>> K=250
>>> alpha=np.repeat(1.,K)
>>> V=vsmtf_commonwords_FCA.shape[1]
>>> beta=np.repeat(0.01,V)
>>> n_iter=100
>>> lda=LDA(K,alpha,beta,n_iter=100,seed=42)
>>> lda.fit(vsmtf_commonwords_FCA)
2020-12-26 19:26:15.894076 start iterations
2020-12-26 19:29:33.075359 0:03:17.181283 elapsed, iter   10, LL 11641730.7297, 150.68% change from last
2020-12-26 19:32:31.569635 0:06:15.675559 elapsed, iter   20, LL 15887874.2061, 36.47% change from last
2020-12-26 19:35:28.971227 0:09:13.077151 elapsed, iter   30, LL 17478884.7774, 10.01% change from last
2020-12-26 19:38:26.315341 0:12:10.421265 elapsed, iter   40, LL 18392580.1807, 5.23% change from last
2020-12-26 19:41:23.621867 0:15:07.727791 elapsed, iter   50, LL 19044146.9490, 3.54% change from last
2020-12-26 19:44:20.873279 0:18:04.979203 elapsed, iter   60, LL 19525830.1238, 2.53% change from last
2020-12-26 19:47:18.165195 0:21:02.271119 elapsed, iter   70, LL 19914027.5619, 1.99% change from last
2020-12-26 19:50:15.935720 0:24:00.041644 elapsed, iter   80, LL 20215861.7860, 1.52% change from last
2020-12-26 19:53:13.645863 0:26:57.751787 elapsed, iter   90, LL 20455466.5475, 1.19% change from last
```

图 7.55　FCA 一般词语 LDA 模型训练过程

在 lda.fit（vsmtf_commonwords_FCA）训练完成后，返回的 lda.theta 矩阵为各个法律文本在 250 个主题上的分布，行数为法律文本篇数 3886，列数为主题数 250。lda.theta［0］为第一篇法律文本分别在 250 个主题上的分布，占比最大的主题是编号为 235 的主题。如图 7.56 所示：

```
>>> lda.theta.shape
(3886, 250)
>>> lda.theta[0]
array([0.0024, 0.0008, 0.0004, 0.0152, 0.0004, 0.0236, 0.0012, 0.0004,
       0.002 , 0.0016, 0.0004, 0.0044, 0.0004, 0.0004, 0.0472, 0.0008,
       0.0004, 0.0004, 0.0008, 0.0016, 0.0012, 0.0128, 0.002 , 0.0004,
       0.0016, 0.0008, 0.0004, 0.0004, 0.0032, 0.0008, 0.0004, 0.0012,
       0.0004, 0.0728, 0.0008, 0.0016, 0.0044, 0.0016, 0.0004, 0.0032,
       0.0004, 0.0004, 0.0004, 0.0016, 0.0012, 0.0056, 0.0004, 0.0004,
       0.0016, 0.0088, 0.0004, 0.0004, 0.002 , 0.0036, 0.0016, 0.0008,
       0.0008, 0.0024, 0.0004, 0.0008, 0.0008, 0.0008, 0.0004, 0.0012,
       0.0008, 0.0028, 0.0004, 0.0032, 0.0012, 0.0004, 0.0068, 0.0012,
       0.0012, 0.0012, 0.0012, 0.0008, 0.0008, 0.0004, 0.0024, 0.0012,
       0.0008, 0.0008, 0.0004, 0.0004, 0.0028, 0.0048, 0.0048, 0.0008,
       0.0008, 0.0004, 0.0012, 0.0044, 0.0168, 0.0032, 0.0008, 0.0008,
       0.0032, 0.0004, 0.0012, 0.0012, 0.0016, 0.0012, 0.0044, 0.0016,
       0.0012, 0.0008, 0.002 , 0.0004, 0.0008, 0.0032, 0.0016, 0.0264,
       0.0004, 0.0012, 0.0016, 0.0012, 0.0004, 0.0012, 0.0004, 0.002 ,
       0.0216, 0.0004, 0.0012, 0.0028, 0.0016, 0.0016, 0.0184, 0.002 ,
       0.0024, 0.0008, 0.0004, 0.0088, 0.0004, 0.0004, 0.004 , 0.0004,
       0.002 , 0.0024, 0.004 , 0.0008, 0.0008, 0.0068, 0.0008, 0.002 ,
       0.0036, 0.0064, 0.0012, 0.0232, 0.0008, 0.002 , 0.0008, 0.0016,
       0.0004, 0.0024, 0.0012, 0.0024, 0.0036, 0.0008, 0.002 , 0.0012,
       0.0008, 0.0004, 0.0012, 0.0004, 0.0024, 0.0008, 0.0004, 0.0176,
       0.0004, 0.0004, 0.0004, 0.0004, 0.002 , 0.0012, 0.0004, 0.0012,
       0.0012, 0.0008, 0.0008, 0.0024, 0.0016, 0.0004, 0.0004, 0.0076,
       0.0004, 0.0004, 0.002 , 0.0116, 0.002 , 0.0164, 0.0244, 0.0008,
       0.0004, 0.0016, 0.0008, 0.0004, 0.0004, 0.0012, 0.0024, 0.0004,
       0.0016, 0.002 , 0.0004, 0.0004, 0.0004, 0.0032, 0.0012, 0.0008,
       0.0004, 0.0064, 0.0112, 0.022 , 0.0012, 0.0012, 0.0084, 0.0028,
       0.0012, 0.0004, 0.0004, 0.0016, 0.0004, 0.0004, 0.0008, 0.0088,
       0.0016, 0.0004, 0.002 , 0.0008, 0.0004, 0.0004, 0.002 , 0.0016,
       0.0028, 0.0008, 0.004 , 0.252 , 0.004 , 0.002 , 0.0004, 0.0008,
       0.0044, 0.0004, 0.0028, 0.0032, 0.0012, 0.0004, 0.0004, 0.0056,
       0.0004, 0.002 ])
>>> sum(lda.theta[0])
0.9999999999999989
>>> max(lda.theta[0])
0.252
>>> lda.theta[0][235]
0.252
```

图 7.56　FCA 一般词语 LDA 模型的文本到主题的分布

lda. phi 矩阵为各个主题在 43 663 个词语上的分布，行数为主题数 250，列数为一般词语数 43 663。lda. phi［0］为第一个主题上的词分布，占比最大的词语是编号为 0 的一般词语，通过遍历词典，该词语为“id”。如图 7. 57 所示：

```
>>> lda.phi.shape
[illegible]
>>> lda.phi[0]
array([1.21356456e-01, 3.22241460e-07, 3.22241460e-07, ...,
       3.22241460e-07, 3.22241460e-07, 3.22241460e-07])
>>> sum(lda.phi[0])
1.0000000000014453
>>> max(lda.phi[0])
0.12135645609153979
>>> words_distribution_rank_index=lda.phi[0].argsort()
>>> words_distribution_rank_index[-1]
0
>>> lda.phi[0][words_distribution_rank_index[-1]]
0.12135645609153979
>>> for item in vocabulary.items():
...     if item[1]==words_distribution_rank_index[-1]:
...         print(item[0])
...
id
```

图 7. 57　CJO 一般词语 LDA 模型的主题到词的分布

通过循环 lda. phi 矩阵的每一行，按照数值从大到小排列，找到每个主题下的前 20 个词语。如图 7. 58 所示：

```
>>> for i in range(len(lda.phi)):
...     index=lda.phi[i].argsort()
...     top20_a=index[len(lda.phi[0])-20:]
...     top20=list(top20_a)
...     top20.reverse()
...     top20_words=''
...     for j in range(len(top20)):
...         ind=top20[j]
...         for item in vocabulary.items():
...             if item[1]==ind:
...                 #top20_words+=str(item[1])+':'+item[0]+'\t'
...                 top20_words+=item[0]+'\t'
...     print('The Topic:'+str(i)+'\r\n'+top20_words+'\r\n')
...
The Topic:0
id      was     were    table   file    code    would   source  any     McEwan  there   no      been    sai
d       such    TPC     about   made    its     but

The Topic:1
id      funding any     would   under   was     Centre  may     prospective     Government      clients Man
ning    made    whether application     Australian      should  enable  no      Court

The Topic:2
id      its     Olivaylle       Flottweg        line    oil     OMI     was     hull    Tasmania        RTI
than    olive   any     would   also    no      syringes        Forestry        but

The Topic:3
id      website affairs was     made    names   any     www     read    relation        De      level   cat
chphrase        am      further had     these   some    make    who
```

图 7.58　FCA 一般词语 LDA 模型的主题 0~3 的前 20 词语

以第一篇法律文本为参照，原始特征向量维度为 43 663，通过主题分布表述，即 lda. theta［0］，维度约减到 250。通过降序，输出第一篇法律文本的主题占比的排序情况，并且占比最大的 10 个主题编号为 235、33、14、111、190、5、147、211、120 和 167。如图 7. 59 所示：

```
>>> lda.theta[0]
array([0.0024, 0.0008, 0.0004, 0.0152, 0.0004, 0.0236, 0.0012, 0.0004,
       0.002 , 0.0016, 0.0004, 0.0044, 0.0004, 0.0004, 0.0472, 0.0008,
       0.0004, 0.0004, 0.0008, 0.0016, 0.0012, 0.0128, 0.002 , 0.0064,
       0.0016, 0.0008, 0.0004, 0.0004, 0.0032, 0.0008, 0.0004, 0.0012,
       0.0004, 0.0728, 0.0008, 0.0016, 0.0044, 0.0016, 0.0004, 0.0032,
       0.0004, 0.0004, 0.0004, 0.0016, 0.0012, 0.0056, 0.0004, 0.0004,
       0.0016, 0.0088, 0.0004, 0.0004, 0.002 , 0.0036, 0.0016, 0.0008,
       0.0008, 0.0024, 0.0004, 0.0008, 0.0008, 0.0008, 0.0004, 0.0012,
       0.0008, 0.0028, 0.0004, 0.0032, 0.0012, 0.0004, 0.0068, 0.0012,
       0.0012, 0.0012, 0.0012, 0.0008, 0.0008, 0.0004, 0.0024, 0.0012,
       0.0008, 0.0008, 0.0004, 0.0004, 0.0028, 0.0048, 0.0048, 0.0008,
       0.0008, 0.0004, 0.0012, 0.0044, 0.0168, 0.0032, 0.0008, 0.0008,
       0.0032, 0.0004, 0.0012, 0.0012, 0.0016, 0.0012, 0.0044, 0.0016,
       0.0012, 0.0008, 0.002 , 0.0004, 0.0008, 0.0032, 0.0016, 0.0264,
       0.0004, 0.0012, 0.0016, 0.0012, 0.0004, 0.0012, 0.0004, 0.002 ,
       0.0216, 0.0004, 0.0012, 0.0028, 0.0016, 0.0016, 0.0104, 0.002 ,
       0.0024, 0.0008, 0.0004, 0.0088, 0.0004, 0.0004, 0.004 , 0.0004,
       0.002 , 0.0024, 0.004 , 0.0008, 0.0008, 0.0068, 0.0008, 0.002 ,
       0.0036, 0.0064, 0.0012, 0.0232, 0.0008, 0.002 , 0.0008, 0.0016,
       0.0004, 0.0024, 0.0012, 0.0024, 0.0036, 0.0008, 0.002 , 0.0012,
       0.0008, 0.0004, 0.0012, 0.0004, 0.0024, 0.0008, 0.0004, 0.0176,
       0.0004, 0.0004, 0.0004, 0.0004, 0.002 , 0.0012, 0.0004, 0.0012,
       0.0012, 0.0008, 0.0008, 0.0024, 0.0016, 0.0004, 0.0004, 0.0076,
       0.0004, 0.0004, 0.002 , 0.0116, 0.002 , 0.0164, 0.0244, 0.0008,
       0.0004, 0.0016, 0.0008, 0.0004, 0.0004, 0.0012, 0.0024, 0.0004,
       0.0016, 0.002 , 0.0004, 0.0004, 0.0004, 0.0032, 0.0012, 0.0008,
       0.0004, 0.0064, 0.0112, 0.022 , 0.0012, 0.0012, 0.0084, 0.0028,
       0.0012, 0.0004, 0.0004, 0.0016, 0.0004, 0.0004, 0.0008, 0.0088,
       0.0016, 0.0004, 0.002 , 0.0008, 0.0004, 0.0004, 0.002 , 0.0016,
       0.0028, 0.0008, 0.004 , 0.252 , 0.004 , 0.002 , 0.0004, 0.0008,
       0.0044, 0.0004, 0.0028, 0.0032, 0.0012, 0.0004, 0.0004, 0.0056,
       0.0004, 0.002 ])
>>> topic_distritution_index=lda.theta[0].argsort()
>>> top10_topicID=list(topic_distritution_index)
>>> top10_topicID.reverse()
>>> top10_topicID[:10]
[235, 33, 14, 111, 190, 5, 147, 211, 120, 167]
```

图 7. 59　FCA 一般词语 LDA 模型的法律文本的主题表述

以第一篇法律文本为参照，分别计算与第 1 篇~第 3886 篇法律文本之间的余弦相似度，获得 3886 个值。按照降序排列，选取余弦相似度数值最大的前 10 个值的索引。如图 7.60 所示，除了自身之外，与第一篇法律文本最为相似的是编号为 222 的文本。

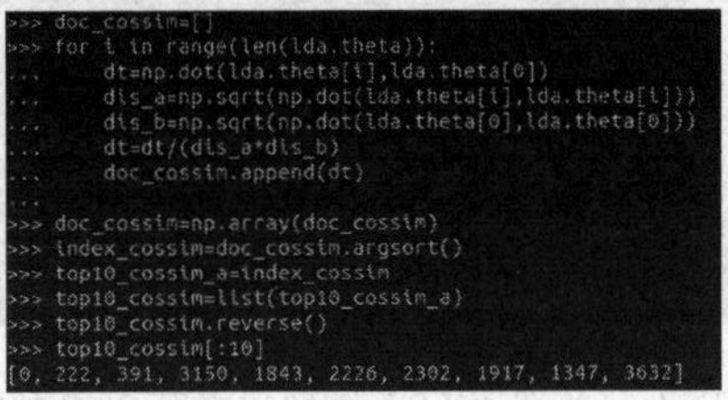

```
>>> doc_cossim=[]
>>> for i in range(len(lda.theta)):
...     dt=np.dot(lda.theta[i],lda.theta[0])
...     dis_a=np.sqrt(np.dot(lda.theta[i],lda.theta[i]))
...     dis_b=np.sqrt(np.dot(lda.theta[0],lda.theta[0]))
...     dt=dt/(dis_a*dis_b)
...     doc_cossim.append(dt)
...
>>> doc_cossim=np.array(doc_cossim)
>>> index_cossim=doc_cossim.argsort()
>>> top10_cossim_a=index_cossim
>>> top10_cossim=list(top10_cossim_a)
>>> top10_cossim.reverse()
>>> top10_cossim[:10]
[0, 222, 391, 3150, 1843, 2226, 2302, 1917, 1347, 3632]
```

图 7.60　FCA 一般词语 LDA 模型的余弦相似度计算

第 8 章　法律文本监督主题学习

8.1　法律文本的监督学习

8.1.1　法律自然语言处理

统计表明，文本数据是人们获得信息的主要来源。机器学习技术被广泛应用在文本分类领域，其任务是将标记好的样本输入到模型中进行训练，获得一定的分类标准和方法，然后对未标记的文本数据进行自动分类。近年来，随着移动互连网络的快速发展，法律文本、科技文献和新闻报道等文本数据呈现显著增长趋势，这些不断增长的数据需要进行自动处理。与其他文本数据不一样，法律文本具有严格逻辑关系，在句子和法律条文之间，存在大量法律术语、专门词汇以及基本概念，这些特性将有助于法律工作者做出正确的判断，避免在实际案例中产生歧义，但同时，也使得建立法律信息检索和问答系统要比其他文本要更加复杂。

当前法律文本处理包括人工知识工程和自然语言处理。人工知识工程是将法律专家思考分析案例的方式转化为计算机内在的数据结构和算法，这种方法可以产生很好的结果。但是，建立知识库需要大量人力和经济成本，因此，很难在实际应用中推广。相反，自然语言处理技术比较适用，利用机器学习技术，数以亿计的字节数据可以被快速处理。传统的机器学习方法有朴素贝叶斯、支持向量机、神经网络、深度学习、决策树、KNN 和回归方法等。这些方法在法律文本上的效果并不太好，因此，在法律自然语言处理方面，存在一些挑战和问题。究其原因，一方面是训练集的高维稀疏，另一方面，在法律文本中，事实和概念存在不同的解释和场合。因此，为了有效地回答一个法律问题，必须要结合问题和条文之间的语义联系。

8.1.2　法律文本监督学习

法律自然语言处理是对于给定的法律问题，自动检索相关法律文本，判断该法律文本是否可以回答该法律问题，实际上包括信息检索和问答系统。Ranking SVM 和 CNN 方法用一组特征组合的 Ranking SVM 对检索文档进行排序并打分，然后用 CNN 对问答和文档拼接的查询文档对进行分类，如果结果是 1，表明文档支持对问题的回答，如果结果是 0，表明文档不支持对问题的回答。N-gram 和 AdaBoost 方法借助 TF-IDF 的 N-gram 特征为文档排序，然后用基于查询和文档相似特征的 AdaBoost 算法将“查询-文档”划分为 1 或者 0。Hiemstra、BM25 和 PL2F 投票方法用来对文档进行检索排序。隐藏 Markov 模型也被用来作为法律检索系统的查询产生模型。基于关键词查询的方法，根据查询和文档的逆向频率，计算每个关键词的得分，然后按照三种得分情况进行排序。

LDA 模型（Latent Dirichlet Allocation）主题模型方法根据文档产生过程，存在一个潜在主题，可以在一定程度上搜索一些词语在语义上关联的隐含主题信息。监督主题模型（SLDA，Supervised Latent Dirichlet Allocation）根据文本和响应变量，建立可以预测响应变量的潜在主题模型。与 LDA 模型相比，法律文本 SLDA 模型需要很多标记过的学习样本。法律文本的监督信息设置为文本蕴含，即内在法律逻辑的一致性，将判决结果作为监督信息，如果判决结果支持原告，该法律文本标记为 1，否则标记为 0 或者-1（支持向量机 SVM 中的负类样本被标记为-1）。从 SLDA 模型适应度的角度出发，将法律文本分别提取为法律术语特征向量空间和一般词语特征向量空间，可以获得更好的适应性和更细的模型粒度。

8.2 法律文本监督主题模型 SLDA

8.2.1 SLDA 生成过程

采用分层统计方法为文档产生加入隐含中间层，称为主题模型（Topic Model）。一个特定主题是词汇表中的一组词语的概率分布，也意指一种潜在语义。一个文档可以描述为在多个主题上的联合概率分布。因此，按照主题计算的文本相似度具有更好的适应性和有效性，在文本检索、摘要生成和文本推荐等方面具有很大的应用价值。LDA 模型是一种无监督学习方法，不需要提前标记文本数据，假设文本生成过程服从贝叶斯概率模型，一篇文档由很多词组成，每个词的背后隐藏着一个主题。因此，一篇文档可以看成由多个不同主题多次重复独立实验产生，即不同主题上的多项式分布。而一个主题可以看成由多个不同词的多次重复独立实验产生，即在不同词上的多项式分布。LDA 模型是一种基于多项分布的无监督学习方法，通过训练数据估计概率模型的参数，可以从大量文本语料集中发现词语之间的主题上的语义联系。也可以在获取潜在主题基础上，抽取两篇文档计算其在主题上的相似度。无监督学习主题 LDA 通过主题模型找到一个文档在不同主题上的概率分布，如果将主题当作特征，可以理解为主题模型在一定程度上起到降维的作用；如果将主题当作多标签之一，可以理解为一种聚类方法。

主题模型采用重复独立实验采样，表示数据集的矩阵为文档的词频矩阵，涉及的是一篇文档中的词频，不涉及类别所有文档的词频。一般主题模型认为，文档是经过多次独立重复实验进行采样而获得词语后所产生的，在从文档到词语的产生过程中存在着中间阶段即隐含主题。换言之，文档概率是符合在主题上的多项分布，主题概率是符合在词语上的多项分布。因此，文档概率符合在词语上的 Dirichlet 分布，也称多元 Beta 分布。

在无监督主题 LDA 模型中，假设文本集 D 具有 K 个主题，文档 d 在 K 个主题上的概率分布（隶属度）用向量 θ 表示。Dirichlet 分布的概率分布 θ 具有先验超参数 α，此参数通常被看作概率的概率，符号说明如表 8.1 所示。

表 8.1　符号说明

符号	含义	符号	含义
α	主题分布的 dirichlet 超参数	N_d	文档 d 的单词总数
θ_d	文档 d 的主题多项式分布	$\|D\|$	文档总数
z_{dn}	文档 d 第 n 位置主题编号	w_{dn}	文档 d 第 n 位置单词
β	词分布的 dirichlet 参数	$\bar{z}$	所有位置主题分布的平均
ϕ	主题到词的多项式分布	ϕ_k	主题 k 上的词分布
K	主题总数	y	响应变量
η	回归系数	σ^2	响应变量方差
ζ	自然参数	δ	离散参数

根据主题模型，一篇文档隶属于多个主题，由概率 θ 刻画属于该主题的程度。同时，每个主题也隶属于多个词语，由概率 φ 刻画属于该词语的程度。因

此，LDA 将文档看作一些在词汇表上的潜在未知分布的主题混合而成，所有文档有着相同的 K 个主题，只是混合比例不同，每篇文档都有自己独有的主题组合。

主题模型是一种松散的主题混合模型，每篇文档都与一些主题相关。N_d 为文档的单词数，一篇文档就是经过 N_d 次独立重复采样获得的。LDA 模型假设文档产生过程满足多项式概率分布，多项式分布的参数满足 Dirichlet 分布。因此，LDA 模型是由文档产生主题以及由主题产生词语的三层构造模型，其文档生成过程如下：

①选择 $\theta \sim Dirichlet(\alpha)$，$\theta$ 是文档到主题的多项分布参数，α 是文档到主题的 Dirichlet 分布超参数。

②选择 $\varphi \sim Dirichlet(\beta)$，$\varphi$ 是主题到词的多项分布参数，β 是主题到词的 Dirichlet 分布超参数。

③对每一个词位置或观察位置，选择 $z \sim Multinomial(\theta)$，$z$ 是主题编号，$Multinomial(\theta)$ 是以 θ 为参数的文档到主题多项分布。

④对每一个词位置或观察位置，选择 $w \sim Multinomial(\varphi_z)$，$w$ 是词编号，$Multinomial(\varphi_z)$ 是在主题 z 上的主题到词多项分布。

⑤重复上述步骤，直到文档最后一个词。

上述过程如图 8.1 所示，文档在主题上的分布 θ，即在各个主题上隶属度由变分推断确定。模型参数可由贝叶斯变分推断形式获得，Dirichlet 分布及变分推断相关符号说明见表 8.1。

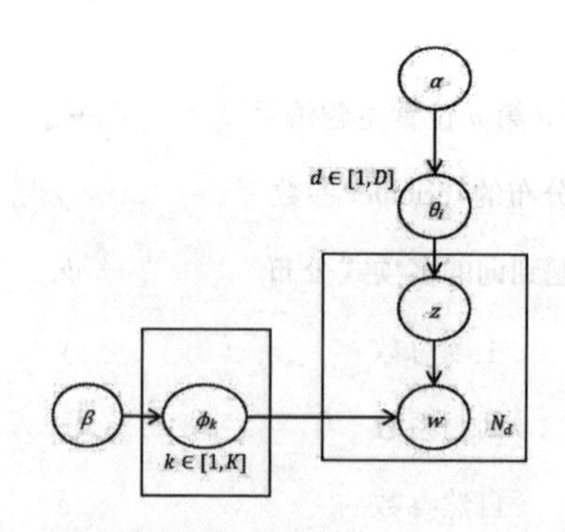

图 8.1　无监督学习 LDA 模型

与 LDA 相比，SLDA 增加了响应变量。响应变量可以是连续型的数值，也可以是离散的分类结果。SLDA 对于给定的未标记的文本，使用训练好的模型推断其主题分布，从而预测其响应结果。相对于响应变量，主题是输入变量。不同主题之间的关系是互相独立的，而响应变量依赖于主题。如果两个文档响应变量相同，在此情况下，响应变量当作两个文档的共同主题。如果两个文档响应变量不同，响应变量可以作为能够决定两个文档归属的独特主题。将与每篇文档相关的响应变量引入到模型中，比如一篇法律文本案例的所属法律领域、推荐数、好评数、收藏数以及下载数等。为了能够对未标记文本的响应变量做出更好的预测，需要找出训练文本集中与响应变量有关的隐含主题分布。文档 d 的产生过程如下：

①选取主题 $\theta_d \mid \alpha \sim Dirichlet(a)$ 。

②对于每一个单词：

（a）抽取主题分布 $z_{dn} \mid \theta \sim Multinomial(\theta_d)$ ；

（b）抽取单词 $w_{dn} \mid z_{dn} \sim Multinomial(\varphi_k)$ 。

③抽取响应变量 $y_d \mid z_{1:N}, \eta, \sigma^2 \sim Normal(\eta^T \bar{z}, \sigma^2)$ 。

上述过程如图 8.2 所示：

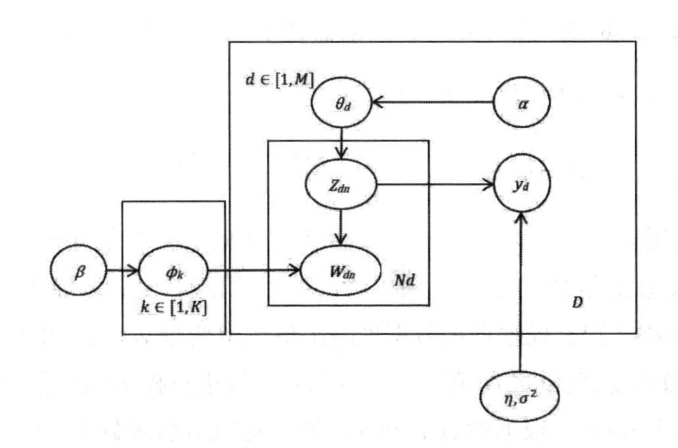

图 8.2 监督学习 SLDA 模型

8.2.2　SLDA 求解过程

y 是响应变量，假设响应变量服从以 $\eta^T \bar{z}$ 为中心的正态分布，η 是线性回归系数，$\bar{z}$ 为所有位置上的主题分布的平均：

$$\bar{z} = \frac{1}{N}\sum_{n=1}^{N} z_n \tag{8.1}$$

如果响应变量是离散型的分类标签，应用广义线性模型（Generalized linear model，GLM）。广义线性模型可由链接函数建立其解释随机效应和系统效应相关性的函数，随机变量的分布函数属于指数簇分布，其自然参数为ζ，$T(y) = y$ 为充分统计量，$a(\zeta)$ 为对数归一化系数。

$$p(y \mid \zeta, \delta) \sim ExpFamliy(\zeta) = h(y, \delta) exp\left(\frac{\zeta y - a(\zeta)}{\delta}\right) \tag{8.2}$$

并且自然参数 η 与主题线性相关：

$$\zeta = \eta^T \bar{z} \tag{8.3}$$

假设的目标函数求出充分统计量的数学期望：

$$h(y) = E[T(y) \mid z] = \frac{1}{1 + e^{-\zeta}} \tag{8.4}$$

此式为逻辑回归模型中的 sigmoid 函数，$h(y)$ 函数称之为正则响应函数。对于广义线性模型，通过估计 y 的期望，就可以进行有监督的主题学习。

一篇文档的主题向量用 $z_{1:N}$ 表示，在 SLDA 模型中，线性预测结果为 $\eta^T \bar{z}$。实际上，根据式（8.2）和（8.3），离散监督主题模型服从 GLM：

$$y \mid z_{1:N}, \eta, \delta \sim GLM(\bar{z}, \eta, \delta) \tag{8.5}$$

$$p(y \mid z_{1:N}, \eta, \delta) = h(y, \delta) exp\left(\frac{\eta^T(\bar{z}y) - a(\eta^T\bar{z})}{\delta}\right) \tag{8.6}$$

文档向量用 $w_{1:N}$ 表示，采用变分推断方法求解隐含主题分布。EM 算法是常用的估计参数隐变量的方法，它是一种迭代式算法。在 E 步骤（Expectation step），如果参数已知，根据训练数据推断出最优隐变量 Z。在 M 步骤（Maximization step），如果隐变量 Z 的值已知，可以对参数进行极大似然估计。

变分推断 E-step。根据参数 η 和 δ，计算对数似然函数关于隐变量的期望：

$$E(logp(y \mid z_{1:N}, \eta, \delta)) = \log h(y, \delta) + \frac{1}{\delta}[\eta^T(E[\bar{z}]y) - E(a(\eta^T\bar{z}))] \tag{8.7}$$

变分推断 M-step。从语料集对参数进行最大似然估计，对 η 的梯度为：

$$\frac{\partial}{\partial \eta}\left(\frac{1}{\delta}\right) \sum_{d=1}^{D} \{\eta^T \bar{\varphi}_d y_d - E(a(\eta^T \bar{z}_d))\} = \left(\frac{1}{\delta}\right)\{\sum_{d=1}^{D} \bar{\varphi}_d \quad y_d \quad - \quad \sum_{d=1}^{D}$$

$$E_{GLM}(y \mid \zeta = \eta^{T}\bar{z}_{d}) \} \tag{8.8}$$

预测类别。通过 E-step 和 M-step 不断迭代，隐变量 Z 的近似分布（主题分布）逐渐收敛到实际分布，使得证据下界（Evidence Lower Bound，ELBO）最大化。一篇测试文档的响应输出的期望是：

$$E(y \mid z_{1:N}, \eta) \approx E_{q}\left[\frac{1}{1+e^{-\eta^{T}\bar{z}}}\right] \tag{8.9}$$

8.2.3　法律文本监督学习模型

在法律文本自然语言处理和应用领域，其一般处理过程涉及信息检索和问题回答。在信息检索任务中，根据法律术语和某些主题查询，在历史的判例中找到相关判例文本。在法律问题回答任务中，需要判断这些文本是否支持查询，可以将查询文本当成一个需要比较的法律文本，因此又称为文本蕴含。如果将查询定义为判例对原告的支持与否，判例的案件描述部分为要进行分类的文本，判例的判决部分为监督信息，此时任务就变成对相关文本进行分类。法律文本监督学习模型的处理过程如图 8.3 所示，分为 7 个步骤：

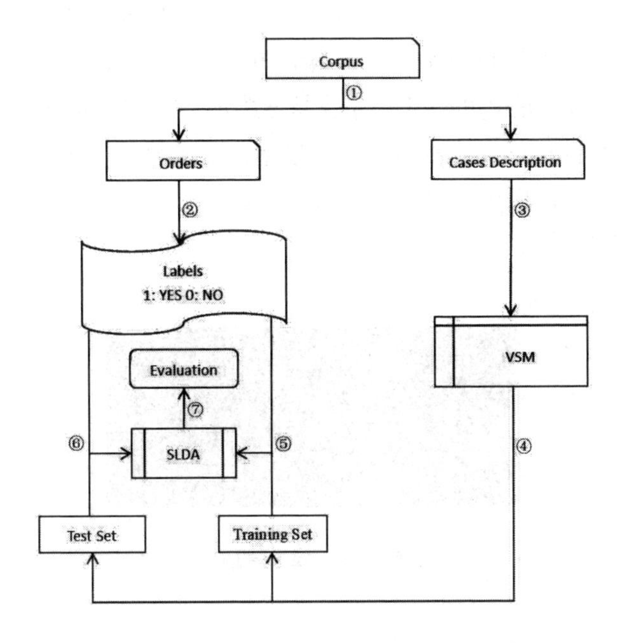

图 8.3　加权监督主题模型

各步骤描述如下：其一，对 CJO 或 FCA 语料库进行预处理，将一个判例分成案件描述部分和判决部分，案件描述部分为将要进行分类的文本，判决部分为提供监督信息的标签。其二，将判决结果表示为分类标签，可以使用简单方法获得标签，1 表示该判例体现了对原告的支持，0 表示该判例体现了对原告的不支持，可以使用诸如“dismiss”之类的关键词来标记，也可以采用情感分类方法获得标签。其三，将案件描述表述为 VSM 向量空间模型，可以采用词频方法（Term Frequency，TF）。其四，将数据集的 VSM 向量空间模型划分为训练集 Training Set 和测试集 Test Set。其五，将训练集 Training Set 和其对应判例的监督信息输入到监督主题模型 SLDA，开始训练模型，并获得 SLDA 参数。其六，将测试集 Test Set 输入到已经训练好的 SLDA 模型中，给出 1 或者 0 的分类预测结果。其七，根据分类结果和测试集 Test Set 所对应的标签进行模型评估。

8.3 模型评价指标

8.3.1 模块导入

除了 os、sys、codecs、numpy、re、jieba、scipy 之外，还需要导入 matplotlib. pyplot、SVC、roc_curve、roc_auc_score、LDA 以及 BLSLDA。matplotlib. pyplot 是 Python 中的画图库，有着类似 Matlab 的可视化结果。SVC（Support Vector Classification）是 Python 中用于支持分类的支持向量机 SVM（Support Vector Machine）。sklearn. metrics 提供了很多模型评价函数，包括一些 score 工具计算分类性能。LDA 是无监督主题模型，BLSLDA 是二分逻辑回归函数监督主题模型。如图 8.4 所示：

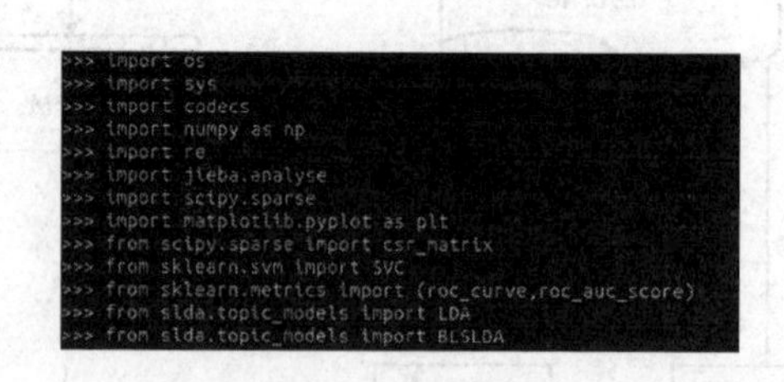

图 8.4 导入模块

8.3.2 准确率、召回率和 F1 度量

函数 test_prf（）返回准确率等评价指标，参数 pred 为预测结果，labels 为实

际结果。函数 test_prf（）调用了函数 cal_prf（），用于计算 micro 和 macro 两者情况下的准确率、召回率和 F1 度量。分类任务 micro 的准确率计算公式为每一类准确率的平均值，micro 的准确率计算公式为所有类别的正确分类样本在总样本中的比例。如图 8.5 和图 8.6 所示：

```
>>> def test_prf(pred, labels):
...     total = len(labels)
...     pred_right = [0, 0]
...     pred_all = [0, 0]
...     gold = [0, 0]
...     for i in range(total):
...         pred_all[pred[i]] += 1
...         if pred[i] == labels[i]:
...             pred_right[pred[i]] += 1
...         gold[labels[i]] += 1
...     print("  Prediction:", pred_all, " Right:", pred_right, " Gold:", gold," -- for all labels --")
...     print("  ****** Neg|Neu|Pos ******")
...     accuracy = 1.0 * sum(pred_right) / total
...     p, r, f1 = cal_prf(pred_all, pred_right, gold, formation=False)
...     _, _, macro_f1 = cal_prf(pred_all, pred_right, gold,
...                             formation=False,
...                             metric_type="macro")
...     print("    Accuracy on test is %d/%d = %f" % (sum(pred_right), total, accuracy))
...     print("    Precision: %s\n    Recall    : %s\n    F1 score : %s\n    Macro F1 score on test (Ne
g|Neu|Pos) is %f" %(p, r, f1, macro_f1))
...     return accuracy
```

图 8.5　函数 test_prf

```
>>> def cal_prf(pred, right, gold, formation=True, metric_type=""):
...     num_class = len(pred)
...     precision = [0.0] * num_class
...     recall = [0.0] * num_class
...     f1_score = [0.0] * num_class
...     for i in range(num_class):
...         precision[i] = 0 if pred[i] == 0 else 1.0 * right[i] / pred[i]
...         recall[i] = 0 if gold[i] == 0 else 1.0 * right[i] / gold[i]
...         f1_score[i] = 0 if precision[i] == 0 or recall[i] == 0 \
...             else 2.0 * (precision[i] * recall[i]) / (precision[i] + recall[i])
...         if formation:
...             precision[i] = precision[i].__format__(".6f")
...             recall[i] = recall[i].__format__(".6f")
...             f1_score[i] = f1_score[i].__format__(".6f")
...     if metric_type == "macro":
...         precision = sum(precision) / len(precision)
...         recall = sum(recall) / len(recall)
...         f1_score = 2 * precision * recall / (precision + recall) if (precision + recall) > 0 else 0
...     elif metric_type == "micro":
...         precision = 1.0 * sum(right) / sum(pred) if sum(pred) > 0 else 0
...         recall = 1.0 * sum(right) / sum(gold) if sum(recall) > 0 else 0
...         f1_score = 2 * precision * recall / (precision + recall) if (precision + recall) > 0 else 0
...     return precision, recall, f1_score
```

图 8.6　函数 cal_prf

8.3.3　roc 曲线

ROC（Receiver Operating Characteristic）是一种衡量概率预测结果的总体泛化性能。sklearn. metrics 模块中的函数 roc_curve 用来计算假正类率 fpr（false positive rate）和真正类率 tpr（true positive rate）。将预测概率进行由大到小排序，每次选择一个断点作为正类和负类的判断标准，就获得一个坐标，其中 fpr 为横坐标，tpr 为纵坐标。将多个断点对应的坐标画出来，获得 ROC 曲线。函数 roc_auc_score 计算 fpr-tpr 即 ROC 曲线下的面积 AUC（Area Under Curve）。

8.4 中文法律文本的SLDA主题分析

8.4.1 中文法律术语SLDA模型

vsmtf_ legalterms _ CJO 为中文语料 CJO 的法律术语特征向量空间，MR. task. labels. txt 为监督信息，即法律领域标签。样本数量为1103，在监督模型中，需要划分训练集和测试集。x_train_legalterms_CJO 为训练样本集，x_test_legalterms_CJO 为测试样本集。y_train_CJO 为训练样本集标签，y_test_CJO 为测试样本集标签。如图 8.7 所示：

```
>>> vsmtf=csr_matrix((data, indices, indptr), dtype=int).toarray()
>>> vsmtf_legalterms_CJO=vsmtf
>>> vsmtf_legalterms_CJO.shape
(1103, 1154)
>>> x_train_legalterms_CJO=vsmtf_legalterms_CJO[0:880]
>>> x_test_legalterms_CJO=vsmtf_legalterms_CJO[880:1103]
>>> labels_CJO=[]
>>> with codecs.open('MR.task.labels.txt',encoding='utf-8',errors='ignore') as onetxt:
...     lines=onetxt.readlines()
...     for line in lines:
...         item=line.strip('\r\n').split('\t')
...         st=int(item[0])
...         labels_CJO.append(st)
...
>>> y_train_CJO=np.zeros(880)
>>> for i in range(len(y_train_CJO)):
...     y_train_CJO[i]=labels_CJO[i]
...
>>> y_test_CJO=np.zeros(223)
>>> for i in range(len(y_test_CJO)):
...     j=i+880
...     y_test_CJO[i]=labels_CJO[j]
```

图 8.7 中文语料 CJO 法律术语特征空间训练集和测试集标签

函数 astype（）将数值转换为浮点型，SVC（kernel='linear'）初始化支持向量机分类器并设置核函数为线性核，linear_svc. fit（）使用训练样本训练分类器，linear_svc. predict（）对测试样本进行预测。使用 SVC 支持向量机获得的分类性能指标如图 8.8 所示，准确率约为 0.78。

```
>>> y_train_CJO=y_train_CJO.astype(np.int64)
>>> y_test_CJO=y_test_CJO.astype(np.int64)
>>> linear_svc=SVC(kernel='linear')
>>> linear_svc.fit(x_train_legalterms_CJO,y_train_CJO)
SVC(C=1.0, cache_size=200, class_weight=None, coef0=0.0,
  decision_function_shape='ovr', degree=3, gamma='auto_deprecated',
  kernel='linear', max_iter=-1, probability=False, random_state=None,
  shrinking=True, tol=0.001, verbose=False)
>>> y_predict_legalterms_CJO=linear_svc.predict(x_test_legalterms_CJO)
>>> y_predict_legalterms_CJO=y_predict_legalterms_CJO.astype(np.int64)
>>> accurancy_legalterms_CJO=test_prf(y_predict_legalterms_CJO,y_test_CJO)
  Prediction: [108, 115]  Right: [99, 75]  Gold: [139, 84]  -- for all labels --
  ****** Neg|Neu|Pos ******
    Accuracy on test is 174/223 = 0.780269
    Precision: [0.9166666666666666, 0.6521739130434783]
    Recall    : [0.7122302158273381, 0.8928571428571429]
    F1 score : [0.8016194331983806, 0.7537688442211055]
    Macro F1 score on test (Neg|Neu|Pos) is 0.793378
```

图 8.8 中文语料 CJO 法律术语特征空间使用 SVC 支持向量机的分类性能

函数 SVC（kernel='linear'，probability=True）初始化支持预测结果为概率输出的支持向量机，对于二分类任务，预测结果为两列，第一列为预测为负类的概率，第二列为预测为正类的概率，取第二列作为输出结果，如图 8.9 所示。roc_curve 返回的 fpr_svc_legalterms_CJO 和 tpr_svc_legalterms_CJO 分别是 CJO 语料库法律术语特征空间使用 svc 分类器获得的 fpr 和 tpr。plt. plot 函数绘制 ROC 曲线，并计算 AUC 值作为图例项显示。如图 8.10 所示，AUC 值约为 0. 818。

```
>>> linear_svc=SVC(kernel='linear',probability=True)
>>> linear_svc.fit(x_train_legalterms_CJO,y_train_CJO)
SVC(C=1.0, cache_size=200, class_weight=None, coef0=0.0,
  decision_function_shape='ovr', degree=3, gamma='auto_deprecated',
  kernel='linear', max_iter=-1, probability=True, random_state=None,
  shrinking=True, tol=0.001, verbose=False)
>>> y_predict_proba_svc_legalterms_CJO=linear_svc.predict_proba(x_test_legalterms_CJO)
>>> y_predict_proba_1_svc_legalterms_CJO=np.zeros((len(y_predict_proba_svc_legalterms_CJO),1))
>>> for i in range(len(y_predict_proba_1_svc_legalterms_CJO)):
...     y_predict_proba_1_svc_legalterms_CJO[i]=y_predict_proba_svc_legalterms_CJO[i][1]
...
>>> fpr_svc_legalterms_CJO,tpr_svc_legalterms_CJO,__svc_legalterms_CJO=roc_curve(y_test_CJO,y_predict_proba
_1_svc_legalterms_CJO)
>>> plt.plot(fpr_svc_legalterms_CJO,tpr_svc_legalterms_CJO,label=('AUC = {:.3f}'.format(roc_auc_score(y_tes
t_CJO,y_predict_proba_1_svc_legalterms_CJO))))
[<matplotlib.lines.Line2D object at 0x7fbababd3e10>]
>>> plt.xlabel('False Positive Rate')
Text(0.5, 0, 'False Positive Rate')
>>> plt.ylabel('True Positive Rate')
Text(0, 0.5, 'True Positive Rate')
>>> plt.legend()
<matplotlib.legend.Legend object at 0x7fbababd3fd0>
>>> plt.show()
```

图 8. 9　中文语料 CJO 法律术语特征空间使用 SVC 支持向量机的预测概率输出

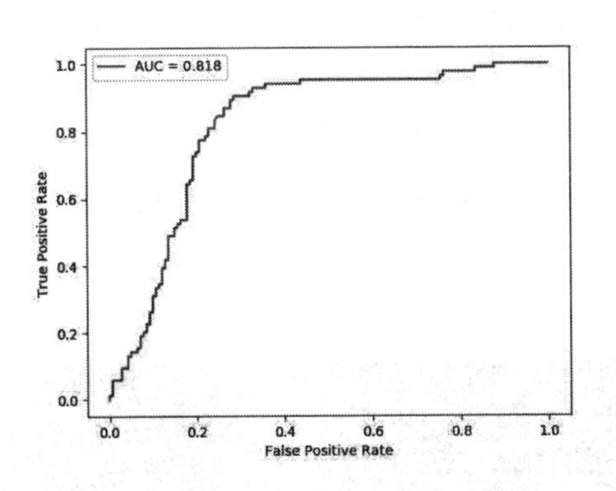

图 8. 10　中文语料 CJO 法律术语特征空间使用 SVC 支持向量机的 AUC

导入逻辑线性回归监督主题模型 BLSLDA 之后，初始化模型参数。设置主题数量_K 为 15，_alpha 为文本到主题的多项分布超参数，_beta 为主题到词的多项分布的超参数，_mu 为逻辑线性回归的均值，_nu2 为逻辑线性回归的方差，_b 为截距，V 为词语数量，n_iter 为迭代次数。如图 8. 11 所示。blslda_legalterms_

CJO 为中文语料 CJO 法律术语特征空间的逻辑线性回归监督主题的初始化模型，blslda_legalterms_CJO. fit（）为模型训练函数，训练过程如图 8. 12 所示，训练消耗时间为 15 秒。

```
>>> from slda.topic_models import BLSLDA
>>> _K = 15
>>> _alpha = np.repeat(1., _K)
>>> V = x_train_legalterms_CJO.shape[1]
>>> _mu = 0.
>>> _nu2 = 1.
>>> _beta = np.repeat(0.01, V)
>>> _b = 7.25
>>> n_iter = 100
```

图 8. 11　中文语料 CJO 法律术语特征空间的逻辑线性回归监督主题模型参数

```
>>> blslda_legalterms_CJO = BLSLDA(_K, _alpha, _beta, _mu, _nu2, _b, n_iter, seed=42)
>>> blslda_legalterms_CJO.fit(x_train_legalterms_CJO, y_train_CJO)
2020-12-31 10:07:04.571419 start iterations
2020-12-31 10:07:06.316082 0:00:01.744663 elapsed, iter   10, LL -47860.8056, 94.32% change from last
2020-12-31 10:07:07.942806 0:00:03.371387 elapsed, iter   20, LL 8076.5606, 116.88% change from last
2020-12-31 10:07:09.562966 0:00:04.991547 elapsed, iter   30, LL 25171.0331, 211.66% change from last
2020-12-31 10:07:11.183634 0:00:06.612215 elapsed, iter   40, LL 39120.0296, 55.42% change from last
2020-12-31 10:07:12.802628 0:00:08.231209 elapsed, iter   50, LL 48272.1926, 23.40% change from last
2020-12-31 10:07:14.422318 0:00:09.850899 elapsed, iter   60, LL 54118.0945, 12.11% change from last
2020-12-31 10:07:16.034704 0:00:11.463285 elapsed, iter   70, LL 58892.1022, 8.82% change from last
2020-12-31 10:07:17.651447 0:00:13.080028 elapsed, iter   80, LL 63256.9370, 7.41% change from last
2020-12-31 10:07:19.261911 0:00:14.690492 elapsed, iter   90, LL 67077.2962, 6.04% change from last
```

图 8. 12　中文语料 CJO 法律术语特征空间使用逻辑线性回归监督主题模型训练

模型 blslda_legalterms_CJO 的输出结果 eta 为每一次迭代后的逻辑回归系数，取其迭代后半段均值作为预测时的参数。thetas_test_blslda_legalterms_CJO 为模型训练后的中文语料 CJO 法律术语特征空间在测试集上的主题分布，bern_param 为逻辑线性回归结果，参数 eta 为回归系数，参数 theta 为主题分布。响应变量 y_blslda_legalterms_CJO 为 bern_param 函数所计算的逻辑线性回归结果。如图 8. 13 所示：

```
>>> burn_in = max(n_iter - 100, int(n_iter / 2))
>>> blslda_legalterms_CJO.eta.shape
(101, 15)
>>> eta_pred = blslda_legalterms_CJO.eta[burn_in:].mean(axis=0)
>>> thetas_test_blslda_legalterms_CJO = blslda_legalterms_CJO.transform(x_test_legalterms_CJO)
>>> def bern_param(eta, theta):
...     return np.exp(np.dot(eta, theta)) / (1 + np.exp(np.dot(eta, theta)))
...
>>> D=len(thetas_test_blslda_legalterms_CJO)
>>> y_blslda_legalterms_CJO = [bern_param(eta_pred, thetas_test_blslda_legalterms_CJO[i]) for i in range(D)
]
```

图 8. 13　计算预测结果 y_blslda_legalterms_CJO

y_noproba_blslda_legalterms_CJO 将概率输入转换为确定的 1 或者 0，用以计算准确率、召回率和 F1 度量，如图 8. 14 所示。然后使用 roc_curve 函数获得一系列 fpr 和 tpr，再通过 roc_auc_score 计算 AUC 值，最后使用 plt. plot 将坐标和 AUC 值绘制出来。如图 8. 15 和图 8. 16 所示，准确率约为 0. 74，AUC 值约为 0. 799。

```
>>> y_noproba_blslda_legalterms_CJO=np.zeros(len(y_blslda_legalterms_CJO))
>>> for i in range(len(y_noproba_blslda_legalterms_CJO)):
...     if y_blslda_legalterms_CJO[i]>0.6:
...         y_noproba_blslda_legalterms_CJO[i]=1
...
>>> y_noproba_blslda_legalterms_CJO=y_noproba_blslda_legalterms_CJO.astype(np.int64)
>>> accurancy_legalterms_CJO=test_prf(y_noproba_blslda_legalterms_CJO,y_test_CJO)
 Prediction: [112, 111]  Right: [97, 69]  Gold: [139, 84]  -- for all labels --
 ****** Neg|Neu|Pos ******
   Accuracy on test is 166/223 = 0.744395
   Precision: [0.8660714285714286, 0.6216216216216216]
   Recall    : [0.697841726618705, 0.8214285714285714]
   F1 score : [0.7729083665338645, 0.7076923076923075]
   Macro F1 score on test (Neg|Neu|Pos) is 0.751658
```

图 8. 14 中文语料 CJO 法律术语特征空间使用 BLSLDA 的分类性能

```
>>> fpr_blslda_legalterms_CJO,tpr_blslda_legalterms_CJO,_blslda_legalterms_CJO=roc_curve(y_test_CJO,y_blsld
a_legalterms_CJO)
>>> plt.plot(fpr_blslda_legalterms_CJO,tpr_blslda_legalterms_CJO,label=('AUC = {:.3f}'.format(roc_auc_score
(y_test_CJO,y_blslda_legalterms_CJO))))
[<matplotlib.lines.Line2D object at 0x7fbaa9e342b0>]
>>> plt.xlabel('False Positive Rate')
Text(0.5, 0, 'False Positive Rate')
>>> plt.ylabel('True Positive Rate')
Text(0, 0.5, 'True Positive Rate')
>>> plt.legend()
<matplotlib.legend.Legend object at 0x7fbaa9e34470>
>>> plt.show()
```

图 8. 15 中文语料 CJO 法律术语特征空间使用 BLSLDA 的 fpr 和 tpr

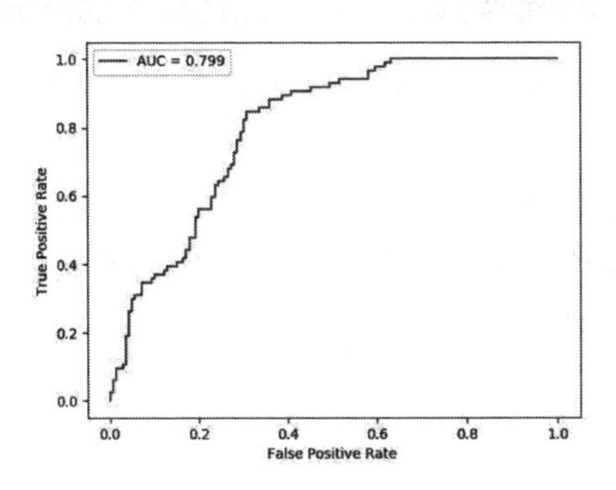

图 8. 16　中文语料 CJO 法律术语特征空间使用 BLSLDA 的 AUC

8. 4. 2　中文一般词语 SLDA 模型

vsmtf_commonwords_CJO 为中文语料 CJO 的一般词语特征向量空间，MR. task. labels. txt 为分类标签。x_train_commonwords_CJO 训练集有 880 个样本，

x_test_commonwords_CJO 测试集有 223 个样本，如图 8.17 所示。使用 SVC 支持向量机获得的分类性能指标如图 8.18 所示，准确率约为 0.68。

```
>>> vsmtf=csr_matrix((data, indices, indptr), dtype=int).toarray()
>>> vsmtf_commonwords_CJO=vsmtf
>>> vsmtf_commonwords_CJO.shape
(1103, 41623)
>>> x_train_commonwords_CJO=vsmtf_commonwords_CJO[0:880]
>>> x_test_commonwords_CJO=vsmtf_commonwords_CJO[880:1103]
>>> labels_CJO=[]
>>> with codecs.open('MR.task.labels.txt',encoding='utf-8',errors='ignore') as onetxt:
...     lines=onetxt.readlines()
...     for line in lines:
...         item=line.strip('\r\n').split('\t')
...         st=int(item[0])
...         labels_CJO.append(st)
...
>>> y_train_CJO=np.zeros(880)
>>> for i in range(len(y_train_CJO)):
...     y_train_CJO[i]=labels_CJO[i]
...
>>> y_test_CJO=np.zeros(223)
>>> for i in range(len(y_test_CJO)):
...     j=i+880
...     y_test_CJO[i]=labels_CJO[j]
```

图 8.17　中文语料 CJO 一般词语特征空间训练集和测试集标签

```
>>> y_train_CJO=y_train_CJO.astype(np.int64)
>>> y_test_CJO=y_test_CJO.astype(np.int64)
>>> linear_svc=SVC(kernel='linear')
>>> linear_svc.fit(x_train_commonwords_CJO,y_train_CJO)
SVC(C=1.0, cache_size=200, class_weight=None, coef0=0.0,
  decision_function_shape='ovr', degree=3, gamma='auto_deprecated',
  kernel='linear', max_iter=-1, probability=False, random_state=None,
  shrinking=True, tol=0.001, verbose=False)
>>> y_predict_commonwords_CJO=linear_svc.predict(x_test_commonwords_CJO)
>>> y_predict_commonwords_CJO=y_predict_commonwords_CJO.astype(np.int64)
>>> accurancy_commonwords_CJO=test_prf(y_predict_commonwords_CJO,y_test_CJO)
  Prediction: [97, 126]  Right: [82, 69]  Gold: [139, 84]  -- for all labels --
  ****** Neg|Neu|Pos ******
    Accuracy on test is 151/223 = 0.677130
    Precision: [0.845360824742268, 0.5476190476190477]
    Recall   : [0.5899280575539568, 0.8214285714285714]
    F1 score : [0.6949152542372882, 0.6571428571428571]
    Macro F1 score on test (Neg|Neu|Pos) is 0.701054
```

图 8.18　中文语料 CJO 一般词语特征空间使用 SVC 支持向量机的分类性能

中文语料 CJO 一般词语特征空间使用 SVC 支持向量机的预测概率输出如图 8.19 所示，中文语料 CJO 一般词语特征空间使用 SVC 支持向量机的 AUC 如图 8.20 所示，AUC 为 0.787。

```
>>> linear_svc=SVC(kernel='linear',probability=True)
>>> linear_svc.fit(x_train_commonwords_CJO,y_train_CJO)
SVC(C=1.0, cache_size=200, class_weight=None, coef0=0.0,
  decision_function_shape='ovr', degree=3, gamma='auto_deprecated',
  kernel='linear', max_iter=-1, probability=True, random_state=None,
  shrinking=True, tol=0.001, verbose=False)
>>> y_predict_proba_svc_commonwords_CJO=linear_svc.predict_proba(x_test_commonwords_CJO)
>>> y_predict_proba_1_svc_commonwords_CJO=np.zeros((len(y_predict_proba_svc_commonwords_CJO),1))
>>> for i in range(len(y_predict_proba_1_svc_commonwords_CJO)):
...     y_predict_proba_1_svc_commonwords_CJO[i]=y_predict_proba_svc_commonwords_CJO[i][1]
...
>>> fpr_svc_commonwords_CJO,tpr_svc_commonwords_CJO,_svc_commonwords_CJO=roc_curve(y_test_CJO,y_predict_pro
ba_1_svc_commonwords_CJO)
>>> plt.plot(fpr_svc_commonwords_CJO,tpr_svc_commonwords_CJO,label=('AUC = {:.3f}'.format(roc_auc_score(y_t
est_CJO,y_predict_proba_1_svc_commonwords_CJO))))
[<matplotlib.lines.Line2D object at 0x7fbaa994f438>]
>>> plt.xlabel('False Positive Rate')
Text(0.5, 0, 'False Positive Rate')
>>> plt.ylabel('True Positive Rate')
Text(0, 0.5, 'True Positive Rate')
>>> plt.legend()
<matplotlib.legend.Legend object at 0x7fbaa994f5f8>
>>> plt.show()
```

图 8.19　中文语料 CJO 一般词语特征空间使用 SVC 支持向量机的预测概率输出

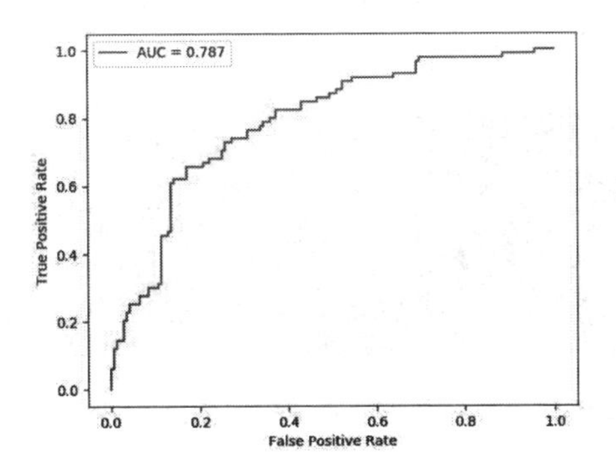

图 8.20　中文语料 CJO 一般词语特征空间使用 SVC 支持向量机的 AUC

中文语料 CJO 一般词语特征空间的逻辑线性回归监督主题模型参数如图 8.21 所示，其中_K 为 100。中文语料 CJO 一般词语特征空间使用逻辑线性回归监督主题模型进行训练，如图 8.22 所示，训练消耗时间为 2 分 48 秒。中文语料 CJO 一般词语特征空间使用 BLSLDA 的分类性能如图 8.23 所示，准确率为 0.72。中文语料 CJO 一般词语特征空间使用 BLSLDA 的 AUC 如图 8.24 所示，AUC 值为 0.783。

```
>>> from slda.topic_models import BLSLDA
>>> _K = 100
>>> _alpha = np.repeat(1., _K)
>>> V = x_train_commonwords_CJO.shape[1]
>>> _mu = 0.
>>> _nu2 = 1.
>>> _beta = np.repeat(0.01, V)
>>> _b = 7.25
>>> n_iter = 100
```

图 8.21　中文语料 CJO 一般词语特征空间的逻辑线性回归监督主题模型参数

```
>>> blslda_commonwords_CJO = BLSLDA(_K, _alpha, _beta, _mu, _nu2, _b, n_iter, seed=42)
>>> blslda_commonwords_CJO.fit(x_train_commonwords_CJO, y_train_CJO)
2020-12-31 17:24:40.322279 start iterations
2020-12-31 17:25:00.759482 0:00:20.437203 elapsed, iter   10, LL 17024573.8171, 21.18% change from last
2020-12-31 17:25:19.259748 0:00:38.937469 elapsed, iter   20, LL 17249141.0765, 1.32% change from last
2020-12-31 17:25:37.794478 0:00:57.472199 elapsed, iter   30, LL 17344746.6075, 0.55% change from last
2020-12-31 17:25:56.272292 0:01:15.950013 elapsed, iter   40, LL 17410964.8009, 0.38% change from last
2020-12-31 17:26:14.762083 0:01:34.439804 elapsed, iter   50, LL 17461029.4550, 0.29% change from last
2020-12-31 17:26:33.232565 0:01:52.910286 elapsed, iter   60, LL 17500441.2832, 0.23% change from last
2020-12-31 17:26:51.724330 0:02:11.402051 elapsed, iter   70, LL 17529667.5131, 0.17% change from last
2020-12-31 17:27:10.232839 0:02:29.910560 elapsed, iter   80, LL 17549495.4131, 0.11% change from last
2020-12-31 17:27:28.722021 0:02:48.399742 elapsed, iter   90, LL 17565329.7278, 0.09% change from last
```

图 8.22　中文语料 CJO 一般词语特征空间使用逻辑线性回归监督主题模型训练

```
>>> y_noproba_blslda_commonwords_CJO=np.zeros(len(y_blslda_commonwords_CJO))
>>> for i in range(len(y_noproba_blslda_commonwords_CJO)):
...     if y_blslda_commonwords_CJO[i]>0.5:
...         y_noproba_blslda_commonwords_CJO[i]=1
...
>>> y_noproba_blslda_commonwords_CJO=y_noproba_blslda_commonwords_CJO.astype(np.int64)
>>> accurancy_commonwords_CJO=test_prf(y_noproba_blslda_commonwords_CJO,y_test_CJO)
 Prediction: [142, 81]  Right: [109, 51]  Gold: [139, 84]  -- for all labels --
 ****** Neg|Neu|Pos ******
   Accuracy on test is 160/223 = 0.717489
   Precision: [0.7676056338028169, 0.6296296296296297]
   Recall   : [0.7841726618705036, 0.6071428571428571]
   F1 score : [0.7758007117437722, 0.6181818181818182]
   Macro F1 score on test (Neg|Neu|Pos) is 0.697135
```

图 8.23 中文语料 CJO 一般词语特征空间使用 BLSLDA 的分类性能

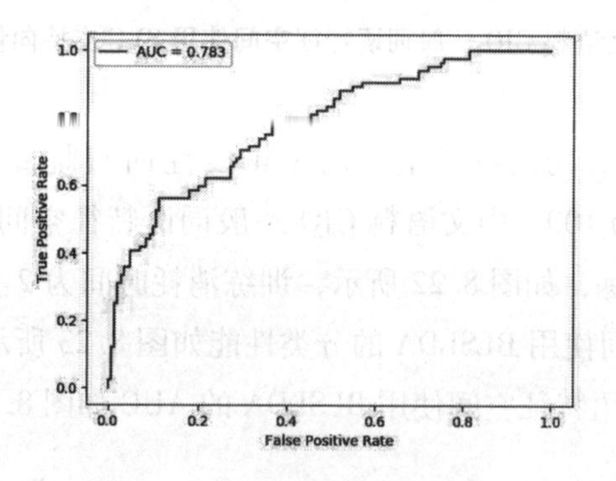

图 8.24　中文语料 CJO 一般词语特征空间使用 BLSLDA 的 AUC

8.5　英文法律文本的 SLDA 主题分析

8.5.1　英文法律术语 SLDA 模型

vsmtf_legalterms_FCA 为英文语料 FCA 的法律术语特征向量空间，监督信息

MR. task. labels. txt 为文本蕴含信息，1 表示判决支持原告，0 表示判决不支持原告。样本数量为 3886，x_train_legalterms_FCA 为训练样本集，x_test_legalterms_FCA 为测试样本集。y_train_FCA 为训练样本集标签，y_test_FCA 为测试样本集标签。如图 8. 25 所示：

```
>>> vsmtf=csr_matrix((data, indices, indptr), dtype=int).toarray()
>>> vsmtf_legalterms_FCA=vsmtf
>>> vsmtf_legalterms_FCA.shape
(3886, 1086)
>>> x_train_legalterms_FCA=vsmtf_legalterms_FCA[0:3000]
>>> x_test_legalterms_FCA=vsmtf_legalterms_FCA[3000:3886]
>>> labels_FCA=[]
>>> with codecs.open('MR.task.labels.txt',encoding='utf-8',errors='ignore') as onetxt:
...     lines=onetxt.readlines()
...     for line in lines:
...         item=line.strip('\r\n').split('\t')
...         st=int(item[0])
...         labels_FCA.append(st)
...
>>> y_train_FCA=np.zeros(3000)
>>> for i in range(len(y_train_FCA)):
...     y_train_FCA[i]=labels_FCA[i]
...
>>> y_test_FCA=np.zeros(886)
>>> for i in range(len(y_test_FCA)):
...     j=i+3000
...     y_test_FCA[i]=labels_FCA[j]
```

图 8. 25　英文语料 FCA 法律术语特征空间训练集和测试集

英文语料 FCA 法律术语特征空间使用 SVC 支持向量机的分类性能如图 8. 26 所示，准确率约为 0. 89。fpr_svc_legalterms_FCA 和 tpr_svc_legalterms_FCA 分别是 FCA 语料库法律术语特征空间使用 svc 分类器获得的 fpr 和 tpr，如图 8. 27 所示。英文语料 FCA 法律术语特征空间使用 SVC 支持向量机的 AUC 如图 8. 28 所示，AUC 值约为 0. 878。

```
>>> y_train_FCA=y_train_FCA.astype(np.int64)
>>> y_test_FCA=y_test_FCA.astype(np.int64)
>>> linear_svc=SVC(kernel='linear')
>>> linear_svc.fit(x_train_legalterms_FCA,y_train_FCA)
SVC(C=1.0, cache_size=200, class_weight=None, coef0=0.0,
  decision_function_shape='ovr', degree=3, gamma='auto_deprecated',
  kernel='linear', max_iter=-1, probability=False, random_state=None,
  shrinking=True, tol=0.001, verbose=False)
>>> y_predict_legalterms_FCA=linear_svc.predict(x_test_legalterms_FCA)
>>> y_predict_legalterms_FCA=y_predict_legalterms_FCA.astype(np.int64)
>>> accurancy_legalterms_FCA=test_prf(y_predict_legalterms_FCA,y_test_FCA)
  Prediction: [252, 634]  Right: [227, 568]  Gold: [293, 593]  -- for all labels --
  ****** Neg|Neu|Pos ******
   Accuracy on test is 795/886 = 0.897291
   Precision: [0.9007936507936508, 0.8958990536277602]
   Recall   : [0.7747440273037542, 0.9578414839797639]
   F1 score : [0.8330275229357798, 0.9258353708231459]
   Macro F1 score on test (Neg|Neu|Pos) is 0.882028
```

图 8. 26　英文语料 FCA 法律术语特征空间使用 SVC 支持向量机的分类性能

```
>>> linear_svc=SVC(kernel='linear',probability=True)
>>> linear_svc.fit(x_train_legalterms_FCA,y_train_FCA)
SVC(C=1.0, cache_size=200, class_weight=None, coef0=0.0,
  decision_function_shape='ovr', degree=3, gamma='auto_deprecated',
  kernel='linear', max_iter=-1, probability=True, random_state=None,
  shrinking=True, tol=0.001, verbose=False)
>>> y_predict_proba_svc_legalterms_FCA=linear_svc.predict_proba(x_test_legalterms_FCA)
>>> y_predict_proba_1_svc_legalterms_FCA=np.zeros((len(y_predict_proba_svc_legalterms_FCA),1))
>>> for i in range(len(y_predict_proba_1_svc_legalterms_FCA)):
...     y_predict_proba_1_svc_legalterms_FCA[i]=y_predict_proba_svc_legalterms_FCA[i][1]
...
>>> fpr_svc_legalterms_FCA,tpr_svc_legalterms_FCA,__svc_legalterms_FCA=roc_curve(y_test_FCA,y_predict_p
roba_1_svc_legalterms_FCA)
>>> plt.plot(fpr_svc_legalterms_FCA,tpr_svc_legalterms_FCA,label=('AUC = {:.3f}'.format(roc_auc_score(y
_test_FCA,y_predict_proba_1_svc_legalterms_FCA))))
[<matplotlib.lines.Line2D object at 0x7fbabac4d278>]
>>> plt.xlabel('False Positive Rate')
Text(0.5, 0, 'False Positive Rate')
>>> plt.ylabel('True Positive Rate')
Text(0, 0.5, 'True Positive Rate')
>>> plt.legend()
<matplotlib.legend.Legend object at 0x7fbabac4d668>
>>> plt.show()
```

图 8.27　英文语料 FCA 法律术语特征空间使用 SVC 支持向量机的预测概率输出

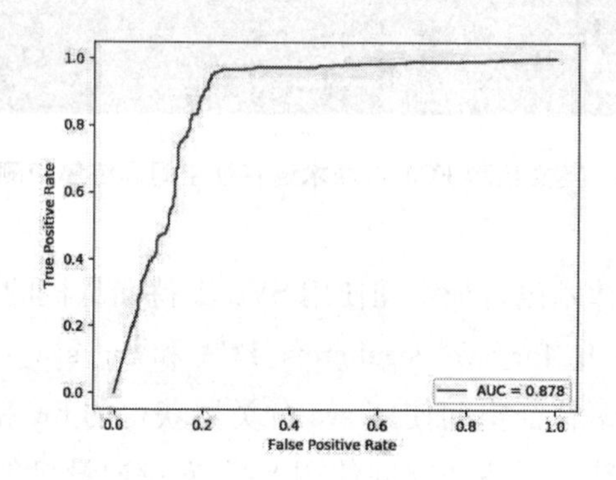

图 8.28　英文语料 FCA 法律术语特征空间使用 SVC 支持向量机的 AUC

英文语料 FCA 法律术语特征空间的逻辑线性回归监督主题模型参数如图 8.29 所示，其中为_K 为 10。英文语料 FCA 法律术语特征空间使用逻辑线性回归监督主题模型进行训练，如图 8.30 所示，训练消耗时间大约为 59 秒。英文语料 FCA 法律术语特征空间使用 BLSLDA 的分类性能如图 8.31 所示，准确率约为 0.87。英文语料 FCA 法律术语特征空间使用 BLSLDA 的 AUC 如图 8.32 所示，AUC 值为 0.863。

```
>>> from slda.topic_models import BLSLDA
>>> _K = 10
>>> _alpha = np.repeat(1., _K)
>>> V = x_train_legalterms_FCA.shape[1]
>>> _mu = 0.
>>> _nu2 = 1.
>>> _beta = np.repeat(0.01, V)
>>> _b = 7.25
>>> n_iter = 100
```

图 8.29　英文语料 FCA 法律术语特征空间的逻辑线性回归监督主题模型参数

```
>>> blslda_legalterms_FCA = BLSLDA(_K, _alpha, _beta, _mu, _nu2, _b, n_iter, seed=42)
>>> blslda_legalterms_FCA.fit(x_train_legalterms_FCA, y_train_FCA)
2020-12-29 21:33:52.712847 start iterations
2020-12-29 21:34:02.018584 0:00:09.305737 elapsed, iter   10, LL 4802108.3455, 2780.44% change from las
t
2020-12-29 21:34:10.431516 0:00:17.718669 elapsed, iter   20, LL 6043016.3891, 25.84% change from last
2020-12-29 21:34:18.826765 0:00:26.113918 elapsed, iter   30, LL 6256461.9497, 3.53% change from last
2020-12-29 21:34:27.205598 0:00:34.492751 elapsed, iter   40, LL 6338830.8283, 1.32% change from last
2020-12-29 21:34:35.592601 0:00:42.879754 elapsed, iter   50, LL 6384281.3802, 0.72% change from last
2020-12-29 21:34:43.961790 0:00:51.248943 elapsed, iter   60, LL 6403990.6977, 0.31% change from last
2020-12-29 21:34:52.349970 0:00:59.637123 elapsed, iter   70, LL 6417544.7758, 0.21% change from last
2020-12-29 21:35:00.724594 0:01:08.011747 elapsed, iter   80, LL 6425000.6789, 0.12% change from last
2020-12-29 21:35:09.111392 0:01:16.398545 elapsed, iter   90, LL 6433588.0518, 0.13% change from last
```

图 8.30　英文语料 FCA 法律术语特征空间使用逻辑线性回归监督主题模型训练

```
>>> y_noproba_blslda_legalterms_FCA=np.zeros(len(y_blslda_legalterms_FCA))
>>> for i in range(len(y_noproba_blslda_legalterms_FCA)):
...     if y_blslda_legalterms_FCA[i]>0.5:
...         y_noproba_blslda_legalterms_FCA[i]=1
...
>>> y_noproba_blslda_legalterms_FCA=y_noproba_blslda_legalterms_FCA.astype(np.int64)
>>> accurancy_legalterms_FCA=test_prf(y_noproba_blslda_legalterms_FCA,y_test_FCA)
 Prediction: [213, 673]  Right: [196, 576]  Gold: [293, 593]  -- for all labels --
 ****** Neg|Neu|Pos ******
  Accuracy on test is 772/886 = 0.871332
  Precision: [0.92018779342723, 0.8558692421991084]
  Recall   : [0.6689419795221843, 0.9713322091062394]
  F1 score : [0.7747035573122528, 0.909952606635071]
  Macro F1 score on test (Neg|Neu|Pos) is 0.852734
```

图 8.31　英文语料 FCA 法律术语特征空间使用 BLSLDA 的分类性能

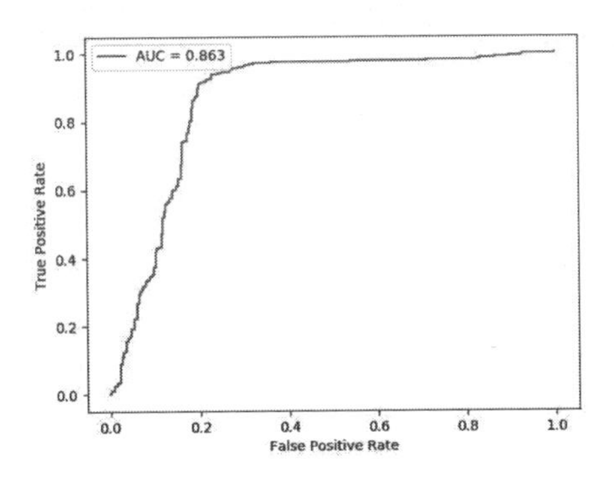

图 8.32　英文语料 FCA 法律术语特征空间使用 BLSLDA 的 AUC

8.5.2　英文一般词语 SLDA 模型

vsmtf_commonwords_FCA 为英文语料 FCA 的一般词语特征向量空间，

MR. task. labels. txt 为分类标签。x_train_commonwords_FCA 训练集有 3000 个样本，x_test_commonwords_FCA 测试集有 886 个样本，如图 8. 33 所示。使用 SVC 支持向量机获得的分类性能指标如图 8. 34 所示，准确率约为 0. 85。英文语料 FCA 一般词语特征空间使用 SVC 支持向量机的 AUC 如图 8. 35 所示，AUC 约为 0. 854。

```
>>> vsmtf=csr_matrix((data, indices, indptr), dtype=int).toarray()
>>> vsmtf_commonwords_FCA=vsmtf
>>> vsmtf_commonwords_FCA.shape
(3886, 43663)
>>> x_train_commonwords_FCA=vsmtf_commonwords_FCA[0:3000]
>>> x_test_commonwords_FCA=vsmtf_commonwords_FCA[3000:3886]
>>> labels_FCA=[]
>>> with codecs.open('MR.task.labels.txt',encoding='utf-8',errors='ignore') as onetxt:
...     lines=onetxt.readlines()
...     for line in lines:
...         item=line.strip('\r\n').split('\t')
...         st=int(item[0])
...         labels_FCA.append(st)
...
>>> y_train_FCA=np.zeros(3000)
>>> for i in range(len(y_train_FCA)):
...     y_train_FCA[i]=labels_FCA[i]
...
>>> y_test_FCA=np.zeros(886)
>>> for i in range(len(y_test_FCA)):
...     j=i+3000
...     y_test_FCA[i]=labels_FCA[j]
```

图 8. 33　英文语料 FCA 一般词语特征空间训练集和测试集

```
>>> y_train_FCA=y_train_FCA.astype(np.int64)
>>> y_test_FCA=y_test_FCA.astype(np.int64)
>>> linear_svc=SVC(kernel='linear')
>>> linear_svc.fit(x_train_commonwords_FCA,y_train_FCA)
SVC(C=1.0, cache_size=200, class_weight=None, coef0=0.0,
  decision_function_shape='ovr', degree=3, gamma='auto_deprecated',
  kernel='linear', max_iter=-1, probability=False, random_state=None,
  shrinking=True, tol=0.001, verbose=False)
>>> y_predict_commonwords_FCA=linear_svc.predict(x_test_commonwords_FCA)
>>> y_predict_commonwords_FCA=y_predict_commonwords_FCA.astype(np.int64)
>>> accurancy_commonwords_FCA=test_prf(y_predict_commonwords_FCA,y_test_FCA)
  Prediction: [241, 645]  Right: [203, 555]  Gold: [293, 593]  -- for all labels --
  ****** Neg|Neu|Pos ******
    Accuracy on test is 758/886 = 0.855530
    Precision: [0.8423236514522822, 0.8604651162790697]
    Recall   : [0.6928327645051194, 0.9359190556492412]
    F1 score : [0.7602996254681648, 0.8966074313408724]
    Macro F1 score on test (Neg|Neu|Pos) is 0.832474
```

图 8. 34　英文语料 FCA 一般词语特征空间使用 SVC 支持向量机的分类性能

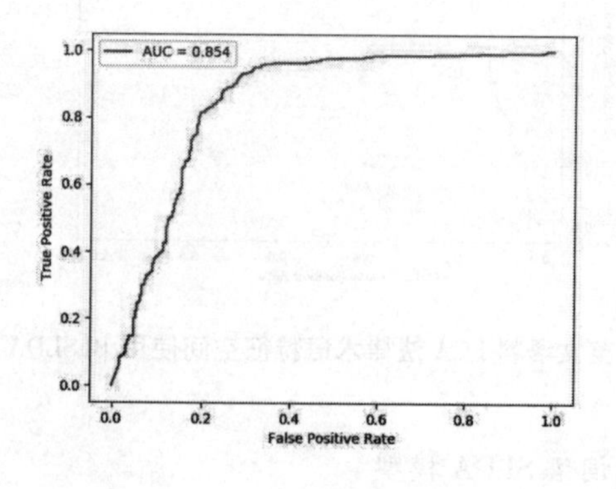

图 8. 35　中文语料 CJO 一般词语特征空间使用 SVC 支持向量机的 AUC

英文语料 FCA 一般词语特征空间的逻辑线性回归监督主题模型参数如图 8.36 所示，其中为_K 为 250。英文语料 FCA 一般词语特征空间使用逻辑线性回归监督主题模型进行训练，如图 8.37 所示，训练消耗时间大约为 55 分 29 秒。英文语料 FCA 一般词语特征空间使用 BLSLDA 的分类性能如图 8.38 所示，准确率约为 0.85，与 SVC 分类器准确率相当。英文语料 FCA 一般词语特征空间使用 BLSLDA 的 AUC 如图 8.39 所示，AUC 值为 0.873，高于 SVC 分类器。

```
>>> from slda.topic_models import BLSLDA
>>> _K = 250
>>> _alpha = np.repeat(1., _K)
>>> V = x_train_commonwords_FCA.shape[1]
>>> _mu = 0.
>>> _nu2 = 1.
>>> _beta = np.repeat(0.01, V)
>>> _b = 7.25
>>> n_iter = 100
```

图 8.36　英文语料 FCA 一般词语特征空间的逻辑线性回归监督主题模型参数

```
>>> blslda_commonwords_FCA = BLSLDA(_K, _alpha, _beta, _mu, _nu2, _b, n_iter, seed=42)
>>> blslda_commonwords_FCA.fit(x_train_commonwords_FCA, y_train_FCA)
2020-12-29 22:40:06.953247 start iterations
2020-12-29 22:46:35.513940 0:06:28.560693 elapsed, iter   10, LL 42448693.4536, 191.42% change from last
2020-12-29 22:52:43.604818 0:12:36.651571 elapsed, iter   20, LL 45603413.2246, 7.43% change from last
2020-12-29 22:58:43.981619 0:18:37.028372 elapsed, iter   30, LL 46836899.9657, 2.70% change from last
2020-12-29 23:04:47.507535 0:24:40.554288 elapsed, iter   40, LL 47559269.4558, 1.54% change from last
2020-12-29 23:10:51.189425 0:30:44.236178 elapsed, iter   50, LL 48036751.2279, 1.00% change from last
2020-12-29 23:16:57.575421 0:36:50.622174 elapsed, iter   60, LL 48383171.6732, 0.72% change from last
2020-12-29 23:23:04.530833 0:42:57.577586 elapsed, iter   70, LL 48670656.8580, 0.59% change from last
2020-12-29 23:29:20.383018 0:49:13.429771 elapsed, iter   80, LL 48915375.3547, 0.50% change from last
2020-12-29 23:35:35.459683 0:55:28.506436 elapsed, iter   90, LL 49138934.1315, 0.46% change from last
```

图 8.37　英文语料 FCA 一般词语特征空间使用逻辑线性回归监督主题模型训练

```
>>> y_noproba_blslda_commonwords_FCA=np.zeros(len(y_blslda_commonwords_FCA))
>>> for i in range(len(y_noproba_blslda_commonwords_FCA)):
...     if y_blslda_commonwords_FCA[i]>0.5:
...         y_noproba_blslda_commonwords_FCA[i]=1
...
>>> y_noproba_blslda_commonwords_FCA=y_noproba_blslda_commonwords_FCA.astype(np.int64)
>>> accurancy_commonwords_FCA=test_prf(y_noproba_blslda_commonwords_FCA,y_test_FCA)
 Prediction: [188, 698]  Right: [173, 578]  Gold: [293, 593]  -- for all labels --
 ****** Neg|Neu|Pos ******
  Accuracy on test is 751/886 = 0.847630
  Precision: [0.9202127659574468, 0.828080229226361]
  Recall   : [0.5904436860068260, 0.9747048903878583]
  F1 score : [0.7193347193347194, 0.8954298993028660]
  Macro F1 score on test (Neg|Neu|Pos) is 0.825838
```

图 8.38　英文语料 FCA 一般词语特征空间使用 BLSLDA 的分类性能

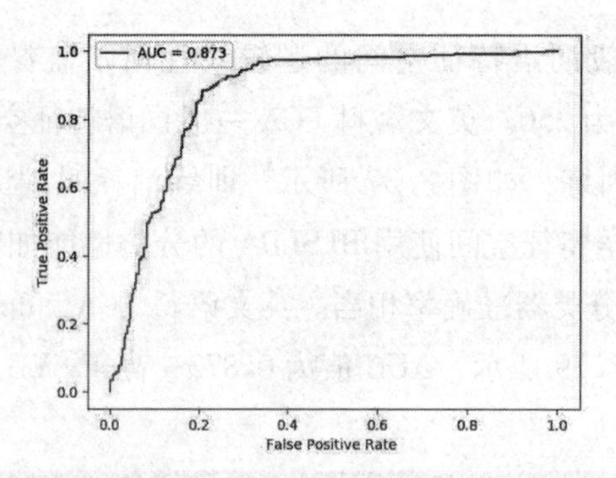

图 8.39　英文语料 FCA 一般词语特征空间使用 BLSLDA 的 AUC

参考文献

[1] 周志华:《机器学习》, 清华大学出版社 2016 年版。

[2] Adeline Nazarenko, "Legal NLPIntroduction", TAL Vol. 58: 7-19, 2017.

[3] Sebastian Raschka, *Vahid Mirjalili. Python Machine Learning*, Birmingham: Packt Publishing, 2017.

[4] Mi-Young Kim, Ying Xu, Randy Goebel, "Legal Question Answering Using Ranking SVM and Syntactic/Semantic Similarity", *Eighth International Workshop on Juris - informatics*, 2014.

[5] Octavia-Maria Sulea, "Predicting the Law Area and Decisions of French Supreme Court Cases", https://arxiv.org/pdf/1708.01681.pdf, 2017

[6] Ambedkar Kanapala et al., "Text summarization from legal documents: a survey", *Artificial Intelligence Review*, 17 (2): 954-1001, 2017.

[7] Octavia-Maria, Marcos Zampieri, Shervin Malmasi et al., "Exploring the Use of Text Classification in the Legal Domain", *Proceedings of 2nd Workshop on Automated Semantic Analysis of Information in Legal Texts* (ASAIL), 2017.

[8] Rep. Delaney, John K, "Future of Artificial Intelligence Act of 2017", https://www.congress.gov/bill/115th-congress/house-bill/4625/text, 2017.

[9] Alexandra Balahur, Rada Mihalcea, Andrés Montoyo, "Computational approaches to subjectivity and sentiment analysis: Present and envisaged methods and applications", *Computer Speech& Language*, 28 (1): 1-6, 2014.

[10] Nga, Tran, Anh, "Applying Deep Neural Network to Retrieve Relevant Civil Law Articles", *Proceedings of the Student Research Workshop associated with RANLP* 2017, pp. 46-48, 2017.

[11] Ni Zhang, Yi-fei Pu, Sui-quan Yang, "An Ontological Chinese Legal Consultation System", ACCESS, 5: 1250-1262, 2017.

[12] Jalaj Thanaki, *Python Natural Language Processing*, Birmingham: Packt Publishing, 2017.

[13] Salton G. and McGill M., *Introduction to Modern Information Retrieval*, McGraw-Hill, 1983.

[14] Danushka Bollegala, Naoaki Okazaki, Mitsuru Ishizuka, "A Bottom-Up Approach to Sentence Ordering for Multi-Document Summarization", *Information Processing & Management*, 46 (1): 89-109, 2010.

[15] Nikolaos Aletras 1, Dimitrios Tsarapatsanis, Daniel Preoţiuc-Pietro, "Predicting judicial decisions of the European Court of Human Rights: a Natural Language Processing perspective", *PeerJ Computer Science*, 2: 93-96, 2016.

[16] "Williams. State v. Loomis", *Harvard Law Review*, 130 (3): 1530-1537, 2017.

[17] Alberto Barron-Cede, "Plagiarism Meets Paraphrasing: Insights for the Next Generation in Automatic Plagiarism Detection", *Computational Linguistics*, 39 (4): 917-947, 2013.

[18] Guido Boella, Luigi Di Caro, Llio Humphreys, "Using classification to support legal knowledge engineers in the Eunomos legal document management system", *Proceedings of* 2014 *JURISIN*, pp. 898-905, 2014.

[19] Alina Maria Ciobanu, Marcos Zampieri, Shervin Malmasi, "Including Dialects and Language Varieties in Author Profiling", *Proceedings of PAN at CLEF*, pp. 520-525, 2017.

[20] Kaiz Merchant, "NLP Based Latent Semantic Analysis for Legal Text Summarization", 2018 *International Conference on Advances in Computing, Communications and Informatics*, pp. 19-28, 2018.

[21] "Ross. Lawyer Challenge", https://www.case-crunch.com/index.html#slider1-n, 2017.

[22] "Northpointe. COMPAS Risk & Need Assessment System", http://www.northpointeinc.com/files/downloads/FAQ_Document.pdf, 2017.

[23] Rada Mihalcea, "Experiments in Open Domain Deception Detection", *Proceedings of the* 2015 *Conference on Empirical Methods in Natural Language Processing*, pp. 1120-1125, 2015.

[24] Octavia-Maria Sulea et al. , "Automatic profiling of Twitter users based on their tweets", *CEUR Workshop Proceedings*, pp. 1391-1398, 2015.

[25] Zampieri Marcos et al. , "Modeling Language Change in Historical Corpora: The Case of Portuguese", *Proceedings of Language Resources and Evaluation*, pp. 1610-1618, 2016.

[26] Pedro Delfino, Bruno Cuconato, "Using OpenWordnet-PT for Question Answering on Legal Domain", http://compling. hss. ntu. edu. sg/events/2018 - gwc/pdfs/GWC2018_paper_59. pdf, 2018.

[27] Justin Cheng et al. , "Antisocial Behavior in Online Discussion Communities", https://arxiv. org/pdf/1504. 00680. pdf, 2016.

[28] Biralatei Fawei et al. , "A Methodology for a Criminal Law and Procedure Ontology for Legal Question Answering", *Proceedings of the 8th Joint International Conference JIST*, pp. 26-36, 2018.

[29] Chalkidis Ilias et al. , "Deep learning in law: early adaptation and legal word embeddings trained on large corpora", *Artificial Intelligence and Law*, 12: 38-46, 2018.

[30] Roozmand O. et al. , "Computational Modeling of Uncertainty Avoidance in Consumer Behavior", *International Journal of Research and Reviews in Computer Science*, 12: 18-26, 2011.

[31] Olivier De Vel, Alison Anderson, Malcolm Corney, " 2001. Mining e-mail content for author identificationforensics", *ACM Sigmod Record*, 30 (4): 55 - 64, 2001.

[32] Vlad Niculae et al. , "Temporal Text Ranking and Automatic Dating of Texts", *Proceedings of the 14th Conference of the European Chapter of the Association for Computational Linguistics*, pp. 17-21, 2014.

[33] Luke S. Zettlemoyer, "Learning to Map Sentences to Logical Form", *Proceedings of UAI*, pp. 86-93, 2009.

[34] John Carroll et al. , "High Efficiency Realization for a Wide-Coverage Unification Grammar", *Proceeding of UCNLP*, pp. 165-176, 2005.

[35] Kim, Yoon, Convolutional neural networks for sentence classification, *arXiv preprint arXiv*: 1408. 5882, 2014.

[36] Danilo S. Carvalho et al. , "Lexical-Morphological Modeling for Legal Text Analysis", *The Ninth International Workshop on Juris - information*, pp. 16-32, 2015.

[37] Sushimita et al. , "Legal Information Retrieval Task: Participation from ISM, Dhanbad", *The Ninth International Workshop on Juris - information*, pp. 87-97, 2015.

[38] Tran et al. , "An Approach for Retrieving Legal Texts", *The Ninth International Workshop on Juris - information*, pp. 55-63, 2015.

[39] Kano, "Keyword and Snippet Based Yes/No Question Answering System for COLIEE 2015", *The Ninth International Workshop on Juris - information*, pp. 123-131, 2015.

[40] John M. Conroy, "Text summarization via hidden markov models", *Proceedings of the 24th annual intelligent ACM SIGIR conference on Research and development in Information retrieval*, pp. 406-407, 2001.

[41] Frank Schilder, "FastSum: fast and accurate query-based multi-document summarization", *Proceedings of ACL - 08: HLT*, pp. 205-208, 2008.

[42] Jaime Carbonell. , "The Use of MMR, Diversity-Based Reranking for Reordering Documents and Producing Summaries", *Twenty - First Annual International ACM SIGIR on Research and Development in Information Retrieval*, pp. 335 - 337, 1998.

[43] David M. Blei, Andrew Y. Ng, Michael I. Jordan, "Latent DirichletAllocation", *Journal of Machine Learning Research*, 3: 993-1022, 2003.

[44] Ryan McDonald, "A Study of Global Inference Algorithms in Multi-document Summarization", *Springer - Verlag: Berlin Heidelberg*, pp. 557-564, 2007.

[45] Dan Gillick et al. , "A scalable global model for summarization", *Proceedings of the NAACL HLT Workshop on Integer Linear Programming for Natural Language Processing*, pp. 10-18, 2009.

[46] Steedman Mark, "The Syntactic Process", *The MIT Press*, 2000.

[47] Miller et al., "French clitic movement without clitics or movement", *Natural Language and Linguistic Theory* 15: 573-639, 1997.

[48] Masaru, "An efficient context-free parsing algorithm", *Communications of*

the ACM 26 (1): 386-395, 1970.

[49] Stuart Shieber, "A uniform architecture for parsing and generation", *Proceedings of the 12th Interactional conference on computational linguistics*, pp. 80-89, 1988.

[50] Dan Flickinger, "On building a more efficient grammar by exploiting types", *Natural language engineering*, 6: 15-28, 2002.

[51] Jay Earley, "An efficient context-free parsing algorithm", *Communications of the ACM* 26 (1): 386-395, 1970.

[52] MichaelWhite, Jason Baldridge, "Adapting Chart Realization to CCG", *Proceedings of the 9th European workshop Natural Language Generation*, pp. 61-69, 2003.

[53] SprowlJ., "Automated Assembly of Legal Documents", *Computer Science and Law*, *AD*: 195-203, 1980.

[54] Thomas F. Gordon, "Theory Construction Approach To Legal Document Assembly", *Proceedings of the 3rd International Conference on Logic*, *Informatics and Law*, pp. 485-498, 1989.

[55] Hofler Stefan, "Legislative drafting guidelines: How different are they from controlled language rules for technical writing", *Third International Workshop CNL*, pp. 138-151, 2012.

[56] Liviu P. Dinu, "Pastiche Detection Based on Stopword Rankings: Exposing Impersonators of a Romanian Writer", *Proceedings of the Workshop on Computational Approaches to Deception Detection*, pp. 72-77, 2012.

[57] Chris Sumner et al., "Predicting Dark Triad Personality Traits from Twitter Usage and a Linguistic Analysis of Tweets", 11*th International Conference on Machine Learning and Applications*, pp. 386-393, 2012.

[58] Raquel M. Palau et al., "Argumentation Mining: The Detection, Classification and Structuring of Arguments in Text", *Proceedings of the ICAIL*, pp. 597-606, 2009.

[59] Atefeh Farzindar, d Guy Lapalme, "Legal text summarization by exploration of the thematic structures and argumentative roles", *Proceedings of the Text Summarization Branches Out Workshop*, pp. 122-130, 2004.

[60] Filippo Galganiet al.，"Combining Different Summarization Techniques for Legal Text"，*Proceedings of the Workshop on Innovative Hybrid Approaches to the Processing of Textual Data*，pp. 112-123，2012.

[61] Ben Hachey，Claire Grover，"Extractive Summarisation of Legal Texts"，*Artificial Intelligence and Law*，14（4）：305-345，2006.

[62] Teresa Goncalves et al.，"Evaluating preprocessing techniques in a Text Classification problem"，*Proceedings of the Conference of the Brazilian Computer Society*，pp. 841-851，2005.

[63] Daniel Martin Katz et al.，"Predicting the Behavior of the Supreme Court of the United States"，https：//arxiv. org/pdf/1407. 6333. pdf，2014.

[64] Papis Wongchaisuwat，"Predicting Litigation Likelihood and Time to Litigation for Patents"，https：//arxiv. org/ftp/arxiv/papers/1603/1603. 07394. pdf，2016.

[65] Shervin Malmasi et al.，"LTG at SemEval-2016 task 11：Complex Word Identification with Classifier Ensembles"，*The 10th International Workshop on Semantic Evaluation*，pp. 996-1000，2016.

[66] Jo Saehan，Trummer I.，Yu W. C.，"Verifying Text Summaries of Relational Data Sets"，*ACM SIGMOD* 19 *International Conference on Management of Data (SIGMOD)*，pp. 299-316，2019.

[67] Dash M.，LiuH.，"Feature selection for classification"，*International Journal of Intelligent Data Analysis*，3：131-156，1997.

[68] Dash M.，LiuH.，"Feature selection for clustering"，4*th Pacific - Asia Conference on Knowledge Discovery and Data Mining*，pp. 110-121，2000.

[69] Martin H. C. L.，Mario A. T. F.，"Jain A. K.. Feature Saliency in unsupervised learning"，*Michigan State University*，2002.

[70] Papadimitriou C. H.，Raghavan P.，TamakiH.，"Latent Semantic Indexing：A Probabilistic Analysis"，*Journal of Computer and System Sciences*，2：217-235，2000.

[71] HofmannT.，"Probabilistic Latent Semantic Indexing"，*Proceedings of the 22nd annual international ACM SIGIR conference on Research and development in information retrieval*，pp. 50-57，1999.

[72] Blei D M, Jordan M I, "Variational Inference for Dirichlet ProcessMixtures", *Bayesian analysis*, 1: 121-143, 2006.

[73] Steyvers M, GriffithsT., "Probabilistic Topic Models", *Handbook of Latent Semantic Analysis*, 7: 424-440, 2007.

[74] Titov I., McDonaldR., "Modeling online reviews with multi-grain topic models", *Proceedings of the 17th international conference on World Wide Web ACM*, pp. 111-120, 2008.

[75] Gallagher Ryan J., Kyle Reing, David Kale, "Anchored Correlation Explanation: Topic Modeling with Minimal Domain Knowledge", *Transactions of the Association for Computational Linguistics*, 5: 1-21, 2017.

[76] Rosen-Zvi M., Griffiths T., Steyvers M., et al., "The author-topic model for authors and documents", *Proceedings of the 20th conference on Uncertainty in artificial intelligence*, pp. 487-494, 2004.

[77] F. Sebastiani., "Machine learning in automated text categorization", *ACM Computing Surveys*, 34 (1): 1-47, 2002.

[78] Uysal Alper Kursat, Gunal Serkan, "A Novel Probabilistic Feature Selection Method for Text Classification", *Knowledge - Based Systems*, 36 (12): 226-235, 2012.

[79] Su J., Shirab J. S., Matwin S., "Large scale text classification using semi-supervised multinomial Naive Bayes", *Proceedings of the 28th international conference on machine learning*, pp. 97-104, 2011.

[80] Marin, A., Holenstein R., Sarikaya, R., "Learning phrase patterns for text classification using a knowledge graph and unlabeled data", *The fifteenth annual conference of the international speech communication association*, pp. 1203-1210, 2014.

[81] Abdur Rehman, Kashif Javed, Haroon Babri, "Feature selection based on a normalized difference measure for text classification", *Information Processing & Management*, 53 (2): 473~489, 2017.

[82] SaltonG., "A Vector Space Model for Automatic Indexing", *Communication of ACM*, 18: 623-620, 1975.

[83] Christopher Bishop, "Pattern Recognition and MachineLearning", *Spring -*

Verlag, pp. 345–353, 2007.

[84] Hanna M. Wallach, "Topic modeling: beyond bag – of – words", *Proceedings of the 23rd international conference on Machine learning(ICML)*, pp. 977–984, 2006.

[85] Kilic E., Ates N., Karakaya A., "Two New Feature Extraction Methods for Text Classification: TESDF and SADF", *Proceedings of 23nd Signal Processing and Communications Applications Conference*, pp. 475–478, 2015.

[86] G. Chandrashekar, F. Sahin, "A survey on feature selectionmethods", *Computers and Electrical Engineering*, 40 (1): 16–28, 2014.

[87] R. Sheikhpour, MA. Sarram, S. Gharaghani et al., "A Survey on semi-supervised feature selection methods", *Pattern Recognition*, 64: 141–158, 2017.

[88] Abdur Rehman, Kashif Javed, Haroon A. Babri, "Feature selection based on a normalized difference measure for text classification", *Information Processing & Management*, 2017, 53 (2): 473~489.

[89] Francesco Mezzadri, *Recent Perspectives in Random Matrix Theory and Number Theory*, London: Cambridge University Press, pp. 147–184, 2010.

[90] Gernot Akemann. et al, "Finite rank perturbations in products of coupled random matrices: From one correlated to two Wishartensembles", *Mathematical Physics*. 55 (1): 441–479, 2019.

[91] Zhang Yangwu, Li Guohe, Wang Limei et al., "A method for principal components based on stochastic matrix", *Proceedings of 13th International Conference on Natural Computation, Fuzzy Systems and Knowledge Discovery*, pp. 1927–1933, 2018.

[92] Yoshua Bengio, "What are Yoshua Bengios views about Kaggle and competitive machine learning in general", https://www.quora.com/What-are-Yoshua-Bengios-views-about-Kaggle-and-competitive-machine-learning-in-general, 2016.

[93] CNNIC, "China Statistical Report on Internet Development", http://www.cnnic.net.cn/hlwfzyj/hlwxzbg, 2017.

[94] VapnikV., "Statistical Learning Theory", Wiley, pp. 85–90, 1998.

[95] JolliffeI. T., "Principal Component Analysis, Second Edition", Spring-Verlag, pp. 2–8, 2002.

[96] Mohammed A. A., Minhas R., Wu Q., "Human Face Recognition Based on Multidimensional PCA and Extreme Learning Machine", *Pattern Recognition*, 44 (10): 2588-2597, 2011.

[97] Nils Lehmann, "Principal components selection given extensively manyvariables", *Statistics & Probability Letters*, 74 (1): 51-58, 2005.

[98] Zhang Yangwu, Li Guohe, Zong Heng, "A methodof dimensionality reduction by selection of components in principal component analysis for text classification", *FILOMAT*, 32 (5): 1499-1506, 2018.

[99] Jolliffe IT., *Principal Component Analysis*, Springer-Verlag, pp. 92-104, 2002.

[100] Louis Ferre, "Selection of components in principal component analysis: A comparison ofmethods", *Computational Statistics & Data Analysis*, 19: 669-682, 1995.

[101] Jonathon Shlens, "A Tutorial on Principal Component Analysis", *EprintArxiv*, 51 (3): 219-226, 2014.

[102] M. Fernandez-Delgado, E. Cernadas, S. Barro et al., "Do we Need Hundreds of Classifiers to Solve Real World Classification Problems", *Journal of Machine Learning Research*, 15: 3133-3181, 2014.

[103] Harun Uguz, "A two-stage feature selection method for text categorization by using information gain, principal component analysis and genetic algorithm", *Knowledge - Based Systems*, 24 (7): 1024~1032, 2011.

[104] 张扬武等："一种基于 PCA 的文本特征混合选择方法"，载《计算机应用与软件》2019 年第 10 期。

[105] WebDewey, "Introduction to the Dewey Decimal Classification", https://www.oclc.org/content/dam/oclc/dewey/versions/print/intro.pdf, 2019.

[106] RP. Adams, EB. Fox, EB. Sudderth, "Guest Editors´ Introduction to the Special Issue on Bayesian Nonparametrics", *IEEE Transaction on Pattern Analysis and Machine Intelligence*, 37 (2): 209-211, 2015.

[107] DA. Smith, C. McManis, "Classification of text to subject using LDA", *Proceedings of IEEE 9th International Conference on Semantic Computing (ICSC)*, pp. 131-135, 2015.

[108] David M. Blei, Chong Wang, "Decoupling Sparsity y and Smoothness in the Discrete Hierarchical Dirichlet Process", *Neural Information Processing Systems*, pp. 65-73, 2009.

[109] P. A. Chew, "Terms Weighting Schemes for Latent Dirichlet Allocation", *The Proceeding of the North American Chapters of the Association for Computation Linguistics*, 3: 465-473, 2010.

[110] David M. Blei, J. Lafferty, "Correlated Topic Models", *The Proceeding of International Conference on Neural Information Processing Systems*, 18: 147-154, 2005.

[111] David M. Blei, J. Lafferty, D. John, "Dynamic Topic Models", *The Proceedings of the International Conference Machine Learning*, pp. 113-120, 2006.

[112] 张扬武等："基于关键词加权的法律文本主题模型研究"，载《计算机与数字工程》2019 年第 5 期。

[113] A Muhic, J Rupnik, P Skraba, "Cross-lingual document similarity", *International Conference on Information Technology Interfaces*, pp. 387-392, 2012.

[114] YS Lin, JY Jiang, SJ Lee, "A Similarity Measure for Text Classification and Clustering", *IEEE Transactions on Knowledge & Data Engineering*, 7: 1575~1590, 2014.

[115] T. Mitchell, "Never-Ending Language Learning", *Proceedings of IEEE International Conference on Big Data*, pp. 1-1, 2014.

[116] V. Vapnik, "Learning hidden information: SVM+", *Proceedings of 2006 IEEE International Conference on Granular Computing*, pp. 22-32, 2006.

[117] T. Joachims, "Structured output prediction with Support Vector Machines", *Lecture Notes in Computer Science.* 4190: 1-7, 2006.

[118] I. Tsochantaridis, T. Joachims, T. Hofmann., Y. Altun, "Large margin methods for structured and interdependent output variables", *Journal of Machine Learning Research*, 6: 1453-1484, 2005.

[119] Joachims Thorsten, Finley Thomas, Yu CNJ, "Cutting-plane training of structural SVMs", *Machine Learning*, 77 (1): 27-59, 2009.

[120] O. Chapelle, T. Joachims, F. Radlinski, YS. Yue, "Large-Scale Validation and Analysis of Interleaved Search Evaluation", *ACM Transactions on*

Information Systems, 30 (1): 6-9, 2012.

[121] A. Swaminathan, T. Joachims, "Counterfactual Risk Minimization", *Proceedings of the 24th International Conference on World Wide Web*, pp. 939-941, 2015.

[122] D. E. Rumelhart, Geoffery E. Hinton, Ronald J. Williams, "Learning Representations by Back - Propagating Errors", *Nature*, 323 (6088): 533 - 536, 1986.

[123] G. Hinton, Y. LeCun, Y. Bengio, "Deep learning", *Nature*, 521 (7553): 436-444, 2015.

[124] M. Muja, DG. Lowe, "Scalable Nearest Neighbor Algorithms for High DimensionalData", *IEEE Transactions on Pattern Analysis and Machine Intelligence*, 36 (11): 2227-2240, 2014.

[125] David M. Blei, Jon D. McAuliffe, "Supervised TopicModel", *Advances in Neural Information Processing*, 3: 21-28, 2010.

[126] I. Titov, R. McDonald, "Modeling online reviews with multi-grain topic models", *Proceeding of the 2008 Conference of WWW ACM*, pp. 111-120, 2008.

[127] K. Raghav, "Analyzing the extraction of relevant legal judgments using paragraph-level and citation information", *Proceeding of 22nd European Conference on Artificial Intelligence, AI4J - Artificial Intelligence for Justice*, pp. 121 - 129, 2016.

[128] A. McCallum, C. Pal, G. Druck et al., "Multi-conditional learning: Generative discriminative training for clustering and classification", *AAAI'06 Proceedings of the 21st national conference on Artificial intelligence*, pp. 433 - 439, 2006.

[129] D. Blei, M. Jordan, "Modeling annotated data", 2003*SIGIR*, pp. 127-134, 2003.

[130] P. Flaherty, G. Giaever, J. Kumm et al., "A latent variable model for chemogenomic profiling", *Bioinformatics*, 21 (15): 3286-3293, 2005.

[131] M. Haddoud, A. Mokhtari, T. Lecroq, "Combining supervised term-weighting metrics for SVM text classification with extended term representation", *Knowledge and Information Systems*, 49 (3): 909-931, 2016.

[132] G. Paltoglou, M. Thelwall, "A Study of Information Retrieval Weighting Schemes for Sentiment Analysis", *The Proceeding of the Association for Computational Linguistics*, pp. 1386-1395, 2010.

附录 A　部分法律术语

中文	英文	中文	英文
习惯法	customary law	寺院法	canon law
公序良俗	public order and moral	伊斯兰法	Islamic law
自然法	natural law	民法规范	norm of civil law
罗马法	Roman Law	授权规范	authorization norm
私法	private law	禁止规范	forbidding norm
公法	public law	义务性规范	obligatory norm
市民法	jus civile	命令性规范	commanding norm
民法法系	civil law system	平等原则	principle of equality
英美法系	Anglo-American law	自愿原则	principle of free will
大陆法系	civil law system	公平原则	principle of justice
普通法	common law	等价有偿	equal value exchange
大陆法	continental law	诚实信用	good faith
衡平法	equity；law of equity	不作为	omission
日尔曼法	Germantic law	合法行为	lawful act
教会法	ecclesiastical law	违法行为	unlawful act
民事权利	civil right	秘密权	right of privacy
绝对权	absolute right	贞操权	virginity right
既得权	tested right	身份权	right of status
期待权	expectant right	亲权	parental power

续表

中文	英文	中文	英文
专属权	exclusive right	亲属权	right of relative
人权	human right	荣誉权	right of honor
人格权	right of personality	权利的保护	protection of right
生命健康权	right of life and health	公力救济	public protection
姓名权	right of name	私力救济	self-protection
名称权	right of name	权利本位	standard of right
自由权	right of freedom	无责任行为	irresponsible right
名誉权	right reputation	正当防卫	justifiable right
隐私权	right of privacy	防卫行为	act of defence
自助行为	act of self-help	自为行为	self-conducting act
意外事件	accident	意思能力	capacity of will
行为能力	capacity for act	民事行为	civil act
相对权	relative right	意思表示	declaration of intention
优先权	right of priority	表示一致	meeting of minds
先买权	preemption	完全行为	perfect capacity for act
终止权	right of termination	个体工商户	individual business
抗辩权	right of defense	承包经营户	leaseholding household
抗辩权	momentary right of defense	合伙	partnership
永久抗辩	permanent counter-argument	合伙人	partner
不安抗辩权	unstable counter-argument	合伙协议	partnership agreement
入伙	join partnership	财团法人	legal body of finance
合伙企业	partnership business	法人联营	association of legal person
个人合伙	partnership	合作社	cooperative
法人合伙	partnership of legal person	法律行为	civil legal act
普通合伙	general partnership	双方民事	bilateral civil legal act

续表

中文	英文	中文	英文
有限合伙	limited partnership	多方民事	joint act civil legal act
民事合伙	civil partnership	有偿民事	act with consideration
隐名合伙	sleeping partnership	实践性行为	practical civil legal act
法人	legal person	要式行为	formal civil legal act
可撤销行为	revocable civil act	附期限行为	civil legal act with term
违法行为	illegal act；unlawful act	本代理人	original agent
侵权行为	tort	委托代理人	agent by mandate
欺诈	fraud	指定代理人	designated agent
胁迫	duress	复代理人	subagent
重大误解	gross misunderstanding	转代理人	subagent
显失公平	obvious unjust	代理权	right of agency
误传	misrepresentation	授权行为	act of authorization
代理	agency	授权委托书	power of attorney
被代理	principal	委托代理	agency by mandate
受托人	trustee	本代理	original agency
代理人	agent	复代理	subagency
法定代理人	statutory agent	次代理	subagency
居间	brokerage	有权代理	authorized agency
居间人	broker	律师代理	agency by lawyer
行纪	commission；broker house	普通代理	general agency
信托	trust	全权代理	general agency
时效	time limit	全权委托书	general power of attorney
时效	prescription	共同代理	joint agency
时效	limitation	独家代理	sole agency
时效延长	extension of limitation	准据法	governing law

续表

中文	英文	中文	英文
取得时效	acquisitive prescription	民事责任	civil responsibility
期日	date	刑事责任	criminal liability
期间	term	过错责任	liability for fault
冲突规范	rule of conflict	疏忽	negligence
准据法	applicable law	停止侵害	cease the infringing act
反致	renvoi；remission	排除妨碍	exclusion of hindrance
法律责任	legal liability	流动资产	floating asset
民事责任	civil liability	可分物	divisible things
刑事责任	criminal responsibility	不可分物	indivisible things
有限责任	limited liability	主物	a principal thing
无限责任	unlimited liability	从物	an accessory thing
按份责任	shared/several liability	埋藏物	fortuna；hidden property
连带责任	joint and several liability	货币	currency
过错责任	fault liability	违约金	liquidated damage
单独过错	sole fault	消除影响	eliminate ill effects
共同过错	joint fault	恢复名誉	rehabilitate reputation
推定过错	presumptive fault	物权法定	principal of right in rem
恶意	bad faith；malice	物权法	jus rerem
故意	deliberate intention；	物	property
收益权	right to yields	所有权	dominium；ownership；title
处分权	jus dispodendi	所有权凭证	document of title
相邻权	relatedright	占有权	dominium utile
抵押标的物	estate under mortgage	使用权	right of use
债务	obligation	收益权	right to earnings
债的分类	obligatio；obligation	处分权	right of disposing

续表

中文	英文	中文	英文
遗失物	lost property	使用权	right to use
精神损害	spiritual damage	保证合同	suretyship
经营权	managerial authority	抵押物登记	registration of estate
相邻权	neighboring right	留置权	lien
地上权	superficies	一般留置权	general lien
永佃权	jus emphyteuticum	特别留置权	special lien
地役权	servitude；easement	质权	hypotheque
人役权	servitus personarum	佃权	tenant right
担保物权	real right for security	债权	jus in personam
抵押权	hypotheca；hypothecation	相对人	counterpart；offeree
抵押权设定	creation of mortgage	给付	give；pay
抵押人	mortgagor	债务	debt；liability
抵押权人	mortgagee	债务的偿还	payment of debt
抵押标的物	collateral	债务的偿清	discharge of debt
抵押权效力	deffect of right to mortgage	债务的担保	guarantee of debt
抵押权次序	sequence of mortgage	债务的合并	consolidation of debt
抵押权让与	alienation of mortgage	债务的免除	exemption of debt
精神损害	moral damage	定金	earnest money；deposit
不当得利	unjust enrichment	知识产权	intellectual property
无因管理	voluntary service	保证金	security deposit
约定违约金	liquidated by agreement	著作财产权	property right in work
著作权人	copyright owner	工业产权	industrial property
发表权	right of publication	使用在先	priority of use
署名权	right of authorship	新颖性	novelty
创造性	creativity	近似商标	similar trademark

续表

中文	英文	中文	英文
实用性	practicability	商标审查	trademark examination
发明权	right of invention	商标事务所	trademark office
商标权	trademark right	夫妻关系	conjugal relationship
涉外婚姻	marriage with foreign	继承法	law of succession
婚姻登记	marriage registration	收养协议	adoption agreement
结婚	marry	涉外收养	adoption with foreign
离婚	divorce	继承法	inheritance law
诉讼离婚	divorce by litigation	自然继承	natural succession
探视权	visitation right	世袭继承	hereditary succession
同居	cohabitation	间接继承	indirect succession
协议离婚	divorce by agreement	继承人	heir

附录B 法律主题层次和名称

一级编号	名称	一级编号	名称
01	民事	02	刑事
03	行政	04	国家赔偿
民事二级编号	**名称**	**民事二级编号**	**名称**
0101	人格权纠纷	0102	婚姻家庭继承纠纷
0103	物权纠纷	0104	合同无因管理不当得利
0105	知识产权与竞争	0106	劳动人事争议
0107	海事商事纠纷	0108	铁路运输纠纷
0109	公司证券保险票据	0110	侵权责任纠纷
刑事二级编号	**名称**	**刑事二级编号**	**名称**
0201	危害国家安全罪	0202	危害公共安全罪
0203	破坏市场经济秩序罪	0204	侵犯人身权利民主权利罪
0205	侵犯财产罪	0206	妨碍社会管理秩序罪
0207	危害国防利益罪	0208	贪污受贿罪
0209	渎职罪	0210	军人违反职责罪
行政二级编号	**名称**	**行政二级编号**	**名称**
0301	行政管理范围	0302	行政行为种类
国家赔偿二级	**名称**	**国家赔偿二级**	**名称**
0401	行政赔偿	0402	司法赔偿
民事三级编号	**名称**	**民事三级编号**	**名称**

续表

010101	人格权纠纷	010201	婚姻家庭
010202	继承纠纷	010301	不动产登记
010302	物权保护	010303	所有权纠纷
010304	用益物权	010305	担保物权
010306	占有保护	010401	合同纠纷
010402	不当得利纠纷	010403	无因管理纠纷
010404	特殊类型侵权纠纷	010501	知识产权合同纠纷
010502	知识产权权属侵权	010503	不正当竞争
010504	垄断纠纷	010601	劳动争议
010602	人事争议	010701	海事海商争议
010801	铁路运输争议	010901	企业纠纷
010902	公司纠纷	010903	合伙企业纠纷
010904	破产纠纷	010905	证券纠纷
010906	期货交易纠纷	010907	信托纠纷
010908	保险纠纷	010909	票据纠纷
010910	信用证纠纷	011001	侵权责任纠纷
刑事三级编号	名称	刑事三级编号	名称
020101	背叛国家罪	020102	分裂国家罪
020103	煽动分裂国家罪	020104	煽动颠覆国家政权
020105	间谍罪	020106	窃取国家秘密情报罪
020201	危险驾驶罪	020202	放火罪
020203	决水罪	020204	爆炸罪
020205	投放危险物品罪	020206	危险方法危害公共安全罪
020207	失火罪	020208	过失决水罪
020209	过失爆炸罪	020210	过失投放危险物质罪
020211	过失危害公共安全罪	020212	破坏交通工具罪

续表

020213	破坏交通设施罪	020214	破坏电力设备罪
020215	破坏易燃易爆设备罪	020216	过失损坏交通设施罪
020217	过失损坏电力设备罪	020218	组织领导恐怖组织罪
020219	帮助恐怖活动罪	020220	劫持航空器罪
020221	劫持船只汽车罪	020222	破坏公用电信设施罪
020223	非法制造爆炸物罪	020224	违规制造销售枪支罪
020225	非法制造危险物品罪	020226	盗抢枪支爆炸物罪
020227	抢劫枪支爆炸物罪	020228	非法持有枪支弹药罪
020229	非法携带危险品危及公共安全罪	020230	重大飞行事故罪
020231	铁路运营安全事故罪	020232	交通肇事罪
020233	重大责任事故罪	020234	重大劳动安全事故罪
020235	危险物品肇事罪	020236	工程重大安全事故罪
020237	教育设施重大安全事故罪	020238	消防责任事故罪
020239	投毒罪	020240	强令违章冒险作业罪
020241	大型群众性活动重大安全事故罪	020242	谎报安全事故罪
020243	准备实施恐怖活动罪	020244	宣扬恐怖主义罪
020245	利用极端主义破坏法律实施罪	020246	非法持有极端主义物品罪
020301	生产销售伪劣商品罪	020302	走私罪
020303	妨害公司管理罪	020304	破坏金融秩序罪
020305	金融诈骗罪	020306	危害税收征管罪
020307	侵犯知识产权罪	020308	扰乱市场秩序罪
020401	故意杀人罪	020402	过失致人死亡罪
020403	故意伤害罪	020404	过失致人重伤罪
020405	强奸罪	020406	强制猥亵侮辱罪

续表

020407	猥亵儿童罪	020408	非法拘禁罪
020409	绑架罪	020410	拐卖妇女儿童罪
020411	收买被拐卖的妇女、儿童罪	020412	诬告陷害罪
020413	强迫劳动罪	020414	雇佣童工从事危重劳动罪
020415	非法搜查罪	020416	非法侵入住宅罪
020417	侮辱罪	020418	诽谤罪
020419	刑讯逼供罪	020420	暴力取证罪
020421	虐待被监管人罪	020422	煽动民族仇恨罪
020423	侵犯通信自由罪	020424	私自毁坏邮件电报罪
020425	报复陷害罪	020426	破坏选举罪
020427	暴力干涉婚姻自由罪	020428	重婚罪
020429	破坏军婚罪	020430	虐待罪
020431	遗弃罪	020432	拐卖儿童罪
020433	奸淫幼女罪	020434	组织残疾人儿童乞讨罪
020435	侵犯个人信息罪	020436	出售个人信息罪
020437	非法获取个人信息罪	020438	组织未成年人违反治安罪
020439	组织出卖人体器官罪	020440	虐待被监护看护人罪
020501	抢劫罪	020502	盗窃罪
020503	诈骗罪	020504	抢夺罪
020505	聚众哄抢罪	020506	侵占罪
020507	职务侵占罪	020508	挪用资金罪
020509	挪用特定款物罪	020510	敲诈勒索罪
020511	故意毁坏财物罪	020512	破坏生产经营罪
020513	拒不支付劳动报酬罪	020601	扰乱公共秩序罪
020602	妨害司法罪	020603	妨害国境管理罪
020604	妨害文物管理罪	020605	危害公共卫生罪

续表

020606	破坏环境资源罪	020607	走私贩卖毒品罪
020608	组织介绍卖淫罪	020609	制作、贩卖、传播淫秽物品罪
020701	阻碍军人执行职务罪	020702	阻碍军事行动罪
020703	破坏武器装备罪	020704	冲击军事禁区罪
020705	扰乱军事管理秩序罪	020706	冒充军人招摇撞骗罪
020707	伪造部队公文证件罪	020708	非法生产、买卖军用标志罪
020709	过失损坏武器装备罪	020710	非法生产、买卖武装部队制式服装罪
020711	伪造、盗窃、买卖军用标志罪	020801	贪污罪
020802	挪用公款罪	020803	受贿罪
020804	单位受贿罪	020805	行贿罪
020806	对单位行贿罪	020807	介绍贿赂罪
020808	单位行贿罪	020809	巨额财产来源不明罪
020810	隐瞒境外存款罪	020811	私分国有资产罪
020812	私分罚没财物罪	020813	利用影响力受贿罪
020814	对有影响力的人行贿罪	020901	滥用职权罪
020902	玩忽职守罪	020903	故意泄露国家秘密罪
020904	过失泄露国家秘密罪	020905	徇私枉法罪
020906	枉法裁判罪	020907	执行判决裁定失职罪
020908	执行判决、裁定滥用职权罪	020909	私放在押人员罪
020910	失职在押人员脱逃罪	020911	徇私舞弊减刑、假释、暂予监外执行罪
020912	徇私不移交刑事案件罪	020913	滥用管理公司、证券职权罪
020914	徇私许可证不征、少征税款罪	020915	徇私舞弊发售发票抵扣税款、出口退税罪

续表

020916	环境监管失职罪	020917	违法提供出口退税凭证罪
020918	违法发放林木采伐许可证罪	020919	履行合同失职被骗罪
020920	传染病防治失职罪	020921	非法批准征用、占有土地罪
020922	放纵走私罪	020923	非法低价出让国有土地使用权罪
020924	商检徇私舞弊罪	020925	商检失职罪
020926	动植物检验失职罪	020927	动植物检验徇私舞弊罪
020928	帮助犯罪分子逃脱罪	020929	放纵制售伪劣商品罪
020930	枉法裁判罪	020931	办理偷越国（边）境人员出入证件罪
020932	枉法仲裁罪	020933	招收公务员学生徇私舞弊罪
020934	食品监管渎职罪	020934	失职造成珍贵文物损毁、流失罪
021001	非法获取军事秘密罪	021002	故意泄露军事秘密罪
021003	战时造谣惑众罪	021004	逃离部队罪
021005	虐待部署罪		
行政三级编号	名称	行政三级编号	名称
030101	公安行政管理	030102	资源行政管理
030103	城乡建设行政管理	030104	质量监督检疫行政管理
030105	农业行政管理	030106	交通运输行政管理
030107	电讯行政管理	030108	邮政行政管理
030109	专利行政管理	030110	新闻出版行政管理
030111	税收行政管理	030112	金融行政管理
030113	外汇行政管理	030114	海关行政管理
030115	财政行政管理	030116	劳动社保管理
030117	审计行政管理	030118	经贸行政管理
030119	水利行政管理	030120	旅游行政管理

续表

030121	烟草专卖管理	030122	司法行政管理
030123	民政行政管理	030124	教育行政管理
030125	文化行政管理	030126	广电行政管理
030127	统计行政管理	030128	电力行政管理
030129	国有资产行政管理	030130	外资行政管理
030131	盐业行政管理	030132	体育行政管理
030133	行政监察	030201	行政处罚
030202	行政强制	030203	行政裁决
030204	行政确认	030205	行政登记
030206	行政许可	030207	行政批准
030208	行政命令	030209	行政复议
030210	行政撤销	030211	行政检查
030212	行政合同	030213	行政奖励
030214	行政补偿	030215	行政执行
030216	行政受理	030217	行政给付
030218	行政征用	030219	行政征收
030220	行政征购	030221	行政划拨
030222	行政规划	030223	行政救助
030224	行政协助	030225	行政监督
民事四级编号	**名称**	**民事四级编号**	**名称**
01010101	生命权	01010102	健康权
01010103	身体权	01010104	姓名权
01010105	肖像权	01010106	名誉权
01010107	荣誉权	01010108	隐私权
01010109	婚姻自主权	01010110	人身自由权
01010111	一般人格权	01020101	婚约财产

续表

01020102	离婚纠纷	01020103	离婚后财产纠纷
01020104	离婚后损害责任	01020105	婚姻无效
01020106	撤销婚姻	01020107	夫妻财产约定
01020108	同居关系	01020109	抚养纠纷
01020110	扶养纠纷	01020111	赡养纠纷
01020112	收养关系	01020113	监护权纠纷
01020114	探望权纠纷	01020115	分家析产纠纷
01020201	法定继承	01020202	遗嘱继承
01020203	被继承人债务清偿	01020204	遗赠纠纷
01020205	遗赠扶养协议	01030101	异议登记不当
01030102	虚假登记损害	01030201	物权确认
01030202	返还原物	01030203	排除妨害
01030204	消除危险	01030205	修理重作更换
01030206	恢复原状	01030207	财产损害赔偿
01030301	侵害集体组织权益	01030302	建筑物区分所有权
01030303	业主撤销权	01030304	业主知情权
01030305	遗失物返还	01030306	漂流物返还
01030307	埋藏物返还	01030308	隐藏物返还
01030309	相邻关系	01030310	共有纠纷
01030401	海域使用权	01030402	探矿权纠纷
01030403	采矿权纠纷	01030404	取水权纠纷
01030405	养殖权纠纷	01030406	捕捞权纠纷
01030407	土地承包经营权	01030408	建设用地使用权
01030409	宅基地使用权	01030410	地役权纠纷
01030501	抵押权纠纷	01030502	质权纠纷
01030503	留置权纠纷	01030601	占有物返还

续表

01030602	占有排除妨害	01030603	占有消除危险
01030604	占有物损害赔偿	01040101	缔约过失责任
01040102	确认合同效力	01040103	债权人代位权
01040104	债权人撤销权	01040105	债权转让合同
01040106	债务转移合同	01040107	债权债务概括转移
01040108	悬赏广告	01040109	买卖合同
01040110	招标投标	01040111	拍卖合同
01040112	建设用地使用权	01040113	临时用地合同
01040114	探矿权转让合同	01040115	采矿权转让合同
01040116	房地产开发经营	01040117	房屋买卖合同
01040118	房屋拆迁安置补偿	01040119	供用电合同
01040120	供用水合同	01040121	供用气合同
01040122	供用热力合同	01040123	赠与合同
01040124	借款合同	01040125	保证合同
01040126	抵押合同	01040127	质押合同
01040128	定金合同	01040129	进出口押汇
01040130	担保追偿权	01040131	储蓄存款合同
01040132	银行卡纠纷	01040133	租赁合同纠纷
01040134	融资租赁合同	01040135	承揽合同
01040136	建设工程合同	01040137	运输合同
01040138	保管合同	01040139	仓储合同
01040140	委托合同	01040141	委托理财合同
01040142	行纪合同	01040143	居间合同
01040144	补偿贸易	01040145	借用合同
01040146	典当纠纷	01040147	合伙协议
01040148	种植养殖回收	01040149	彩票奖券纠纷

续表

01040150	中外合作勘探	01040151	农业承包合同
01040152	林业承包合同	01040153	渔业承包合同
01040154	牧业承包合同	01040155	农村土地承包
01040156	服务合同	01040157	演出合同
01040158	劳务合同	01040159	离退休返聘
01040160	广告合同	01040161	展览合同
01040162	追偿权纠纷	01040163	请求确认效力
01040201	不当得利	01040301	无因管理
01040302	劳务雇佣	01040303	人民调解协议
01040401	产品质量损害	01040402	高度危险作业
01040403	环境污染侵权	01040404	地面公共场所施工
01040405	建筑物搁置物悬挂物	01040406	饲养动物致人损害
01040407	国家机关职务侵权	01040408	雇员受害赔偿
01040409	雇主损害赔偿	01040410	防卫过当损害
01040411	紧急避险损害	01040412	公证损害赔偿
01040413	义务帮工人损害赔偿	01040414	见义勇为人受害赔偿
01050101	著作权合同纠纷	01050102	商标合同纠纷
01050103	专利合同纠纷	01050104	植物新品种合同纠纷
01050105	集成电路设计纠纷	01050106	商业秘密合同纠纷
01050107	技术合同纠纷	01050108	特许经营合同纠纷
01050109	企业名号合同纠纷	01050110	特殊标志合同纠纷
01050111	网络域名合同纠纷	01050112	知识产权质押合同纠纷
01050201	著作权权属侵权纠纷	01050202	商标权权属侵权纠纷
01050203	专利权权属侵权纠纷	01050204	植物新品种权属侵权纠纷
01050205	集成电路权属纠纷	01050206	侵犯企业名号纠纷
01050207	侵害特殊标志专有权	01050208	网络域名权属侵权纠纷

续表

01050209	发现权纠纷	01050210	其他科技成果纠纷
01050211	确认不侵害知识产权	01050212	申请知识产权损害责任
0105021	专利宣告无效返还费	01050301	串通投标不正当竞争纠纷
01050302	虚假宣传纠纷	01050303	商业贿赂不正当竞争纠纷
01050304	倾销纠纷	01050305	侵害商业秘密纠纷
01050306	有奖销售纠纷	01050307	低价倾销不正当竞争纠纷
01050308	商业诋毁纠纷	01050309	捆绑销售不正当竞争纠纷
01050310	仿冒纠纷	01050401	垄断协议纠纷
01050402	经营者集中纠纷	01050403	滥用市场支配地位纠纷
01060101	确认劳动关系纠纷	01060102	集体劳动合同纠纷
01060103	集体合同纠纷	01060104	劳务派遣合同纠纷
01060105	非全日制用工纠纷	01060106	追索劳动报酬纠纷
01060107	经济补偿金纠纷	01060108	竞业限制纠纷
01060109	养老金纠纷	01060110	养老保险待遇纠纷
01060111	工伤保险待遇纠纷	01060112	医疗保险待遇纠纷
01060114	医疗费纠纷	01060115	生育保险待遇纠纷
01060117	福利待遇纠纷	01060201	辞职争议
01060202	辞退争议	01060203	聘用合同争议
01070101	船舶碰撞损害责任	01070102	船舶触碰损害责任
01070103	船舶损害水下设施	01070104	船舶污染损害责任
01070105	海上污染损害责任	01070106	海上养殖损害责任
01070107	非法留置船舶责任	01070108	海上水域损害责任
01070109	海域货运合同纠纷	01070110	海上水域人身损害责任
01070111	多式联运合同纠纷	01070112	海域旅客运输合同纠纷
01070113	船舶买卖合同纠纷	01070114	船舶经营管理合同纠纷
01070115	船舶建造合同纠纷	01070116	船舶修理合同纠纷

续表

01070117	船舶改建合同纠纷	01070118	船舶拆解合同纠纷
01070119	船舶抵押合同纠纷	01070120	船舶租用合同纠纷
01070121	船舶承包合同纠纷	01070122	船舶融资租赁合同纠纷
01070123	海运集装箱合同纠纷	01070124	船舶属具租赁合同纠纷
01070125	海运集装箱保管纠纷	01070126	船舶属具保管合同纠纷
01070127	港口货物保管纠纷	01070128	船舶代理合同纠纷
01070129	理货合同纠纷	01070130	海上货运代理合同纠纷
01070131	船员劳务合同	01070132	船舶物料供应合同纠纷
01070133	海上救助合同	01070134	海上打捞合同纠纷
01070135	海上拖航合同纠纷	01070136	海域保险合同纠纷
01070137	海上运输联营合同	01070138	海域保赔合同纠纷
01070139	海事担保合同纠纷	01070140	船舶营运有关借款合同
01070141	船坞建造合同纠纷	01070142	航道疏浚合同纠纷
01070143	码头建造合同纠纷	01070144	船舶检验合同纠纷
01070145	海事请求担保合同	01070146	海事债权确认纠纷
01070147	海运欺诈纠纷	01070148	船舶权属纠纷
01070149	船舶共有纠纷	01070150	海洋开发利用纠纷
01070151	共同海损纠纷	01070152	港口作业纠纷
01070153	海域运输重大责任	01070154	港口作业重大责任纠纷
01080101	损害铁路赔偿纠纷	01080102	铁路运输延伸服务纠纷
01090101	企业出资人权益确认	01090102	侵害企业出资人权益
01090103	企业分立合同纠纷	01090104	企业公司制改造合同纠纷
01090105	企业租赁经营纠纷	01090106	企业股份合作制改造纠纷
01090107	企业出售合同纠纷	01090108	企业债权转股合同纠纷
01090109	挂靠经营合同纠纷	01090110	企业承包经营合同纠纷
01090111	企业兼并合同纠纷	01090112	中外合资经营合同纠纷

续表

01090113	联营合同纠纷	01090114	中外合作经营合同纠纷
01090201	股权确认纠纷	01090202	股东名册变更纠纷
01090203	股东资格确认纠纷	01090204	股东名册记载纠纷
01090205	股东出资纠纷	01090206	请求变更公司登记纠纷
01090207	股东知情权纠纷	01090208	新增资本认购纠纷
01090209	股权转让纠纷	01090210	公司章程撤销纠纷
01090211	公司决议纠纷	01090212	股东收购请求权纠纷
01090213	公司设立纠纷	01090214	请求公司收购股份纠纷
01090215	公司证照返还纠纷	01090216	股东大会决议效力纠纷
01090217	发起人责任纠纷	01090218	股东滥用权利赔偿纠纷
01090219	董事损害股东利益	01090220	股东滥用法人地位清偿
01090221	控股股东损害利益	01090222	损害股东利益责任纠纷
01090223	公司盈余分配纠纷	01090224	股东损害公司债权人利益
01090225	公司合并纠纷	01090226	公司关联交易损害责任
01090227	公司分立纠纷	01090228	清算组成员责任纠纷
01090229	公司减资纠纷	01090230	申请公司清算
01090231	公司增资纠纷	01090232	公司清算纠纷
01090233	公司解散纠纷	01090234	上市公司收购纠纷
01090301	入伙纠纷	01090302	有限合伙纠纷
01090303	退伙纠纷	01090304	特殊普通合伙纠纷
01090305	普通合伙纠纷	01090306	合伙份额转让纠纷
01090401	申请破产清算	01090402	申请破产重组
01090403	申请破产和解	01090404	请求撤销个别清偿
01090405	追缴抽逃资金纠纷	01090406	请求确认债务无效
01090407	追收非正常收入纠纷	01090408	对外追收债权纠纷
01090409	破产债券确认纠纷	01090410	追缴未缴出资纠纷

续表

01090411	取回权纠纷	01090412	职工权益清单更改纠纷
01090413	破产抵销权纠纷	01090414	别除权纠纷
01090415	抵销权纠纷	01090416	破产撤销权纠纷
01090417	管理人责任纠纷	01090418	损害债务人利益赔偿纠纷
01090501	证券权利确认纠纷	01090502	证券交易合同纠纷
01090503	证券承销合同纠纷	01090504	金融衍生品交易纠纷
01090505	证券回购合同纠纷	01090506	证券投资咨询纠纷
01090507	证券发行纠纷	01090508	证券资信评级服务合同
01090509	证券返还纠纷	01090510	证券交易代理合同纠纷
01090511	证券欺诈责任纠纷	01090512	证券上市保荐合同纠纷
01090513	证券托管纠纷	01090514	证券登记存管结算纠纷
01090515	融资融券纠纷	01090516	客户交易结算资金纠纷
01090601	期货经纪合同纠纷	01090602	期货透支交易纠纷
01090603	期货强行平仓纠纷	01090604	期货实物交割纠纷
01090605	期货保证合约纠纷	01090606	期货交易代理合同纠纷
01090607	期货欺诈责任纠纷	01090608	侵占期货交易保证金纠纷
01090609	期货内幕交易纠纷	01090610	期货虚假信息责任纠纷
01090701	民事信托纠纷	01090702	营业信托纠纷
01090703	公益信托纠纷	01090801	财产保险合同纠纷
01090802	人身保险合同纠纷	01090803	再保险合同纠纷
01090804	保险经纪合同纠纷	01090805	保险代理合同纠纷
01090806	保险费纠纷	01090807	进出口信用保险合同纠纷
01090808	保险代位赔偿纠纷	01090809	机动车强制责任险纠纷
01090901	票据追索权纠纷	01090902	票据付款请求权纠纷
01090903	票据损害责任纠纷	01090904	票据交付请求权纠纷
01090905	票据保证纠纷	01090906	票据返还请求权纠纷

续表

01090907	确认票据无效纠纷	01090908	票据利益返还请求权
01090909	票据代理纠纷	01090910	汇票回单前发请求权
01090911	票据回购纠纷	01091001	委托开立信用证纠纷
01091002	信用证开证纠纷	01091003	信用证议付纠纷
01091004	信用证欺诈纠纷	01091005	信用证融资纠纷
01091006	信用证转让纠纷	01100101	监护人责任纠纷
01100102	用人单位责任纠纷	01100103	劳务派遣侵权责任纠纷
01100104	教育机构责任纠纷	01100105	提供劳务者致害责任纠纷
01100106	产品责任纠纷	01100107	提供劳务者受害责任纠纷
01100108	医疗损害责任纠纷	01100109	诉前财产保全损害责任
01100110	环境污染责任纠纷	0110011	违反安全保障义务责任
01100112	高度危险责任纠纷	01100113	机动车交通事故责任纠纷
01100114	物件损害责任纠纷	01100115	饲养动物损害责任纠纷
01100116	公证损害责任纠纷	01100117	触电人身损害责任纠纷
01100118	防卫过当损害责任	01100119	义务帮工人受害责任纠纷
01100120	紧急避险损害责任	01100121	见义勇为人受害责任纠纷
01100122	铁路运输损害责任	01100123	水上运输损害责任纠纷
01100124	网络侵权责任纠纷	01100125	航空运输损害责任纠纷
01100126	诉中财产保全损害	01100127	诉前证据保全损害责任
01100128	诉中证据保全损害	01100129	先予执行损害责任纠纷